全国高职高专教育规划教材

数控技术应用专业

# 电工电子技术基础

Diangong Dianzi Jishu Jichu

（第2版）

顾永杰　主编

高等教育出版社·北京

HIGHER EDUCATION PRESS　BEIJING

内容提要

　　高等职业教育的教学改革在不断深化，电工电子新技术、新器材在数控、机电一体化、机械自动化等领域的应用也取得了很大发展。本书体现了编者教学实践和教学改革经验的总结，也吸收了各兄弟院校师生使用本书第1版的反馈意见和建议，本次修订注重体现高职教材"知识应用和技能培养"的原则和特色。

　　全书分为两部分。第一部分为电工技术基础篇，内容包括：直流电路、正弦交流电路、电路的过渡过程、磁路与变压器、异步电动机及其控制线路；第二部分为电子技术基础篇，内容包括：晶体管及其应用电路、门电路与组合逻辑电路、触发器与时序逻辑电路。每章有引例导入，并配有相关内容的实验实训和练习题。书末附有习题的参考答案。

　　本书适合于高职高专院校数控技术、机电一体化、机械自动化等专业使用，也可作为高职高专非电类工科专业的教材。

**图书在版编目（CIP）数据**

电工电子技术基础/顾永杰主编. --2版. --北京：高等教育出版社,2012.7
　ISBN 978-7-04-035088-3

　Ⅰ.①电… Ⅱ.①顾… Ⅲ.①电工技术－高等职业教育－教材②电子技术－高等职业教育－教材 Ⅳ.①TM②TN

中国版本图书馆CIP数据核字(2012)第141121号

| | | | | | | | |
|---|---|---|---|---|---|---|---|
| 策划编辑 | 孙　杰 | 责任编辑 | 王莉莉 | 特约编辑 | 俞晓菡 | 封面设计 | 于文燕 |
| 版式设计 | 于　婕 | 插图绘制 | 尹　莉 | 责任校对 | 王　雨 | 责任印制 | 尤　静 |

| | | | |
|---|---|---|---|
| 出版发行 | 高等教育出版社 | 网　址 | http://www.hep.edu.cn |
| 社　址 | 北京市西城区德外大街4号 | | http://www.hep.com.cn |
| 邮政编码 | 100120 | 网上订购 | http://www.landraco.com |
| 印　刷 | 北京宏信印刷厂 | | http://www.landraco.com.cn |
| 开　本 | 787mm×1092mm　1/16 | | |
| 印　张 | 17.25 | 版　次 | 2005年1月第1版 |
| | | | 2012年7月第2版 |
| 字　数 | 380千字 | | |
| 购书热线 | 010-58581118 | 印　次 | 2012年7月第1次印刷 |
| 咨询电话 | 400-810-0598 | 定　价 | 26.20元 |

# 第2版前言

本书第1版问世已有八年时间。在这期间，高等职业教育的教学改革不断深化，电工电子新技术、新器材在数控、机电一体化、机械自动化等领域的应用也取得了很大发展。本着注重"知识应用和技能培养"的原则，在教学实践的基础上，吸取各院校师生使用本教材的反馈意见和建议，促使本书不断改进完善、修订再版。

本书保留了第1版的体系结构，包括两部分：电工技术基础篇和电子技术基础篇。在保证基本教学和实验实训内容的前提下，更多考虑教学效果、新技术的发展以及电工电子技术课程实践性强、覆盖面广的特点，突出"三基"：基本概念、基本分析方法、基础性实践应用。具体的修订内容包括以下几方面：

1. 每章都以具有应用背景的"引例"导入本章的教学，既增强教材的生动感，也有利引发学生的学习兴趣。

2. 强化"电路的等效变换"作为电路基本分析方法的论述和应用实例。

3. 为了更好地理解晶体管的微变等效电路，在受控源电路部分增加了相关的例题分析。

4. 磁路部分以定性说明为主，变压器的原理与功能重点介绍单相变压器。

5. 将电动机技术数据及选择部分，紧跟电动机特性一并介绍，内容上更加紧凑连贯。

6. 在电动机控制保护装置中，对新型综合保护器作了简要介绍。

7. 集成运算放大器部分更加注重器件应用、实用电路及其分析方法的介绍。

本书各章节基本上由原编者修订，参加修订的人员有顾永杰、商雨青、王志敏、姚国强、谢唯、娄斌超，全书由顾永杰任主编并统稿、定稿。

本书由同济大学李照泉副教授主审，提出了许多宝贵意见；本书的第1版承有关兄弟院校的师生发来不少中肯的意见和建议；上海理工大学周良权副教授对本书一直给予很多关心和鼓励，编者在此对他们表示深深的谢忱和敬意。

本书虽然有所改进，但由于编者的水平有限，错误和缺点在所难免，恳请使用本书的师生及其他读者给予批评指正。

编者
2012年3月于上海

# 第1版前言

为了贯彻落实全国高职高专教育产学研结合第二次经验交流会的精神，实现全国高职高专教育新的振兴，适应高职高专学制改革，我们根据长期从事电工电子技术课程的教学经验，尤其是近些年的高职教学实践，编写了这本《电工电子技术基础》教材。

电工电子技术课程是一门实践性很强、覆盖面很广的专业基础课。随着科学技术与国民经济的不断发展，各学科和专业互相渗透，许多复合型工程专业都广泛应用电工与电子技术。如数控技术专业、机电一体化专业等对电工与电子技术的需求越来越迫切，本书主要是为这些高职专业编写的。

教材贯彻以培养高职学生实践技能为重点、基础理论与实际应用相结合的指导思想。

教材力求体现"精炼"和"实用"，内容上反映电工电子技术必需的基础知识和在机电领域的基础应用，体系上惯穿应用实例，重点阐明器件、电路、系统的工作原理，强调分析与应用、实验实训技能。

全书分为八章，前五章涉及电路电工技术，包括交直流电路的基本概念与分析方法、电路的过渡过程分析、磁路概念和变压器的特性与应用、电动机控制系统等；后三章属于电子技术，模拟电子技术主要介绍晶体管电路基础与应用、运算放大器应用电路等，数字电子技术主要介绍门电路与组合逻辑电路、触发器与时序逻辑电路的集成电路芯片及其分析应用等。每章配有相关内容的实验实训和练习题。书末附有习题的参考答案。

由于教材的内容较多，涉及面较广，书中打"*"号的内容教师可以根据实际教学情况和需要取舍。实验实训的内容都属于本课程涉及的基础性知识，目的是加强学生的实践操作能力和对所学知识的感性认识。但由于各个学校的实验实训系统、环境以及要求存在差异，因此，书中给出的实验实训电路是通用原理图，这样可以避免对具体实验实训装置的苛求，有利于教师的选择与实施。

本教材总学时为 80~100 学时，其中讲课 64~80 学时。

参加本书编写工作的有上海第二工业大学顾永杰（前言、第八章、第二章第 3节、第 4 节部分）、上海电机学院商雨青（第一章、第二章）、上海第二工业大学王志敏（第三章、第四章）、姚国强（第五章）、谢唯（第六章）、娄斌超（第七章）。顾永杰任主编，制定编写大纲，负责全书的组织和统稿定稿。

本书由上海理工大学周良权副教授任主审，对本书书稿进行了认真仔细地审阅，提出了许多宝贵意见。在 2004 年 3 月高等教育出版社组织的高职教材编写会上，湖南铁道职业技术学院赵承获副教授、杨利军副教授、上海电机技术高等专科学校张吉松副教授、长春汽车工业高等专科学校赵长明副教授、张勇忠讲师等多位高职高专院校的教师，对我们的编写大纲进行了详细的讨论，提出了不少有益的建议。

　　本书的编写工作还得到了上海第二工业大学、上海电机学院有关领导的支持和鼓励。

　　在此一并致以衷心感谢！并向所有关心、支持、帮助本书出版工作的人们表示谢意！

　　由于编者的学术水平、专业知识、实践经验有限，本书的错误和缺点在所难免，敬请有关专家和读者指正。

编者

上海第二工业大学

2004 年 8 月

# 目 录

## 电工技术基础篇

## 电子技术基础篇

电工技术基础篇

# 第一章 直流电路

引例 在日常生活和工作中,人们遇到各种电路。例如,图1-1所示是一个简单手电筒照明电路,它由电池、白炽灯和导线连接而成,其中,干电池是提供电能的器件,称为电源,灯泡是利用电能的器件,称为负载。接通电源后,灯泡发光,将电能转换为光能和热能。

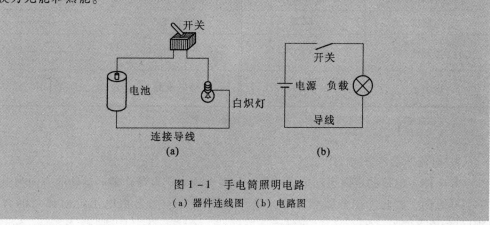

图1-1 手电筒照明电路
(a) 器件连线图 (b) 电路图

本章从电路的基本概念出发,重点介绍直流电路的基本定律、基本定理和基本分析方法,"三基"既是分析研究直流电路、交流电流、动态电路的基础,也是分析研究电气控制线路和电子线路的基础。

## 1.1 电路的基本概念

### 1.1.1 电路及其基本物理量

1. 电路

电路是电流的通路,它是为了实现某些预期的目的, 将电源和电气设备及元器件按照一定方式用导线连接起来的统称。直流电路是指由直流电源供电的电路,直流电路中的物理量一般不随时间而变化。而交流电路是指由交流电源供电的电路,交流电路中的物理量是随时间有大小和方向变化的。

实际电路是由一些起不同作用的实际电路元器件所组成, 如发电机、电池、电阻器、电容器、电感线圈、变压器、三极管等,它们的电磁性质和物理过程较为复杂。为了便于对复杂的实际问题进行分析,引入理想电路元件(也称模型)的概念。每一个理想电路元件只反映一种电磁特性，如用"电阻"这样一个理想电路元件来反映电阻器、电灯、电炉等实际电路元器件消耗电能的性质，用"电容"来反映电容器储存电场能量的性质，用"电感"来反映电感线圈储存磁场能量的性质等。表1—1列出了常用理想电路元件及其图形符号。

电路图是指用理想电路元件的特定图形符号替代实际电路中的电气设备或元器件而构成的图形，简称电路。电路的结构形式多样，有原理图、接线图、施工图、制板图、框图等。其功能也各有不同，如直流电路、电气照明电路、电机控制电路、电力电路、通信电路、计数器电路、计算机电路等。本书分析研究的电路主要是原理图。

**表1—1 部分理想电路元件及其图形符号**

| 元件名称 | 模型符号 | 元件名称 | 模型符号 |
|---|---|---|---|
| 电阻 $R$ | ▭ | 电池 $E$ | 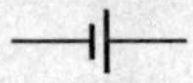 ⊣⊢ |
| 电感 $L$ |  ⌒⌒⌒⌒ | 理想电压源 $U_S$ | 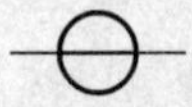 ⊖ |
| 电容 $C$ | 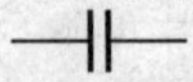 ⊣⊦ | 理想电流源 $I_S$ |  ⊖ |

注：电池是实际电源，如不考虑内阻，可视为理想直流电压源。

**2. 电流及参考方向**

导电体中电荷的定向运动形成电流，习惯上规定正电荷作定向运动的方向为电流的实际方向，因此，在金属导体中，电流的实际方向与自由电子定向移动的方向相反。

物理量电流的大小定义为单位时间 $(t)$ 内通过导体某一横截面的电荷[量] $(q)$，用符号 $i$ 表示，即

$$i = \frac{\mathrm{d}q}{\mathrm{d}t} \tag{1.1}$$

如果电流不随时间变化，则称为恒定电流，简称直流，用 $I$ 表示。在国际单位制（SI）中，电流的单位为安[培]（A），1 安 = 1 库/秒（1 A = 1 C/s）。

在电路分析时，事先不一定知道某一段电路中电流的实际方向，有时电流的实际方向还随时间的变化而不断地变化，为此引入电流参考方向的概念。

所谓电流参考方向，是指任意假定的电流方向，在电路图中用带箭头的直线表示，如图1—2所示，也可用双下标表示，如 $i_{AB}$ 表示电流参考方向由 A 指向 B。

根据电流的参考方向对电路进行计算，当电流值为正时，表示电流的实际方向与参考方向一致；当电流值为负值时，表示电流的实际方向与参考方向相反。显然，如果未指定电流的参考方向，电流值的正或负是没有意义的。

**3. 电压及参考方向**

电路中，电荷在电场力作用下定向移动形成电流，同时，将电能转化为其他形式能量。为了衡量电场力对电荷的做功能力，引入电压这一物理量。电路中任意两点A、B 间的电压，数值上等于电场力将单位正电荷从 A 点移到 B 点所做的功，电压的

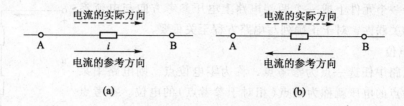

图 1-2　电流参考方向与实际方向的关系

(a) $i > 0$ 时　(b) $i < 0$ 时

符号用 $u$ 表示，定义式为

$$u = \frac{\mathrm{d}W}{\mathrm{d}q} \tag{1.2}$$

如果是直流电压，用 $U$ 表示。在国际单位制(SI)中，电压的单位是伏[特](V)，1 伏 = 1 焦/库(1 V = 1 J/C)。

电压的实际方向规定为正电荷在电场中受电场力作用(电场力做正功时)移动的方向。与电流一样，由于电压的实际方向往往事先不知道，因此可任意假定一个方向作为某段电路或某一元件上电压的参考方向。电压的参考方向可以用"+"与"-"极性(故也称参考极性)来表示，如图 1-3 所示。电压的参考方向还可以用双下标来表示，如 $u_{AB}$ 表示 A 和 B 之间的电压参考方向是由 A 指向 B(A 高于 B)。

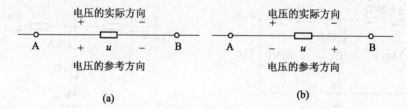

图 1-3　电压参考方向与实际方向的关系

(a) $u > 0$ 时　(b) $u < 0$ 时

当电压的参考方向与它的实际方向一致时，电压值为正；反之，电压值为负。因此，在指定了电压的参考方向后，电压值的正和负可以表示电压的实际方向。同样，如果没有指定电压的参考方向，电压值的正或负是没有意义的。

4. 电流、电压参考方向的关联性

在电路的分析和计算过程中，对一段电路或一个元件上的电流和电压必须先规定电压、电流的参考方向，至于如何规定参考方向则是任意的。对一段电路或一个元件来说，如果电流的参考方向和电压的参考方向一致(指电流参考方向的流向从电压参考方向的"+"端流向"-"端)，则称为关联参考方向，如图 1-4 所示，反之则称为非关联参考方向。

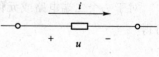

图 1-4　电压电流关联
参考方向

判断一个元件上或一个两端电路上电压参考方向与电流参 考方向的关联性，对于正确列写电路方程至关重要。

5. 电位

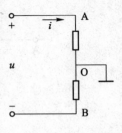

图 1-5　电位示意图

在电路中任选一点为参考点，称为零电位点，则电路中某 点到参考点的电压就称为该点(相对于参考点)的电位。参考点 在电路图中用符号"⊥"表示，如图 1-5 所示。电位常用符号 $V$ 表示，例如，选择 O 点为参考点时，则 A 点电位 $V_A = U_{AO}$，B 点电位 $V_B = U_{BO}$，A、B 两点的电压为

$$U_{AB} = U_{AO} + U_{OB} = U_{AO} - U_{BO} = V_A - V_B = -U_{BA}$$

因此，两点间的电压等于该两点的电位之差，电压的实际方向是由高电位点指向低电 位点，有时也将电压称为电压降。

一个电路中只能选择一个参考点，电路中各点的电位值与参考点的选择有关，但 电路中任意两点间的电压数值与参考点选择无关。

在电子线路中一般选择元件的汇集处且往往是电源的一个极作为参考点；在工程 技术中则选择大地、机壳等作为参考点。

图 1-6 所示电路在选定参考点后可改画为图 1-7 所示电路，在图 1-7 中不画 出电源，各端标以电位值，这种画法在电子线路中经常采用。

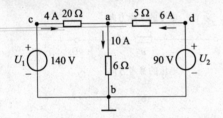

图 1-6　设 b 点为参考点

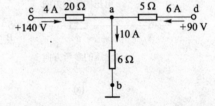

图 1-7　图 1-6 所示电路的习惯画法

6. 功率与电能

功率也是电路分析中的一个重要物理量，定义为单位时间($t$)内电路或元件上吸 收(或释放)的能量($W$)，用符号 $p$ 表示，即

$$p = \frac{dW}{dt} \tag{1.3}$$

在国际单位制(SI)中，功率的单位是瓦[特](W)，1 瓦 = 1 焦/秒(1 W = 1 J/s)。

对于一个二端电路或元件，如果端电压、端电流的参考方向关联，则由式(1.3) 可得

$$p = \frac{dW}{dq} \times \frac{dq}{dt} = ui \tag{1.4}$$

即功率等于端钮电压与电流的乘积。

在分析计算功率时，应该注意：① 如果电压、电流参考方向非关联，上式应取 "$p = -ui$"。② 功率有吸收或释放之分，如果功率的数值为正，则为吸收功率；反 之，则为释放功率。

电能用符号 $W$ 表示，单位为焦［耳］J，$1\ J = 1\ W \cdot s$。过去工程上常用单位"度"（千瓦时 kW·h），$1\ kW \cdot h = 1\ 000\ W \cdot 3\ 600\ s = 3.6 \times 10^6 J$。目前"度"属于非法定单位。

### 1.1.2 电路基本元件及其伏安特性

电路中的元件，如不另加说明，都是指理想元件。分析研究电路的一项基本内容就是分析电路或元件的电压、电流及它们之间的关系。电压与电流的关系称为伏安关系或伏安特性，在直角平面上画出的曲线称为伏安特性曲线。下面讨论电路基本元件及其伏安特性。

1. 电阻元件及其伏安特性

电阻元件（有时直接称电阻）的伏安特性如图 1-8 所示。图 1-8(a) 的伏安特性曲线为过原点的一条直线，这表示电压与电流成正比关系，这类电阻元件称为线性电阻元件，它两端的电压与电流服从欧姆定律，即

$$u = Ri \quad \text{或} \quad i = \frac{u}{R} \tag{1.5}$$

在直流电路中，欧姆定律可表示为

$$U = RI \quad \text{或} \quad I = \frac{U}{R} \tag{1.6}$$

式中 $R$ 称为电阻，其单位为欧［姆］($\Omega$)。若令 $G = 1/R$，则 $G$ 称为电阻元件的电导，电导的单位为西［门子］(S)。

注意，如果电阻元件上电压与电流的参考方向非关联，上列式子前应加"-"。

图 1-8(b) 所示为二极管的伏安特性曲线，它不是一条直线，其电压与电流之间不符合欧姆定律，这类元件称为非线性电阻元件，其阻值随着电压、电流的变化而变化，不是一个定值。

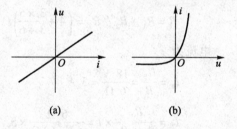

图 1-8 电阻元件的伏安特性曲线
(a) 线性电阻 (b) 非线性电阻

在直流电路中，当电压与电流取关联参考方向时，电阻元件在时间 $t$ 内消耗的电能为

$$W = UQ = UIt = I^2Rt = (U^2/R)t \tag{1.7}$$

电阻元件消耗的电功率为

$$P = \frac{W}{t} = UI = I^2R = U^2/R \tag{1.8}$$

注意，当电压与电流取非关联参考方向时，因为 $U = -IR$，所以电阻功率公式应该取

$$P = -UI = -(-IR)I = I^2R = U^2/R \tag{1.9}$$

可见，无论电压与电流取何种参考方向，电阻始终是消耗电能的元件（$P \geqslant 0$），

简称耗能元件。电阻元件消耗了电能并将其转换成热能、光能等其他形式能量。受元件的绝缘、耐热、散热等条件的限制，实际的电路元件组成电气设备的电压、电流和功率等都有一个额定值(指正常工作规定的数值)，分别用符号 $U_N$、$I_N$ 和 $P_N$ 来表示。如一个白炽灯电压 $U_N = 220$ V，功率 $P_N = 40$ W，这就是它的额定值。

电气设备在额定值下运行称为额定工作状态。如果外加电压高于设备的额定电压，会造成设备烧毁或人身事故；而如果外加电压低于设备的额定电压，设备就不能正常工作或无法启动，长此以往也会造成设备损坏。

需要指出的是，对于任何电路元件，当其二端的电压 $U$ 与流经它的电流 $I$ 取关联参考方向时，其功率 $P = UI$；而当 $U$ 与 $I$ 取非关联参考方向时，其功率 $P = -UI$。将电压 $U$ 与电流 $I$ 的数值(可能是负值)代入后，最后求得功率 $P$ 的值。当 $P$ 为正值时，表示该元件吸收功率，这时元件在电路中起负载作用，简称负载；当 $P$ 为负值时，表示该元件发出功率，这种元件在电路中起电源作用，简称电源。

在一个封闭电路中，所有元件的功率的代数和恒等于零，即电路中所有电源产生的总功率数值上一定等于所有负载消耗的总功率，这也是能量守恒定律的一种表现形式，用公式表示，即

$$\sum P = 0 \tag{1.10}$$

上式称为功率平衡式。

**例 1.1** 如图 1-9 所示电路，$U_S = 18$ V，$R_1 = 4$ Ω，$R_2 = 3$ Ω，$R_3 = 6$ Ω，试计算各元件上的电流及功率。

**解：** 总电阻为

$$R = R_1 + R_2 /\!/ R_3 = \left( 4 + \frac{3 \times 6}{3 + 6} \right) \text{Ω} = 6 \text{ Ω}$$

电流为

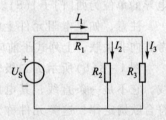

图 1-9 例 1.1 电路

$$I_1 = \frac{U_S}{R} = \frac{18 \text{ V}}{6 \text{ Ω}} = 3 \text{ A}$$

$$I_2 = \frac{R_3}{R_2 + R_3} \times I = \frac{6 \text{ Ω}}{(3 + 6) \text{Ω}} \times 3 \text{ A} = 2 \text{ A}$$

$$I_3 = \frac{R_2}{R_2 + R_3} \times I = \frac{3 \text{ Ω}}{(3 + 6) \text{Ω}} \times 3 \text{ A} = 1 \text{ A}$$

功率为

$$P_1 = I_1^2 R_1 = (3 \text{ A})^2 \times 4 \text{ Ω} = 36 \text{ W}(\text{吸收})$$

$$P_2 = I_2^2 R_2 = (2 \text{ A})^2 \times 3 \text{ Ω} = 12 \text{ W}(\text{吸收})$$

$$P_3 = I_3^2 R_3 = (1 \text{ A})^2 \times 6 \text{ Ω} = 6 \text{ W}(\text{吸收})$$

$$P_S = -U_S I_1 = -18 \text{ V} \times 3 \text{ A} = -54 \text{ W}(\text{产生})$$

$$\sum P = P_{R_1} + P_{R_2} + P_{R_3} + P_S = 36 \text{ W} + 12 \text{ W} + 6 \text{ W} - 54 \text{ W} = 0$$

**2. 电压源**

电路中的许多实际电源，如电池、发电机或信号源等，为分析和计算方便，往往将它们等效为图 1-10 点画线框所示的模型。它由两个理想元件串联组成，一个是内

阻 $R_0$；另一个是恒压源 $U_s$，其数值等于 a、b 端的开路电压 $U_{oc}$，即 $U_s = U_{oc}$。这里，$U_s$ 也称为理想电压源，有时简称电压源，其值为常数。

图 1-10 所示电路的 a、b 端的伏安关系为

$$U = U_s - R_0 I \tag{1.11}$$

式(1.11)也称为实际电压源的外特性(输出伏安特性)关系式，当负载开路时，$I = 0$，$U = U_{oc} = U_s$；当负载短路时，$U = 0$，$I = I_{sc} = U_s / R_0$。图 1-11 所示为电压源外特性曲线。

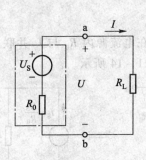

图 1-10 电压源电路

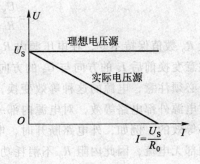

图 1-11 电压源外特性曲线

通常所用的直流稳压电源可认为是一个理想电压源，如果一个电压源的内阻 $R_0$ 远小于负载电阻 $R_L$，即 $R_0 \ll R_L$，可以近似看作一个理想电压源。

**3. 电流源**

实际电源除了可用两个理想元件的串联来等效外，还可用两个理想元件的并联来等效，如图 1-12 点画线框所示。一个为内阻 $R_0$；另一个是恒流源 $I_s$，其数值等于 a、b 端的短路电流 $I_{sc}$，即 $I_s = I_{sc}$。这里，$I_s$ 也称为理想电流源，有时简称电流源。

电流源的外特性(输出伏安特性)关系式，很容易由图 1-12 得出。即

$$I = I_s - \frac{U}{R_0}$$

或

$$U = R_0 I_s - R_0 I \tag{1.12}$$

由式(1.12)可作出电流源的外特性曲线，如图 1-13 所示。当负载 $R_L$ 短路时，$I = I_{sc} = I_s$，$U = 0$；当负载 $R_L$ 开路时，$I = 0$，$U = U_{oc} = U_s = I_s R_0$。

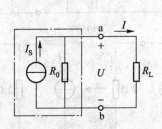

图 1-12 电流源电路

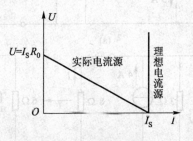

图 1-13 电流源外特性曲线

在实际使用的电源中，电流源虽然并不多见。但光电池、晶体管这类器件，工作时的特性比较接近电流源。如晶体管工作在放大区时，如果基极电流一定，则其集电极输出电流基本恒定，可视为电流源。

一个具有内阻的实际电源可以将其看作理想电压源与内阻串联，也可以将其看作理想电流源与内阻并联，对外电路而言，这两种电源模型的作用是等效的，即它们具有相同的外特性，见图 1 - 11 和图 1 - 13。因此，实际电压源与实际电流源之间可进行等效变换。比较式(1.11)和式(1.12)可知，这种等效变换关系为

$$I_\mathrm{S} = \frac{U_\mathrm{S}}{R_0} \quad 或 \quad U_\mathrm{S} = R_0 I_\mathrm{S} \tag{1.13}$$

内阻 $R_0$ 数值保持不变，在电压源内 $R_0$ 与 $U_\mathrm{S}$ 串联，在电流源内 $R_0$ 与 $I_\mathrm{S}$ 并联。另外，要注意变换前后 $I_\mathrm{S}$ 的方向与 $U_\mathrm{S}$ 的方向的关系，如图 1 - 14 所示。

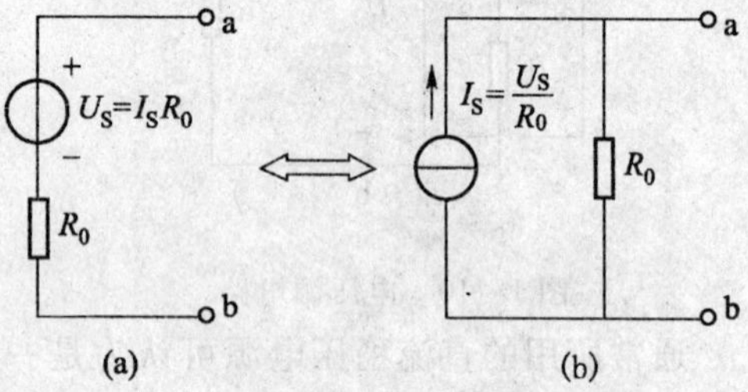

必须注意，电源的这种等效变换，只是对电源外部电路等效，对电源内部一般是不等效的。例如，外电路断开时，电压源内部无电流，因此内阻 $R_0$ 不消耗功率，但电流源内部仍有电流 $I_\mathrm{S}$ 流过，内阻 $R_0$ 是消耗功率的。

另外，由图 1 - 11 和图 1 - 13 还可看出，理想电压源(恒压源)与理想电流源(恒流源)的外特性不同，它们之间不存

图 1 - 14　实际电压源与实际电流源等效变换
（a）电压源　（b）电流源

在等效关系。因为理想电压源的内阻 $R_0$ 为零，其短路电流 $I_\mathrm{S} = U_\mathrm{S}/R_0$ 为无穷大；而理想电流源的内阻 $R_0$ 为无穷大，其开路电压 $U_\mathrm{S} = I_\mathrm{S} R_0$ 应为无穷大，这些都是不能得到的数值，因此，理想电源(恒压源与恒流源)之间不能进行等效变换。

利用电压源与电流源的等效变换可以进行电路化简，简化计算。

**例 1.2**　求图 1 - 15(a)所示电路中的电流 $I$。

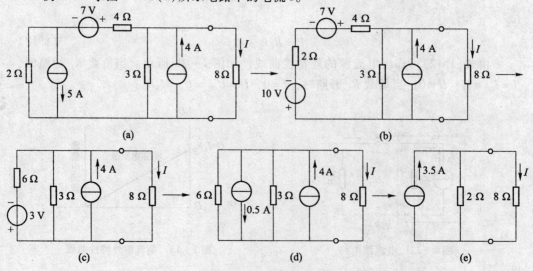

图 1 - 15　例 1.2 电路

**解**：利用电源等效变换，将左边 5 A 电流源与 2 Ω 电阻的并联组合变换为电压源与电阻的串联组合，见图 1-15(b)；然后和 7 V 电压源与 4 Ω 电阻的串联组合为一个等效的电压源与电阻的串联组合，见图 1-15(c)；接着再将此电压源与电阻的串联组合变换为电流源与电阻的并联组合，见图 1-15(d)；它和 4 A 电流源与 3 Ω 电阻的并联组合为一个等效的电流源与电阻的并联组合，见图 1-15(e)。从化简所得的图(e)所示电路可求得

$$I = 3.5 \text{ A} \times \frac{2 \text{ Ω}}{(8+2) \text{ Ω}} = 0.7 \text{ A}$$

### 1.1.3 电路的工作状态

为讨论方便，现以直流电压源为例，分别讨论电源有载工作、开路与短路时的电流、电压和功率。

1. 负载状态

在图 1-16 所示电路中，合上开关 S，接通电路，这就是电源有载工作状态，简称负载状态。根据欧姆定律可得

$$I = \frac{U_S}{R_0 + R_L} \tag{1.14}$$

$$U = I \times R_L = U_S - IR_0 \tag{1.15}$$

$$P = -UI = -U_S I + I^2 R_0 \text{ 及 } P_L = I^2 R_L \tag{1.16}$$

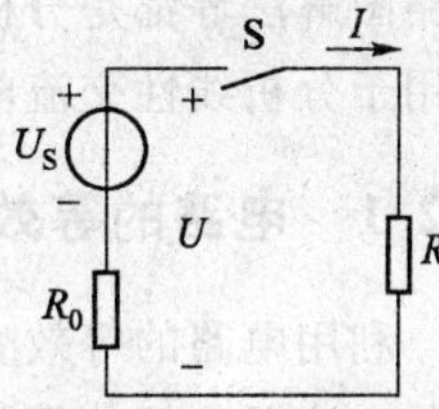

图 1-16　电路的
有载与空载

上式中：$P_S = -U_S I$ 为恒压源产生的功率；$P_0 = I^2 R_0$ 为电源内阻上损耗的功率；$P = UI$ 是电源的输出功率，即负载 $R_L$ 消耗的功率 $P_L$。可见整个电路的功率是平衡的。

用电设备在额定电压 $U_N$ 作用下工作，消耗额定功率 $P_N$ 的状态称为电路的额定工作状态，这种负载状态是最合理、最经济和最安全的。

2. 空载状态(开路、断路)

在图 1-16 中，开关 S 断开时，电路中电流为零，这种工作状态称为空载或开路状态，此时 $I = 0$，电源端电压 $U = U_S$，电源不输出电能，即

$$\begin{gathered} I = 0 \\ U = U_S \\ P = 0 \end{gathered} \tag{1.17}$$

空载时负载 $R_L$ 上没有电流，因此 $R_L$ 上没有电压降。开关两端电压就等于 $U_S$，根据这个特点，利用直流电压表可以查找电路中的开路故障点。

3. 短路状态

当电源两端被导线直接接通时($R_L = 0$)，这种情况叫做电源被短路，此时

$$I = \frac{U_S}{R_0} \tag{1.18}$$

由于电源内阻 $R_0$ 一般很小，短路时电流将比正常电流大很多倍，电源很快会发热烧毁，因此电源短路是不允许的。为避免产生这样的事故，通常在电路中接入熔断

器或自动断路器，以便发生短路时，迅速将故障电路自动切断。

**例 1.3** 有一电源，其开路电压 $U_{OC} = 12$ V，其短路电流 $I_{SC} = 30$ A，求该电源的电动势 $E$（即恒压源 $U_S$）和内阻 $R_0$。

**解：**
$$E = U_S = U_{OC} = 12 \text{ V}$$

$$R_0 = \frac{U_S}{I_{SC}} = \frac{12 \text{ V}}{30 \text{ A}} = 0.4 \text{ }\Omega$$

# 1.2　直流电路的基本分析方法

实际电路的结构和功能多种多样，如果对某些复杂电路直接进行分析计算，步骤将很复杂，计算量很大。因此，必须根据电路结构特点采用合适的分析方法，以简化计算。如等效变换、支路电流法、结点电压法、叠加定理、戴维宁定理、非线性电阻电路图解法等都是分析电路的基本方法。这些方法除了可用于分析直流电路外，同样适用于分析线性交流电路。

## 1.2.1　电路的等效变换

利用电路的等效变换可以把复杂电路简化，在 1.1.2 小节中介绍了实际电压源和实际电流源之间的等效变换，通过例 1.2 也看到利用电源等效变换有利复杂电路问题的分析求解。本小节介绍纯电阻电路的等效变换。

1. 二端网络

若一个电路有两个端钮与外部相连，则该电路称为二端网络，如图 1-17 所示。二端网络的一对端钮也称为一个端口，因此，二端网络又称为单口网络。当网络内部含有独立电源时，称为有源二端网络；网络内部不含独立电源时，称为无源二端网络。二端网络的特性可用其端口上的电压 $U$ 和电流 $I$ 之间的关系来反映，图 1-17 中所标端口电流 $I$ 与端口电压 $U$ 的参考方向对二端网络来说为关联参考方向。

如果一个二端网络的端口电压与电流关系和另一个二端网络的端口电压与电流关系相同，则这两个二端网络对同一负载（或外电路）而言是等效的，即互为等效网络。

在电路分析中，可以用一个结构简单的等效网络代替较复杂的网络，以简化电路计算。如可用一个电阻来等效替代无源二端线性电阻网络，该电阻也称为二端网络的等效电阻。

实际电路中，电阻的连接方式多种多样，最基本和最常用的是串联和并联。

2. 电阻的串联

如图 1-18(a) 所示电路，若干电阻无分支的依次相连，在各电阻中通过同一电流，这种连接方式称为电阻的串联。

串联电阻电路具有以下特点：

① 通过各个电阻的电流相同，即

$$I = I_1 = I_2 = \cdots = I_n（I_n \text{ 表示流过第 } n \text{ 个电阻的电流}） \tag{1.19}$$

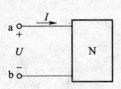

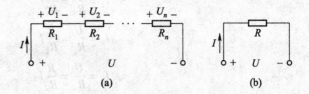

图 1-17 二端网络

图 1-18 电阻串联及其等效

(a) 电阻串联电路  (b) 等效电路

② 串联电阻两端的总电压 $U$ 等于各电阻上电压的代数和，即

$$U = \sum U_i = U_1 + U_2 + \cdots + U_n \tag{1.20}$$

③ 串联电阻电路的总电阻(等效电阻)$R$ 等于各电阻阻值之和，见图 1-18(b)。

$$R = \sum R_i = R_1 + R_2 + \cdots + R_n \tag{1.21}$$

④ 各串联电阻电压与其阻值成正比，即

$$U_1 = R_1 I = \frac{R_1}{R} U$$

$$U_2 = R_2 I = \frac{R_2}{R} U$$

$$U_n = R_n I = \frac{R_n}{R} U \tag{1.22}$$

串联电阻电路的这一特性，称为分压特性。利用这一特性可扩展电压表量程。

⑤ 串联电阻电路消耗的总功率 $P$ 等于各串联电阻消耗的功率之和，即

$$P = \sum P_i = P_1 + P_2 + \cdots + P_n \tag{1.23}$$

3. 电阻的并联

如图 1-19(a)所示，若干电阻并列连接在两个公共端点之间，每个电阻的端电压相同，这样的连接方式称为电阻的并联。

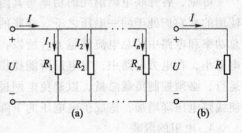

图 1-19 电阻并联及其等效

(a) 电阻并联电路  (b) 等效电路

并联电阻电路具有以下特点：

① 各并联电阻的端电压相同，即

$$U = U_1 = U_2 = \cdots$$
$$= U_n (U_n \text{ 表示第 } n \text{ 个电阻的端电压}) \tag{1.24}$$

② 流过并联电阻电路的总电流 $I$ 等于各支路电流的代数和，即

$$I = \sum I_i = I_1 + I_2 + \cdots + I_n \tag{1.25}$$

③ 并联电阻电路的总电阻(等效电阻)$R$ 的倒数等于各并联电阻倒数之和，如图 1-19(b)所示。

$$\frac{1}{R} = \sum \frac{1}{R_i} = \frac{1}{R_1} + \frac{1}{R_2} + \cdots + \frac{1}{R_n} \tag{1.26}$$

④ 流过各并联电阻的电流与其阻值成反比，即

$$I_1 = \frac{U}{R_1} = \frac{R}{R_1}I$$

$$I_2 = \frac{U}{R_2} = \frac{R}{R_2}I$$

$$I_n = \frac{U}{R_n} = \frac{R}{R_n}I \tag{1.27}$$

并联电阻电路的这一特性，称为分流特性。利用这一特性可扩展电流表量程。

对于两个电阻并联的电路（如图 1 – 20 所示），其等效电阻为

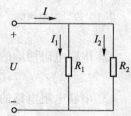

$$R = \frac{R_1 \times R_2}{R_1 + R_2} \tag{1.28}$$

两个并联电阻上的电流分别为

图 1 – 20　两个电阻并联

$$I_1 = \frac{R_2}{R_1 + R_2}I \tag{1.29}$$

$$I_2 = \frac{R_1}{R_1 + R_2}I \tag{1.30}$$

⑤ 并联电阻电路消耗的总功率等于各电阻上消耗的功率之和

$$P = P_1 + P_2 + \cdots + P_n = \frac{U^2}{R_1} + \frac{U^2}{R_2} + \cdots + \frac{U^2}{R_n} \tag{1.31}$$

可见，各并联电阻消耗的功率与其阻值成反比。实际电路中，负载一般都是并联使用的，它们处于同一电压之下。并联的负载越多，总的负载电阻越小，负载消耗的总功率和电路中的总电流就越大。所以，一般常说负载重就是指负载电流大，而负载电阻小。在电力电路中，发电厂所能提供的总功率是有限的，为保证电网安全、正常运行，必须控制负载总量，以避免电网过载而引发事故。另外，总电流的增大，也会使线路电压降增加，造成供电电压的下降，这在实际工作与生活中必须引起注意。

**4. 电阻的混联**

电阻串联和并联相结合的连接方式，称为电阻的混联，对于能用串、并联方法逐步化简的电路，无论其结构如何，一般仍称为简单电路。

**例 1.4**　图 1 – 21（a）中，电源电压 $U_S = 12$ V，电阻 $R_1 = 2$ Ω，$R_2 = 12$ Ω，$R_3 = R_4 = 3$ Ω，试求电阻 $R_4$ 上的电压、电流和功率。

**解：** 此电路可用串并联等效化简的方法求解。

① 将 $R_3$ 和 $R_4$ 相串联等效得 $R_{34}$，见图 1 – 21（b）。

$$R_{34} = R_3 + R_4 = (3 + 3)\,\Omega = 6\ \Omega$$

再将 $R_{34}$ 与 $R_2$ 并联得等效电阻 $R_{234}$，见图 1 – 21（c）。

$$R_{234} = \frac{R_2 \times R_{34}}{R_2 + R_{34}} = \frac{12 \times 6}{12 + 6}\Omega = 4\ \Omega$$

此电阻再和 $R_1$ 相串联，得总的等效电阻 $R$，见图 1 – 21（d）。

$$R = R_1 + R_{234} = (2 + 4)\,\Omega = 6\ \Omega$$

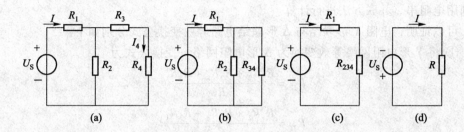

图 1 - 21　电阻的串、并联等效

② 求总电流，即电源电流 $I$。

$$I = \frac{U_S}{R} = \frac{12 \text{ V}}{6 \text{ }\Omega} = 2 \text{ A}$$

③ 用分流公式求出负载电流。由图 1 - 21(b)可得

$$I_4 = \frac{R_2}{R_2 + R_{34}} I = \frac{12 \text{ }\Omega}{(12 + 6) \text{ }\Omega} \times 2 \text{ A} = \frac{4}{3} \text{ A}$$

再由图 1 - 21(a)可得 $R_4$ 上的电压为

$$U_4 = R_4 I_4 = 3 \text{ }\Omega \times (4/3) \text{A} = 4 \text{ V}$$

④ 计算功率

$$P_4 = U_4 I_4 = 4 \text{ V} \times (4/3) \text{A} \approx 5.33 \text{ W}$$

本题因为只要求电阻 $R_4$ 上的有关变量，所以，也可 $R_4$ 不动，利用电源等效变换和电阻串并联等效变换，从电路左边向右进行等效化简求解。

*5. 电阻的 Y 形联结与 Δ 形联结的等效变换

有些电阻电路，电阻既不是串联也不是并联，因此无法用串、并联公式进行等效化简。图 1 - 22 所示两个电路就是如此，图(a)中三个电阻的一端接在一起，另一端分别与外电路相连，构成电阻的星形联结，又称 Y 形联结或 T 形联结；图(b)中三个电阻，每个电阻的两端各与另外两个电阻的一端相连，构成电阻的三角形联结，又称 Δ 形联结或 Π 形联结。

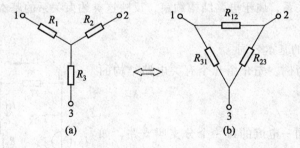

图 1 - 22　电阻的 Y 形、Δ 形联结及其等效变换
(a) 电阻的 Y 形联结　(b) 电阻的 Δ 形联结

当 Y 形电阻电路或 Δ 形电阻电路被接在复杂电路中时，利用等效概念，可以将 Y 电阻网络和 Δ 形电阻网络进行等效变换，如图 1 - 22 所示。这种等效变换不影响复杂电路中其他未经变换部分的电压及电流；经过等效变换可使电路变得简单，从而可

以利用电阻串、并联方法进行计算。

可以证明，电阻 Y 形联结与 Δ 形联结电路等效变换公式分别如下：

① 将 Y 形电阻网络等效变换为 Δ 形电阻网络，变换公式为

$$R_{12} = \frac{R_1 R_2 + R_2 R_3 + R_3 R_1}{R_3}$$

$$R_{23} = \frac{R_1 R_2 + R_2 R_3 + R_3 R_1}{R_1}$$

$$R_{31} = \frac{R_1 R_2 + R_2 R_3 + R_3 R_1}{R_2} \tag{1.32}$$

② 将 Δ 形电阻网络等效变换为 Y 形电阻网络时，变换公式为

$$R_1 = \frac{R_{12} R_{31}}{R_{12} + R_{23} + R_{31}}$$

$$R_2 = \frac{R_{23} R_{12}}{R_{12} + R_{23} + R_{31}}$$

$$R_3 = \frac{R_{31} R_{23}}{R_{12} + R_{23} + R_{31}} \tag{1.33}$$

由式(1.32)可知，当 $R_1 = R_2 = R_3 = R_Y$ 时，有

$$R_{12} = R_{23} = R_{31} = R_\Delta = 3R_Y \tag{1.34}$$

由式(1.33)可知，当 $R_{12} = R_{23} = R_{31} = R_\Delta$ 时，有

$$R_1 = R_2 = R_3 = R_Y = (1/3)R_\Delta \tag{1.35}$$

## 1.2.2　基尔霍夫定律

电路是由一些电路元件按一定方式相互连接构成的总体。电路中各个元件上流过的电流和元件两端的电压受到两类约束：一类是元件自身特性对电压、电流的约束，属于元件约束，这类约束关系表现为不同形式的伏安关系。例如，在电压、电流取关联参考方向下，电阻元件有 $U = IR$ 的约束关系(欧姆定律)。另一类是电路结构对电压、电流的约束关系，属于电路结构约束，反映这类约束关系的基本定律是基尔霍夫定律(KCL、KVL)。

1. 电路结构的基本名词

以图 1-23 为例，先介绍几个有关电路结构的名词。

(1) 支路

电路中通过同一电流的每一个分支叫支路，如图 1-23 电路中，efab、bcde、be 都是支路。流过支路的电流称为支路电流，如图 1-23 中 $I_1$、$I_2$、$I_3$ 箭头所标方向分别是以上三条支路电流的参考方向。含有电源的支路叫含源支路，不含电源的支路叫无源支路。

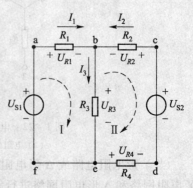

图 1-23　电路名词定义示意图

（2）节点

三条或三条以上支路的连接点叫节点，如图1-23电路中，b 点和 e 点是节点，而 a 点、c 点、d 点、f 点都不是节点。

（3）回路

电路中任一闭合路径称为回路，图1-23电路中共有 abefa、bcdeb、abcdefa 三个回路。

（4）网孔

内部没有跨接支路的回路叫网孔。图1-23 电路中，回路 abefa、bcdeb 是网孔，而回路abcdefa不是网孔。

2. 基尔霍夫电流定律（KCL）

基尔霍夫电流定律（KCL）描述的是电路中任一节点上各支路电流间的约束关系。其内容是：任一时刻流入电路中任一节点的电流之和等于流出该节点的电流之和，即

$$\sum I_入 = \sum I_出 \qquad (1.36)$$

以图1-23 为例，对节点 b 有

$$I_1 + I_2 = I_3 \quad 或 \quad I_1 + I_2 - I_3 = 0$$

需要注意的是，KCL 中所指的电流的"流入"与"流出"，均以电流的参考方向为依据，而不论其实际方向如何。因此，在列 KCL 方程之前，必须先设定电路中所有支路电流的参考方向并在电路图中标明。

若将式（1.36）右边部分移至左边，KCL 可改写为

$$\sum I = 0 \qquad (1.37)$$

也就是说，如果规定流入节点的电流前面取"＋"号，流出节点的电流前面取"－"号，则在任意时刻，电路中任一节点上电流的代数和恒等于零。式（1.36）和式（1.37）是同一定律的两种表达形式。

KCL 不仅适用于节点，还可推广应用于电路中任意假定的闭合曲面，即任一瞬间，通过任一闭合曲面的电流的代数和也恒等于零。

**例1.5** 如图1-24 所示，已知 $I_1 = 1$ A，$I_2 = -2$ A，$I_5 = 3$ A，求该电路中 $I_3$、$I_4$、$I_6$ 的值。

**解：**对图中节点列 KCL 方程得

节点 a 有 $\quad I_3 = I_1 + I_2 = 1$ A $+ (-2)$ A $= -1$ A

节点 b 有 $\quad I_3 + I_4 - I_5 = 0$

所以 $\qquad I_4 = I_5 - I_3 = 3$ A $- (-1)$ A $= 4$ A

对封闭回路 abc（广义节点）有 $\quad I_1 + I_6 - I_5 = 0$

所以 $\qquad I_6 = I_5 - I_1 = 3$ A $- 1$ A $= 2$ A

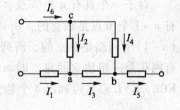

图1-24 例1.5电路

3. 基尔霍夫电压定律（KVL）

基尔霍夫电压定律（KVL）描述的是电路中任一回路上各元件两端电压之间的约束关系。其内容是任一时刻，沿任一闭合回路内各段电压的代数和恒等于零，即

$$\sum U = 0 \qquad (1.38)$$

在列 KVL 方程之前，必须先设定各元件两端电压的参考极性（方向）。并且还要

预先设定各个回路的绕行方向(顺时针方向或逆时针方向)。若某段电压的参考方向与回路的绕行方向一致时,则该电压前面取" + "号;反之,则取" – "号。

在图 1 – 23 所示电路中,对左边网孔(回路Ⅰ)和右边网孔(回路Ⅱ)都取顺时针绕向,分别列出 KVL 方程得

回路Ⅰ

$$U_{R1} + U_{R3} - U_{S1} = 0$$

即

$$I_1 R_1 + I_3 R_3 - U_{S1} = 0$$

回路Ⅱ

$$U_{S2} - U_{R4} - U_{R3} - U_{R2} = 0$$

即

$$U_{S2} - I_2 R_2 - I_3 R_3 - I_2 R_4 = 0$$

KVL 除了用于封闭回路外,也可推广应用于任意不闭合回路,但列写回路的电压方程时,必须将开路处电压列入方程,即沿假想回路绕行一周,各段电压的代数和等于零。

**例 1.6**　如图 1 – 25 所示电路为某一电路中的一部分,已知 $R_1 = 10\ \Omega$,$R_2 = 20\ \Omega$,$U_{S2} = 8\ \text{V}$,$U_{S3} = 5\ \text{V}$,$I_1 = 2\ \text{A}$,$I_3 = -1\ \text{A}$。求:$I_2$ 及 a、b 两点的电位。

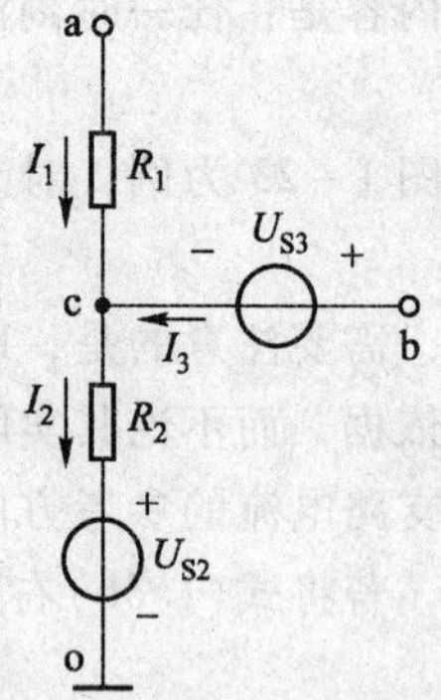

**解:** 对节点 c 列出 KCL 方程得

$$I_1 - I_2 + I_3 = 0$$
$$I_2 = I_1 + I_3 = 2\ \text{A} - 1\ \text{A} = 1\ \text{A}$$

对电路 aco 列 KVL 方程得

$$I_1 R_1 + I_2 R_2 + U_{S2} + U_{oa} = 0$$
$$U_{ao} = -U_{oa} = I_1 R_1 + I_2 R_2 + U_{S2}$$
$$= 2\ \text{A} \times 10\ \Omega + 1\ \text{A} \times 20\ \Omega + 8\ \text{V} = 48\ \text{V}$$

由于 o 点接地,所以 a 点电位 $V_a = U_{ao} = 48\ \text{V}$

对电路 bco 列 KVL 方程得

$$U_{S3} + I_2 R_2 + U_{S2} + U_{ob} = 0$$
$$U_{bo} = -U_{ob} = U_{S3} + I_2 R_2 + U_{S2} = 5\ \text{V} + 1\ \text{A} \times 20\ \Omega + 8\ \text{V} = 33\ \text{V}$$

所以 b 点电位　　　　　　　　　　$V_b = U_{bo} = 33\ \text{V}$

图 1 – 25　例 1.6 电路

4. KCL 方程和 KVL 方程的独立性问题

对于一个具有 $n$ 个节点、$b$ 条支路、$l$ 个回路、$m$ 个网孔的电路,可以证明:只有 $n-1$ 个节点是独立的,所列有效的(即独立的)KCL 方程个数为 $n-1$ 个;只有 $b-(n-1)$ 个回路是独立的,所列有效的(即独立的)KVL 方程个数为 $b-(n-1)$ 个,所有网孔是一组独立回路,即 $m = b-(n-1)$。此即为 KCL、KVL 方程的独立性,利用 KCL、KVL 总共可列出 $b$ 个独立方程。

## 1.2.3　支路电流法

以电路中各支路电流作为未知量,根据电路的结构约束关系和元件约束关系,列写方程组,并求解电路中各支路电流,这种电路分析方法称为支路电流法。

列方程前,必须选定各未知支路电流的参考方向,并在电路图上用箭头标明,下面以图 1 – 26 为例,说明利用支路电流法求解电路的步骤。

图 1 - 26 电路有三条支路，两个节点，两个网孔，需要列出三个独立方程解出三条支路电流。

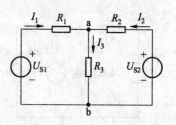

图 1 - 26 支流电路法图解

① KCL 列出各节点的电流方程。

对节点 a 列 KCL 方程得

$$I_1 + I_2 - I_3 = 0$$

或对节点 b 列 KCL 方程得

$$I_3 - I_1 - I_2 = 0$$

可以看出，上述两个 KCL 方程为同解方程，其中只有一个方程是独立方程。

② KVL 列出回路的电压方程，通常选网孔回路列出 KVL 方程。

对图 1 - 26 的左侧网孔按顺时针绕向可列出

$$I_1 R_1 + I_3 R_3 - U_{S1} = 0$$

对右侧网孔按逆时针绕向可列出

$$I_2 R_2 + I_3 R_3 - U_{S2} = 0$$

以上两个 KVL 方程均为独立方程，且已把元件约束关系代入其中。所以，运用 KCL 和 KVL 总共可以列出的独立方程个数等于 $(n-1) + (b-n+1) = b$，恰好等于电路中支路电流的数目。

③ 求解以上三个独立的 KCL 方程和 KVL 方程，可解得三条支路电流。

## 1.2.4 叠加定理

在含有多个电源的电路中，各支路的电流及各元件两端的电压都是由多个电源共同作用的结果。**叠加定理**：当线性电路中多个电源同时作用时，各支路的电流或电压等于各个电源单独作用时，在该支路产生的电流或电压的代数和(叠加)。

所谓电路中只有一个电源单独作用，就是假设其余电源都不起作用，即将其余各个电压源短接，而将其余各个电流源开路。

应用叠加定理可以将一个含有多电源的复杂电路，分解成几个单电源的简单电路进行分析，然后将这些简单电路的计算结果叠加起来，便可求得原电路中的电流和电压。

**例 1.7**    如图 1 - 27(a) 所示电路，应用叠加定理求电流 $I$。

**解**：根据叠加定理，先分别求出电压源、电流源单独作用时产生的电流，最后再叠加得到电压源、电流源共同作用时产生的总电流 $I$。

① 电压源单独作用时将不作用的电流源作开路处理，如图 1 - 27(b) 所示。

$$I' = \frac{U_S}{R_1 + R_2 // R_3} \times \frac{R_3}{R_2 + R_3}$$

$$= \frac{12 \text{ V}}{[1 + (4 \times 4)/(4+4)] \text{ k}\Omega} \times \frac{4 \text{ k}\Omega}{(4+4) \text{ k}\Omega} = 2 \text{ mA}$$

② 电流源单独作用时将不作用的电压源作短路处理，如图 1 - 27(c) 所示。

$$I'' = \frac{R_1 // R_3}{R_1 // R_3 + R_2} I_S = \frac{(4/5) \Omega}{(4/5 + 4) \Omega} \times 3 \text{ mA} = 0.5 \text{ mA}$$

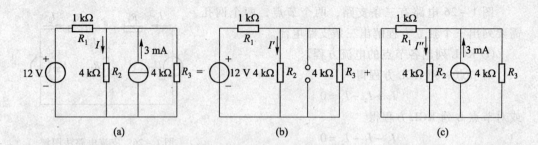

图 1 - 27　例 1.7 叠加定理应用

③ 根据叠加定理，电压源、电流源共同作用时，如图 1 - 27(a) 所示，电路中的电流

$$I = I' + I'' = 2 \text{ mA} + 0.5 \text{ mA} = 2.5 \text{ mA}$$

在应用叠加定理分析电路时，应注意以下问题：

① 叠加定理只适用于线性电路的分析，不能用于非线性电路。

② 叠加定理只适用于计算线性电路中的电流和电压，不能计算功率，如上例中，在电阻 $R_2$ 上流过 2.5 mA 的电流，其消耗功率为

$$P = I^2 R_2 = (I' + I'')^2 R_2 \neq I'^2 R_2 + I''^2 R_2$$

③ 将各个电源单独作用所产生的电流和电压进行叠加时，要注意各分电路中电流和电压的参考方向应与原电路中各电流和电压的参考方向一致，否则应在各分量前加 " - " 号，即这里 "叠加" 是指代数叠加。

叠加定理是分析和计算线性问题的普遍原理，线性电路中的许多定理都与叠加定理有关。

### 1.2.5　戴维宁定理和诺顿定理

在电路分析时，有时只需要计算其中某一支路的电流或电压。为了使计算方便，常常应用等效电源的方法，即将所需计算的那条支路划出，而把其余部分看作一个有源二端网络，如图 1 - 28(a) 所示，含有电阻 $R_L$ 的支路为所要计算的支路，将电路的其余部分看作有源二端网络给 $R_L$ 供电的一个等效电源，如图 1 - 28(b) 或图 1 - 28(c) 所示。

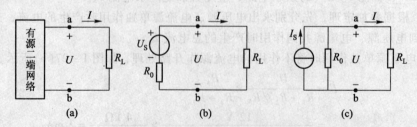

图 1 - 28　有源二端网络的等效电路

(a) 有源二端网络　(b) 等效为电压源 $U_S$ 和电阻 $R_0$ 串联

(c) 等效为电流源 $I_S$ 和电阻 $R_0$ 并联

1. 戴维宁定理

任何一个线性有源二端网络，对外电路而言，都可以用一个电压源 $U_S$ 和电阻 $R_0$ 相串联的电路来等效，这里 $U_S$ 等于有源二端网络端口上的开路电压(常记为 $U_{OC}$)，$R_0$ 等于有源二端网络中所有独立电源都化零后(即将各个理想电压源短路，将各个理想电流源开路)，所得无源二端电阻网络端口间的等效电阻，这就是戴维宁定理，它是电路分析中最有用的定理之一。

在图 1-28(b)中，如果求出了等效电路的开路电压 $U_{OC}$(即 $U_S$)和等效电阻 $R_0$，就可以方便地计算出 $R_L$ 上的电流

$$I = \frac{U_S}{R_0 + R_L} \tag{1.39}$$

应该注意，戴维宁定理适用于计算有源二端网络以外的待求支路，并不是用来计算有源二端网络内部电路。在画等效电路模型时，应注意 $U_S$ 的极性。

**例 1.8** 对图 1-29(a)，用戴维宁定理计算 $R_L = 4\ \Omega$ 电阻上电流 $I$ 及电压 $U_{ab}$。

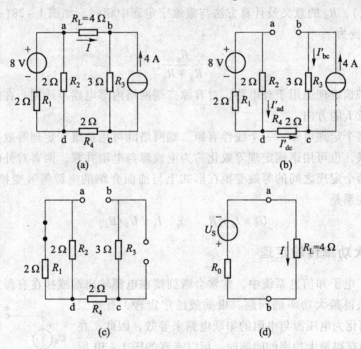

图 1-29 例 1.8 戴维宁定理应用

**解：** ① 将 4 Ω 电阻所在支路从原电路中除去，如图 1-29(b)所示，此时

$$I'_{ad} = \frac{U_S}{R_1 + R_2} = \frac{8\ V}{(2+2)\ \Omega} = 2\ A, \quad I'_{dc} = 0\ A, \quad I'_{bc} = I_S = 4\ A$$

a、b 间开路电压

$$U_{OC} = R_2 I'_{ad} + R_4 I'_{dc} - R_3 I'_{bc} = 2\ \Omega \times 2\ A + 0 - 3\ \Omega \times 4\ A = -8\ V$$

② 将图 1-29(b)电路中所有电源均化零，得无源二端电阻网络如图 1-29(c)所示，a，b 间等效电阻为

$$R_{ab} = R_1 \mathbin{/\!/} R_2 + R_4 + R_3 = 2 \mathbin{/\!/} 2 \ \Omega + 2 \ \Omega + 3\Omega = 6 \ \Omega$$

③ 根据戴维宁定理，原电路可化为图 1 – 29(d) 所示电路（注意 $U_S$ 的极性）。其中 $U_S = -U_{OC} = 8 \ V$，$R_0 = R_{ab} = 6 \ \Omega$，所以

$$I = -\frac{U_S}{R_0 + R_L} = -\frac{8 \ V}{(6+4)\Omega} = -0.8 \ A$$

$$U_{ab} = I \times R_L = -0.8 \ A \times 4 \ \Omega = -3.2 \ V$$

当有源二端网络内部电路的结构较为复杂或未知时，可采用实验的方法测得等效电路二端的开路电压 $U_{OC}$ 及短路电流 $I_{Sr}$，等效电阻 $R_0 = U_{OC}/I_{Sr}$。

**2. 诺顿定理**

戴维宁定理表明：一个有源二端线性网络可以用一个电压源串联一个电阻来等效。根据电源等效变换关系，有源二端网络也可以用电流源并联电阻来等效。

诺顿定理指出：任何一个线性有源二端网络，对外电路而言，都可以用一个电流源 $I_S$ 和一个电阻 $R_0$ 相并联的电路来等效。这里 $I_S$ 就是有源二端网络端口间的短路电流（常记为 $I_{Sr}$），$R_0$ 的意义及计算方法与戴维宁定理中相同，如图 1 – 28(c) 所示。负载 $R_L$ 上的电流为

$$I = \frac{R_0}{R_0 + R_L} I_S \tag{1.40}$$

同样，诺顿定理适用于外电路，对有源二端网络内部电路不适用。在画等效电流源时，应注意 $I_S$ 的方向。

由以上两个定理可知：一个线性有源二端网络既可用戴维宁定理等效化简为电压源与电阻串联，也可用诺顿定理等效化简为电流源与电阻并联，两者对外电路的作用是等效的。两个定理之间的等效变换在形式上与前面介绍的电源等效变换是一致的，它们的互换关系是

$$U_S = I_S \times R_0 \quad \text{或} \quad I_S = U_S/R_0 \tag{1.41}$$

## 1.2.6　最大功率传输定理

在测量、电子和信息系统中，常常会遇到接在电源输出端或接在有源二端网络上的负载如何获得最大功率的问题。根据戴维宁定理，有源二端网络可以简化为电压源与电阻的串联电路来等效，因此，在研究负载如何获得最大功率的问题时，可以考察如图 1 – 30 所示的简单电路。图中负载 $R_L$ 获得的功率为

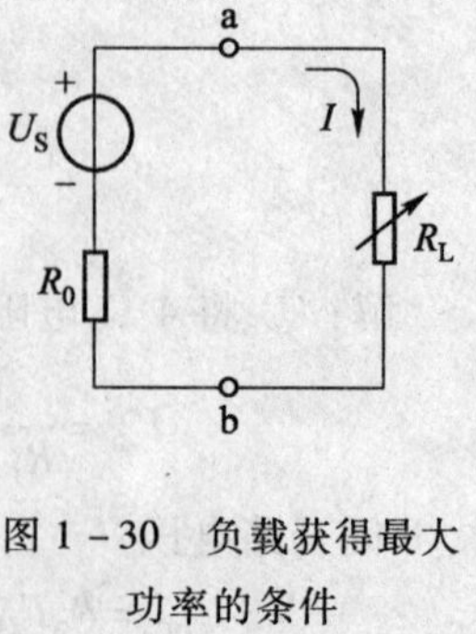

$$P_L = I^2 R_L = \left( \frac{U_S}{R_0 + R_L} \right)^2 R_L$$

令 $\dfrac{\mathrm{d}P_L}{\mathrm{d}R_L} = 0$，可以解得

$$R_L = R_0 \tag{1.42}$$

图 1 – 30　负载获得最大功率的条件

式 (1.42) 称为最大功率传输条件，此时负载获得的功率最大，为

$$P_{Lmax} = \frac{U_S^2}{4R_0} \tag{1.43}$$

负载获得最大功率的条件称为最大功率传输定理，工程上将电路满足最大功率传输条件（$R_L = R_0$）称为阻抗匹配。在信号传输过程中，如果负载电阻与信号源内阻相差较大，往往在负载与信号源之间接入阻抗变换器，如变压器、射极输出器等，以实现阻抗匹配，使负载从信号源获得最大功率。

应该指出，在阻抗匹配时，尽管负载获得的功率达到最大，但电源（或信号源）内阻 $R_0$ 上消耗的功率为

$$P_0 = I^2 R_0 = I^2 R_L = P_{Lmax} \tag{1.44}$$

可见，电路的传输效率只有 50%，这在电力系统是不允许的，在电力系统中负载电阻必须远远大于电源内阻，尽可能减少电源内阻上的功率消耗，只有在小功率信号传递的电子电路中，注重如何将微弱信号尽可能放大，而不在意信号源效率的高低，此时阻抗匹配才有意义。

**例1.9** 如图 1-31(a)所示电路，用戴维宁定理求负载电阻 $R_L$ 为何值时，可获得最大功率，并求此时 $R_L$ 上的电流 $I_L$ 及功率 $P_{Lmax}$。

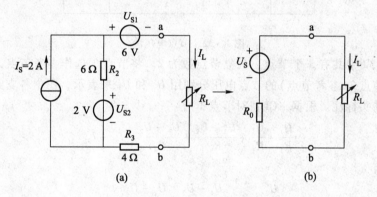

图 1-31 例 1.9 电路

(a) 原电路 (b) 等效电路

**解**：根据戴维宁定理，对负载 $R_L$ 而言，原电路可等效为图 1-31(b)所示电路，其中

a、b 两端开路电压为 
$$U_S = -U_{S1} + I_S \times R_2 + U_{S2}$$
$$= -6\ V + 2\ A \times 6\ \Omega + 2\ V = 8\ V$$

a、b 两端等效电阻为 $R_0 = R_2 + R_3 = (6+4)\ \Omega = 10\ \Omega$

根据最大功率传输定理，当负载电阻 $R_L = R_0 = 10\ \Omega$ 时，获得最大功率 $P_{Lmax}$，此时

$$P_{Lmax} = \frac{U_S^2}{4R_0} = \frac{(8\ V)^2}{4 \times 10\ \Omega} = 1.6\ W$$

$$I = \frac{U_S}{R_0 + R_L} = \frac{8\ V}{(10+10)\ \Omega} = 0.4\ A$$

### 1.2.7　节点电压法

节点电压法是以电路中各个节点相对于参考点(零电位点)的电压为未知量(即节点电压),应用 KCL 列出与节点电压数相等的电流方程,联立后求解各节点电压的电路分析方法。电路中其他支路的电流或电压,可以利用已求得的节点电压求取。

在电路中,任意选取某节点作为参考节点,其余节点与参考节点间的节点电压的参考方向均是从其余节点指向参考节点。下面以图 1-32 所示电路为例,说明节点电压法。

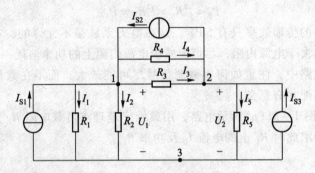

图 1-32　节点电压法

图 1-32 中共有 3 个节点,独立节点数为 2。将节点 3 选作参考节点,节点 1 和节点 2 对节点 3(参考节点)的节点电压分别用 $U_1$ 和 $U_2$ 来表示,图中各支路电流的参考方向用箭头标注。根据 KCL,对节点 1 有

$$\frac{U_1}{R_1} + \frac{U_1}{R_2} + \frac{U_1 - U_2}{R_3} + \frac{U_1 - U_2}{R_4} = I_{S1} + I_{S2} \tag{1.45}$$

对节点 2 有

$$\frac{U_2}{R_5} + I_{S2} = \frac{U_1 - U_2}{R_3} + \frac{U_1 - U_2}{R_4} + I_{S3} \tag{1.46}$$

整理上两式可得

$$\left(\frac{1}{R_1} + \frac{1}{R_2} + \frac{1}{R_3} + \frac{1}{R_4}\right)U_1 - \left(\frac{1}{R_3} + \frac{1}{R_4}\right)U_2 = I_{S1} + I_{S2} \tag{1.47}$$

$$-\left(\frac{1}{R_3} + \frac{1}{R_4}\right)U_1 + \left(\frac{1}{R_3} + \frac{1}{R_4} + \frac{1}{R_5}\right)U_2 = I_{S3} - I_{S2} \tag{1.48}$$

式(1.47)和式(1.48)即为图 1-32 的节点电压方程,解此方程组可得节点电压 $U_1$ 和 $U_2$,进而可求得电路中其他支路的电流或电压。

若用电导 $G_1 = 1/R_1$、$G_2 = 1/R_2$、$G_3 = 1/R_3$、$G_4 = 1/R_4$、$G_5 = 1/R_5$ 代入上两式,并分别记

$$G_{11} = G_1 + G_2 + G_3 + G_4$$
$$G_{22} = G_3 + G_4 + G_5$$
$$G_{12} = G_{21} = -(G_3 + G_4)$$
$$I_{S11} = I_{S1} + I_{S2}$$

$$I_{S22} = I_{S3} - I_{S2}$$

则图 1 - 32 的节点电压方程可写成一般方程式

$$G_{11} U_1 + G_{12} U_2 = I_{S11} \qquad (1.49)$$

$$G_{12} U_1 + G_{22} U_2 = I_{S22} \qquad (1.50)$$

其中 $G_{11}$、$G_{22}$ 分别为节点 1 和节点 2 的自电导，始终为正值；$G_{12} = G_{21} = -(G_3 + G_4)$ 称为节点 1 和节点 2 的互电导，始终为负值；$I_{S11} = I_{S1} + I_{S2}$，$I_{S22} = I_{S3} - I_{S2}$ 分别表示汇集到节点 1、节点 2 的电流源电流代数之和，电流源流入节点取 " + " 号，流出节点取 " - " 号。

实际应用节点电压法分析电路时，应先选定参考节点，然后可根据式（1.47）、式（1.48）或式（1.49）、式（1.50），直接列出电路的节点电压方程，进行求解。

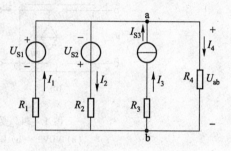

节点电压法适用于节点数少，支路数较多的电路。对于只有两个节点，多条支路的电路，用节点电压法求解更为方便。图 1 - 33 所示电路（该形式电路也称单节偶电路）有两个节点，选节点 b 为参考节点，仅一个节点电压为 $U_{ab}$，可直接列出节点电压方程为

图 1 - 33　单节偶电路

$$\left( \frac{1}{R_1} + \frac{1}{R_2} + \frac{1}{R_3} + \frac{1}{R_4} \right) U_{ab} = \frac{U_{S1}}{R_1} - \frac{U_{S2}}{R_2} + I_{S3}$$

或写成

$$U_{ab} = \frac{I_{S1} - I_{S2} + I_{S3}}{1/R_1 + 1/R_2 + 1/R_3 + 1/R_4} = \frac{\sum I_S}{\sum 1/R} \qquad (1.51)$$

式（1.51）也称为弥尔曼定理。

## *1.2.8　含受控源电路简介

前面所介绍的电压源和电流源（恒压流和恒流源），它们的电压和电流都不受外电路的控制而独立存在，称为独立电源，简称独立源。在电子线路中还会遇到另一类元件，它们的电压或电流要受到电路中其他支路或元件上的电压或电流的控制，在一定条件下为恒定值，这种元件可用受控电源（简称受控源）模型化。受控源是许多实际电路元件的电路模型，如半导体晶体管的集电极电流要受到基极电流的控制等。受控源反映了控制量与被控制量之间的关系，本质上不是电源。

根据控制量和被控制量性质的不同，受控源分为四种类型，即电压控制电压源（VCVS）、电流控制电压源（CCVS）、电压控制电流源（VCCS）、电流控制电流源（CCCS）。这四种受控源的电路模型如图 1 - 34 所示。

图 1 - 34 中菱形符号表示受控源，以使与独立电源的圆形符号相区别，其参考方向的表示方法与独立源相同。图中 $u_1$、$i_1$ 是控制量，它们可以是电路中某两点之间的电压和某条支路的电流；$u_2$、$i_2$ 是受控量，它们是受控源上的电压和电流。在电路

图中，控制量所在支路与受控量所在支路可以分开画，只要在控制支路中标明控制量即可。

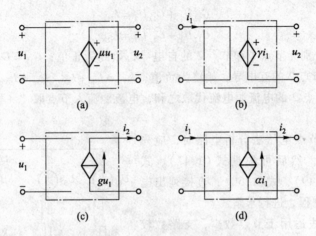

图 1 - 34　受控源的四种基本形式

(a) VCVS　(b) CCVS　(c) VCCS　(d) CCCS

四种受控源中，对 VCVS，$u_2 = \mu u_1$，$\mu$ 为无量纲系数；

对 CCVS，$u_2 = \gamma i_1$，$\gamma$ 单位为欧姆；

对 VCCS，$i_2 = g u_1$，$g$ 单位为导纳；

对 CCCS，$i_2 = \alpha i_1$，$\alpha$ 为无量纲系数。

含有受控源的电路可分为两种情况：一是受控源和电阻以串联、并联、混联的方法连接的电路，可以等效为一个电阻；二是受控源、电阻和独立源以串、并、混联方式连接的电路，可以等效为一个实际的电源。对于含有受控源的线性电路的分析，前面介绍的几种分析方法都可以应用，但受控源与独立源（恒压源）是有区别的，分析计算具体电路时必须注意。

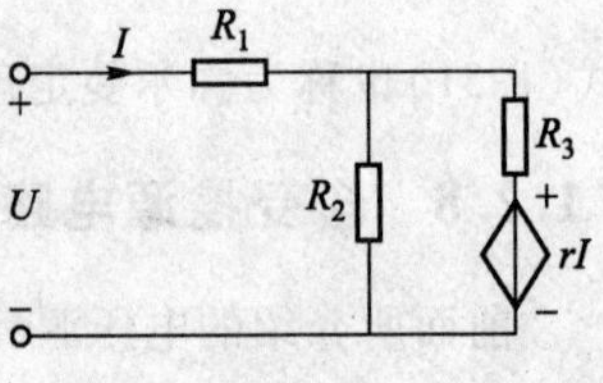

**例 1.10**　求图 1 - 35 所示电路的等效电阻 $R$。

此电路只含有受控源和电阻，最终将可等效为一个电阻。电路的求解过程如图1 - 36所示。

图 1 - 35　例 1.10 图

$$U = R_1 I + (R_2 /\!/ R_3) I + (R_2 /\!/ R_3) \frac{rI}{R_3}$$

所以

$$R = \frac{U}{I} = R_1 + (R_2 /\!/ R_3) + \frac{r}{R_3} (R_2 /\!/ R_3)$$

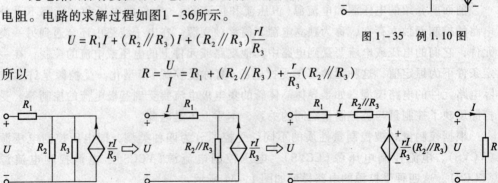

图 1 - 36　例 1.10 电路

**例 1.11**　应用叠加定理求图 1 - 37(a) 电路中的电压 $U$。

**解：** $U$ 等于图 1 - 37(b) 和图 1 - 37(c) 两个电路中电压 $U'$ 和 $U''$ 的代数和。图

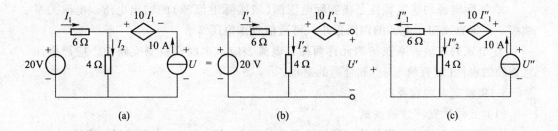

图 1 – 37 例 1.11 电路

1 – 37(b)的电路中，20 V 电压源单独作用；图 1 – 37(c)的电路中，10 A 电流源单独作用。但在两个电路中，受控电源均应保留。

在图 1 – 37(b)中

$$I'_1 = I'_2 = \frac{20\ \text{V}}{(6+4)\,\Omega} = 2\ \text{A}$$

$$U' = -10I'_1 + 4I'_2 = -12\ \text{V}$$

在图 1 – 37(c)中

$$I''_1 = \frac{4\ \Omega}{(6+4)\,\Omega} \times 10\ \text{A} = 4\ \text{A}$$

$$I''_2 = \frac{6\ \Omega}{(6+4)\,\Omega} \times 10\ \text{A} = 6\ \text{A}$$

$$U'' = 10I''_1 + 4I''_2 = 64\ \text{V}$$

所以

$$U = U' + U'' = -12\ \text{V} + 64\ \text{V} = 52\ \text{V}$$

注意，在图 1 – 37(c)中，由于 $I''_1$ 的参考方向改变，所以受控电压源的参考方向要相应改变。

# 1.3 直流电路实验实训

## 1.3.1 电路元件伏安特性的测定

1. 实验实训目的

① 熟悉直流电压表、电流表及万用表的使用方法，学会选择合适的仪表量程进行测量，并正确读数。

② 增强对线性电阻、非线性电阻及电源伏安特性的感性认识。

③ 学会绘制实验曲线。

2. 实验实训知识要点

① 电阻元件的伏安特性是指元件的端电压与通过该元件的电流之间的函数关系。线性电阻元件的伏安特性满足欧姆定律，其伏安特性曲线是一条过坐标原点的直线；非线性电阻元件的阻值不是常量，其伏安特性曲线不是直线。

② 实际电源的伏安特性是指实际电压源(或实际电流源)的输出电压、电流关系曲线。由于直流稳压电源的内阻很小,可近似看作恒压源。

③ 电压表应该并联在被测元件两端,电流表应该串联在被测支路中,应严格注意正确的极性(对直流电表)和合适的量程。

3. 实验实训内容及要求

(1)元件伏安特性的测试

① 将 200 Ω 绕线电阻作为待测元件 $R_L$,按图 1 - 38(a)所示电路接线,将稳压电源输出电压调至 10 V,改变滑线变阻器 R 的滑动触头位置,使电压表的读数从 0 开始缓慢增加到 10 V,每隔 2 V,记下电压表读数和对应的电流表读数,填入表 1 - 2 中。

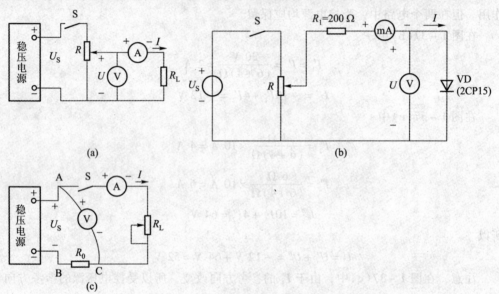

图 1 - 38 元件伏安特性测试电路

(a)线性电阻测试 (b)二极管测试 (c)电压源测试

表 1 - 2 电阻实测数据

| $U/V$ | 0 | 2 | 4 | 6 | 8 | 10 |
|---|---|---|---|---|---|---|
| $I/mA$ | | | | | | |

② 按图 1 - 38(a)将 200 Ω 绕线电阻改为 12 V 白炽灯,重复上述步骤,实测数据填入表 1 - 3 中。

表 1 - 3 白炽灯实测数据

| $U/V$ | 0 | 2 | 4 | 6 | 8 | 10 |
|---|---|---|---|---|---|---|
| $I/mA$ | | | | | | |

注:如白炽灯阻值过小,电流表读数超出量程可在白炽灯上串联一个功率和阻值都适当的定值电阻,将它们看作一个整体测量其伏安特性。

③ 按图 1 - 38(b)接线,$R_1$ 为限流电阻器,测二极管的正向特性时,正向电流不

得超过25 mA,二极管的正向压降在 0 ~ 0.75 V 之间取值。反向特性测试时，只需将图 1 - 38(b)中的二极管反接，反向电压可加至 30 V。正反向特性测试数据分别填入表 1 - 4 和表 1 - 5 中。

**表 1 - 4　二极管正向特性实测数据**

| $U/V$ | 0 | 0.2 | 4 | 4.5 | 5 | 5.5 | 6 | 6.5 | 7 | 7.5 |
|-------|---|-----|---|-----|---|-----|---|-----|---|-----|
| $I/mA$ | | | | | | | | | | |

**表 1 - 5　二极管反向特性实测数据**

| $U/V$ | 0 | -5 | -10 | -15 | -20 | -25 |
|-------|---|-----|------|------|------|------|
| $I/mA$ | | | | | | |

（2）电源伏安特性的测定

①按图 1 - 38(c)所示电路接线，图中的 $R_0$ 用 200 Ω 的线绕电阻，作为实际电压源的内阻。测试前将滑线电阻 R 的滑动触头置于最大电阻值的位置上。

②断开开关 S，将直流稳压电源的输出电压 $U_S$ 调至 10 V，测量电压 $U_{AC}$；合上开关 S，调节滑线电阻的滑动触头的位置使毫安表指示值分别为 10 mA、20 mA、30 mA、40 mA、50 mA，并测量相应的电压值 $U_{AC}$，将测试数据记入表 1 - 6 中。

**表 1 - 6　电源伏安特性实测数据**

| $I/mA$ | 0 | 10 | 20 | 30 | 40 | 50 |
|--------|---|-----|-----|-----|-----|-----|
| $U/V$ | | | | | | |

4. 实验实训器材设备

①直流稳压电源[0 ~ 30 V]。

②滑线变阻器[0 ~ 1 kΩ,1.0 A]。

③万用表[MF - 30 或其他]。

④直流电压表[10 V,1.0 级]。

⑤直流电流表[100 mA,1.0 级]。

⑥白炽灯[12 V]。

⑦绕线电阻[200 Ω,15 W]。

⑧二极管[2CP15]。

⑨单刀开关或拨动开关。

5. 实验实训报告要求

①记录主要测试内容与步骤，记录各项实测数据。

②用坐标纸分别绘制各电阻元件的伏安特性曲线及电压源的输出特性曲线。分析各电阻元件和电压源的伏安关系。

③根据测量数据，用公式表示绕线电阻及电压源的端电压 $U$ 与电流 $I$ 的关系。

### 1.3.2　基尔霍夫定律的验证

**1. 实验实训目的**

① 验证基尔霍夫定律的正确性，加深对 KCL、KVL 的理解。

② 理解电路中参考点的含义，掌握电位的测量方法。

③ 学会使用电流插座板测量多条支路电流的方法。

**2. 实验实训知识要点**

① 电路中某点到参考点（也称零电位点或接地点）之间的电压称为该点的电位，参考点选定后，电位是个绝对量；电压是两点电位之差，是个相对量。

② 基尔霍夫电流定律（KCL）：任一瞬时，流入电路中任一节点的各个支路电流的代数和为零，即 $\sum I = 0$。在列 KCL 方程时，电流的参考方向指向节点的，则该电流项前取"＋"号，否则取"－"号。

③ 基尔霍夫电压定律（KVL）：任一瞬时，沿电路的任一回路绕行一周，各段电压的代数和为零，即 $\sum U = 0$。在列 KVL 方程时，若某段电压的参考方向与回路的绕行方向一致，则该电压项前取"＋"号，否则取"－"号。

**3. 实验实训内容及要求**

按图 1 - 39 所示连接好实验电路，各条支路中都串接一个电流插孔，以便测量各支路电流，将稳压电源的输出电压调至 $U_{S1} = 15$ V，$U_{S2} = 6$ V，电路中 $R_1 = R_2 = 100$ Ω，$R_3 = 200$ Ω。

（1）电位测定

① 以 A 为参考点用万用表测试 B、C、D 点的电位。

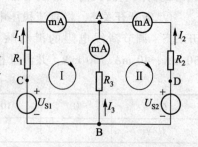

图 1 - 39　基尔霍夫定律验证电路

将万用表红表笔置于待测点 B，将黑表笔置于参考点 A，测量电压 $U_{BA}$。如果指针反偏，说明 A 点的实际电位高于 B 点的电位，立即对调表笔测出电压 $U_{AB}$，则 $V_B = U_{BA} = -U_{AB}$。C 点和 D 点的电位用同样方法进行测量。

② 同样方法，以 B 点为参考点用万用表测试 A、C、D 点的电位。

将以上测量结果填入表 1 - 7 中，并计算电压 $U_{CA}$、$U_{AB}$、$U_{AD}$（$U_{CA} = V_C - V_A$，$U_{AB} = V_A - V_B$，$U_{AD} = V_A - V_D$）。

表 1 - 7　万用表测试值与计算值

| 参考点 | 电位测试值/V | | | | 电压计算值/V | | |
|---|---|---|---|---|---|---|---|
| | $V_A$ | $V_B$ | $V_C$ | $V_D$ | $U_{CA}$ | $U_{AB}$ | $U_{AD}$ |
| A | | | | | | | |
| B | | | | | | | |

（2）验证 KCL

电流 $I_1$、$I_2$、$I_3$ 的参考方向如图 1 - 39 所示，测量 $I_1$、$I_2$、$I_3$ 时，如果电流表指

针反偏，说明仪表极性接反，调换插棒在电流表上的两个接线脚，即可重新测量。应注意 $I_1$、$I_2$、$I_3$ 的数值正负取决于其实际方向与参考方向的关系。由节点电压法可知节点电压 $U_{AB} > 0$，因此，电流 $I_3$ 的实际方向应由 A 到 B（所以 $I_3$ 的值应为负值）。先测量 $I_3$，再测量 $I_1$ 和 $I_2$ 与 $I_3$ 比较后可判断 $I_1$、$I_2$ 的实际方向。

$U_{S2}$ 分别取 6 V、12 V，$U_{S1}$ 保持 15 V，分别测量各支路电流值，并与用公式计算值进行比较，将结果填入表 1-8 中。

**表 1-8　验证 KCL 的测量值与计算值**

| $U_{S1}$/V | $U_{S2}$/V | $I_1$/mA | | $I_2$/mA | | $I_3$/mA | | $\sum I = I_1 + I_2 + I_3$ | |
|---|---|---|---|---|---|---|---|---|---|
| | | 测量值 | 计算值 | 测量值 | 计算值 | 测量值 | 计算值 | 测量值 | 计算值 |
| 15 | 6 | | | | | | | | |
| | 12 | | | | | | | | |

（3）验证 KVL

电路及元件参数同上。用万用表分别测量 $U_{AB}$、$U_{BC}$、$U_{CA}$、$U_{AD}$、$U_{DB}$、$U_{BA}$ 的值，并计算回路 Ⅰ 和 Ⅱ 的 $\sum U$，将结果填入表 1-9 中。

**表 1-9　验证 KVL 的测量值与计算值**

| $U_{S1}$/V | $U_{S2}$/V | $U_{AB}$/V | | $U_{BC}$/V | | $U_{CA}$/V | | 回路 Ⅰ $\sum U$/V | |
|---|---|---|---|---|---|---|---|---|---|
| | | 测量值 | 计算值 | 测量值 | 计算值 | 测量值 | 计算值 | 测量值 | 计算值 |
| 15 | 6 | | | | | | | | |
| | 12 | | | | | | | | |

| $U_{S1}$/V | $U_{S2}$/V | $U_{AD}$/V | | $U_{DB}$/V | | $U_{BA}$/V | | 回路 Ⅱ $\sum U$/V | |
|---|---|---|---|---|---|---|---|---|---|
| | | 测量值 | 计算值 | 测量值 | 计算值 | 测量值 | 计算值 | 测量值 | 计算值 |
| 15 | 6 | | | | | | | | |
| | 12 | | | | | | | | |

4. 实验实训器材设备

① 直流双路稳压电源[0~30 V]。

② 直流电流表[100 mA，1.0 级]。

③ 万用表[MF-30 或其他]。

④ 电流插座板[3 孔以上]。

⑤ 定值电阻三个[$R_1 = R_2 = 100\ \Omega$，$R_3 = 200\ \Omega$]。

5. 实验实训报告要求

① 记录实验内容步骤与实测结果，说明电路中两点间的电压与参考点的选择有无关系。

② 用公式法计算各支路电流 $I_1$、$I_2$、$I_3$，并与测量值进行比较，计算测量值的绝

对误差$(\Delta I)$和相对误差$\left(\dfrac{\Delta I}{I} \times 100\%\right)$。

③ $U_{S2}$从 6 V 改为 12 V 后，电流$I_1$、$I_2$的实际方向有无改变，实验中如何判别？

### 1.3.3　验证戴维宁定理及电路最大功率传输的研究

1. 实验实训目的

① 用戴维宁定理分析实际电路，验证其正确性，加深对该定理的理解。

② 学习有源二端线性网络等效电路的参数测量。

③ 验证负载获得最大功率的条件。

2. 实验实训知识要点

① 戴维宁定理指出：任何一个线性有源二端网络，对外电路而言，总可以用一个理想电压源和电阻串联的电路来等效。该理想电压源$U_S$等于有源二端网络端口处的开路电压$U_{OC}$，该电阻$R_0$等于原网络中所有独立电源均置零时，其端口间的等效电阻，并且，若端口处的短路电流为$I_{SC}$，则有$R_0 = U_{OC}/I_{SC}$。因此，也可以通过测量获得$U_S$和$R_0$。

② 一个有源二端线性网络可等效为一个实际电压源($U_S$串联$R_0$)，当端口间接入负载$R_L$时，$R_L$从有源二端网络内获得功率$P_L$。最大功率传输定理指出，当负载电阻$R_L$等于电源内阻$R_0$时，负载所获得功率最大。

3. 实验实训内容及要求

按图 1-40(a)所示电路接线，取$U_{S1} = 7$ V，$U_{S2} = 12$ V，$R_1 = 20\ \Omega$，$R_2 = 300\ \Omega$，$R_3$为滑线变阻器。

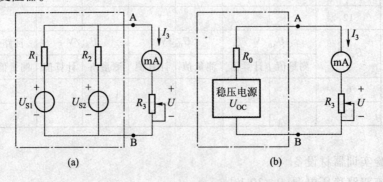

图 1-40　验证戴维宁定理和最大功率传输定理原理图

(a) 原电路　(b) 等效电路

(1) 验证戴维宁定理

① 将$R_3$视为负载，其余部分为有源二端网络，如图 1-40(a)点画线框内所示部分电路，测出其开路电压$U_{OC}$及短路电流$I_{SC}$。记录并计算出等效电压源内阻$R_0$。

接入滑线变阻器$R_3$，改变其滑动触头位置，使电流表读数($I_3$)依次如表 1-10中所列值，分别用万用表测量$R_3$上相应的电压 U 填入表 1-10 原电路一行。

② 用一标准电阻箱将其值调整到等于$R_0$，按图 1-40(b)接线，稳压电源的输出电压取有源二端网络的开路电压$U_{OC}$，接入滑线变阻器$R_3$，调整其滑动触头位置，重

复上述测量过程，把 $R_3$ 上各个实测电压 $U$ 填入表 1 – 10 中等效电路一行。

**表 1 – 10　滑线变阻器阻值改变后的电压值**

| $I/\text{mA}$ | | | 0 | 10 | 20 | 30 | 40 | 50 | $I_{\text{SC}} =$ |
|---|---|---|---|---|---|---|---|---|---|
| 原电路 | $U/\text{V}$ | $U_{\text{OC}} =$ | | | | | | | |
| 等效电路 | $U/\text{V}$ | $U_{\text{OC}} =$ | | | | | | | |

（2）负载获得最大功率的条件

将图 1 – 40（b）电路中 $R_3$ 换为电阻箱，改变 $R_3$ 的值，分别取 $R_0$ 及 $R_0$ 附近的阻值（至少取 5 点），由电流表测出负载上的电流 $I_3$，由 $P = I_3^2 R_3$ 计算负载 $R_3$ 获得的功率 $P$，将测量和计算数据填入表 1 – 11 中。

**表 1 – 11　负载获得最大功率的测量数据与计算值**

| 负载电阻 $R_3/\Omega$ | | | | | | |
|---|---|---|---|---|---|---|
| 电流 $I_3/\text{mA}$ | | | | | | |
| 功率 $P = I_3^2 R_3/\text{W}$ | | | | | | |

4．实验实训器材设备

① 直流双路稳压电源［0 ~ 30 V］。

② 直流电流表［100 mA，1.0 级］。

③ 万用表［MF – 30 或其他］。

④ 电阻箱 2 只［0 ~ 99 999 $\Omega$］。

⑤ 定值电阻 2 个［$R_1 = 200\ \Omega$，$R_2 = 300\ \Omega$］。

⑥ 滑线变阻器［1 k$\Omega$，1 A］。

5．实验实训报告要求

① 记录实验实训主要内容与步骤，整理实测数据和计算数据。

② 根据表 1 – 10 的数据，在同一张坐标纸上分别绘制有源二端线性网络和其等效电路的输出特性曲线，并将实验结果进行比较，有何结论。

③ 你能归纳出几种测试有源二端线性网络的等效电阻 $R_0$ 的方法，请具体说明。

④ 根据表 1 – 11 的数据，说明当负载电阻 $R_3$ 的阻值等于何值时，其所获功率最大。这个最大功率的计算公式如何？此时电能传输效率又如何？

⑤ 在求有源二端网络的等效电源内阻 $R_0$ 时，如何理解网络中所有独立电源为零值？实验中，如何置零？如果网络中含有受控源，该如何处理？

# 本 章 小 结

**1．电压、电流方向及伏安关系**

电压、电流的参考方向是事先选定的一个方向，根据电压、电流数值的正、负，可确定电压、电流的实际方向。引入参考方向后，电压、电流可以用代数量表示。电路或元件的伏安关系是电路分析与研究的重点。

**2. 欧姆定律和基尔霍夫定律**

欧姆定律和基尔霍夫定律是电路分析的最基本定律。它们分别体现了元件和电路结构对电压、电流的约束关系。

**3. 功率与功率平衡**

当元件上的电压与电流取关联参考方向时，其功率为 $P = UI$，当 $P < 0$ 时，该元件输出(释放或产生)功率，当 $P > 0$ 时，该元件输入(吸收或消耗)功率。一个电路中所有元件功率的代数和等于零，$\sum P = 0$。

**4. 电路的分析方法**

简单电路的分析可以采用电阻串、并联等效变换的方法来化简。实际电压源与实际电流源可以互相等效变换。

支路电流法是分析电路的基本方法。如果电路结构复杂，因电路方程增加使得支路电流法不太实用。

戴维宁定理和诺顿定理是电路分析中很常用的定理，运用它们往往可以简化复杂的电路。

节点电压法适用于节点数少、支路数多的电路，其中弥尔曼定理经常用到。

叠加定理适用于线性电路，是分析线性电路的基本定理。注意，叠加定理只适用于线性电路中的电压和电流。

**5. 二端网络与等效变换**

无源二端线性网络可以等效为一个电阻。

有源二端线性网络可以等效为一个电压源与电阻串联的电路或一个电流源与电阻并联的电路，且后两者之间可以互相等效变换。

等效是电路分析与研究中很重要而又很实用的概念，等效是指对外电路伏安关系的等效。

**6.** 受控源的电压和电流不是独立的，它们受到电路中另一支路的电压或电流控制。对于含有受控源的有源二端网络，在计算其等效电源的内阻 $R_0$ 时，受控源不能去除。电路分析的基本方法也适用于含受控源的电路。

# 习　题　一

1.1　求题图 1-1 中各图所示电路的伏安特性($U-I$ 关系)。

1.2　求题图 1-2 所示电路中的电流 $I$。

1.3　题图 1-3 中，已知 $I_1 = 3$ mA，$I_2 = 1$ mA。求电路元件 3 中的电流 $I_3$ 和其两端的电压 $U_3$，并说明它是电源还是负载。验算整个电路各个功率是否平衡。

1.4　求题图 1-4 中 A 点的电位 $V_A$。

1.5　如题图 1-5 所示电路，试用等效化简法求电路中的电压 $U$。

1.6　求题图 1-6 所示电路中电阻 $R_1$、$R_2$ 的值。

1.7　求题图 1-7 所示电路中电压 $U$。

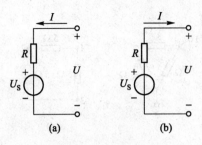

题图 1 – 1　习题 1.1 图

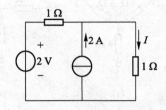

题图 1 – 2　习题 1.2 图

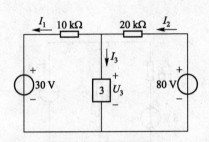

题图 1 – 3　习题 1.3 图

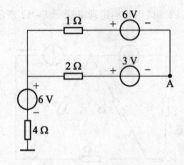

题图 1 – 4　习题 1.4 图

1.8　有两个电阻并联，$R_1 = 3\ \Omega$，$R_2 = 6\ \Omega$，已知 $R_1$ 上消耗的功率 $P_1 = 48\ W$，求 $R_2$ 上消耗的功率 $P_2$ 及 $R_1$ 和 $R_2$ 上的电压 $U$。

1.9　求题图 1 – 9 中各电路的等效电阻 $R_{ab}$。

1.10　将题图 1 – 10 中的 △ 形电路变为 Y 形电路，Y 形电路变换为 △ 形电路。

1.11　试用支路电流法求题图 1 – 11 中各支路的电流。

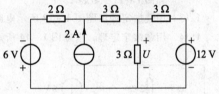

题图 1 – 5　习题 1.5 图

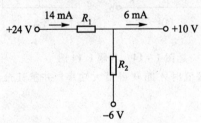

题图 1 – 6　习题 1.6 图

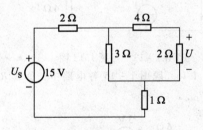

题图 1 – 7　习题 1.7 图

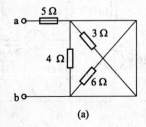

(a)

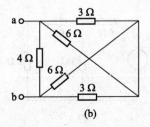

(b)

(c)

题图 1 – 9　习题 1.9 图

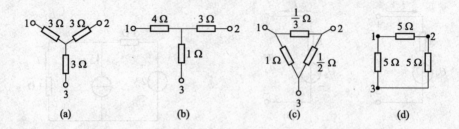

题图 1 – 10　习题 1.10 图

1.12　试用叠加定理求题图 1 – 12 所示电路中的电流 $I_2$。

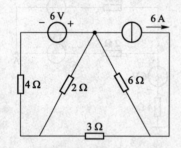

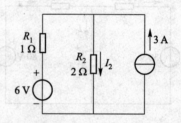

题图 1 – 11　习题 1.11 图　　　　　　　　题图 1 – 12　习题 1.12 图

1.13　用叠加定理求题图 1 – 13 所示电路中的电压 $U_{ab}$。

1.14　用戴维宁定理，求题图 1 – 14 所示各电路的等效电路。

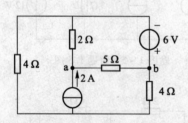

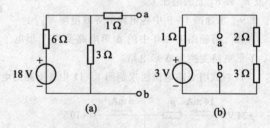

题图 1 – 13　习题 1.13 图　　　　　　　　题图 1 – 14　习题 1.14 图

1.15　题图 1 – 15 各电路中，负载 $R_L$ 分别取何值时才能获得最大功率？并求其最大功率 $P_{Lmax}$。

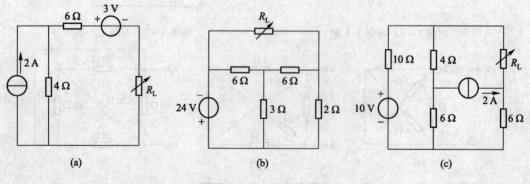

题图 1 – 15　习题 1.15 图

1.16　题图1-16所示电路中，G为检流计，其内阻$R_g = 10\ \Omega$，试用戴维宁定理求检流计的电流$I_g$。当电阻$R_1$、$R_2$、$R_3$、$R_4$满足何条件时，检流计的电流为零？

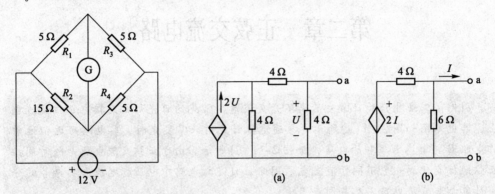

题图1-16　习题1.16图　　　　　　　　　　　　　题图1-17　习题1.17图

*1.17　求题图1-17中所示的含有受控源的两端网络的等效电阻$R_{ab}$。

1.18　用节点电压法(弥尔曼定理)求题图1-18所示电路中各支路电流。

*1.19　题图1-19所示电路中，已知$R_{be} = 1\ k\Omega$，$R_L = 3\ k\Omega$，$\beta = 50$，试求$U_o / U_i$。

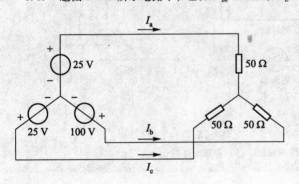
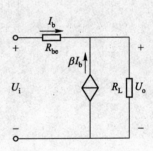

题图1-18　习题1.18图　　　　　　　　题图1-19　习题1.19图

# 第二章　正弦交流电路

> 引例　工业生产和日常生活离不开交流电，常见的日光灯就是接在正弦交流电上，其电路图如图 2-1(a)所示。接通电源日光灯正常发光时，其电路可近似地看作电阻 $R$ 与电感 $L$ 串联的电路，如图 2-1(b)所示。由于正弦交流电压是随时间按正弦规律变化的，它不同于直流电。因此，日光灯电路中电压、电流和功率等的分析计算都与直流电路不尽相同。

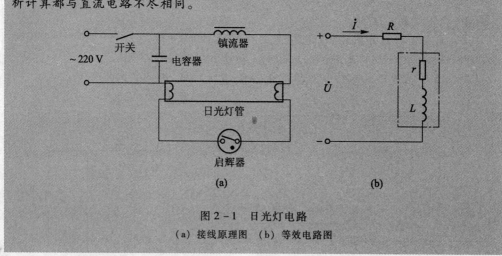

图 2-1　日光灯电路

（a）接线原理图　（b）等效电路图

正弦交流电是最常见的交流电形式，正弦交流电路是指正弦交流电源作用下的电路，电路中各部分的电压和电流也按正弦规律变化。正弦交流电有许多独特的优点，比如，通过变压器很容易实现升压或降压，便于电力输送和配电，因此，世界各国的电力系统都采用正弦交流供电。在用电方面，交流电机也比直流电机结构简单、制造成本低、运行稳定；在电子线路中正弦信号是基本信号之一，得到广泛的应用。

本章介绍正弦交流电路的基本概念，重点讨论常用的"相量法"分析计算正弦稳态电路，对三相交流电路、电力输配电、电气安全也做了必要的介绍。

## 2.1　正弦量与正弦电路

### 2.1.1　正弦量的时域表示法

1. 正弦量

随时间按正弦（或余弦）函数规律变化的交变电压（或电流），称为正弦电压（或电

流），简称正弦量。由正弦电源供电（激励）的电路称为正弦交流电路或简称正弦
电路。

以正弦电流为例，解析式

$$i(t) = I_m \sin(\omega t + \psi) \qquad (2.1)$$

就是正弦电流在时间域上的函数表达式，简称时域表达式。

式(2.1)中，$i(t)$ 表示随时间 $t$ 变化的电流变量，有时简写为 $i$；$I_m$ 为电流 $i$ 的最大值，也称幅值；$(\omega t + \psi)$ 称为正弦量的相位角，简称相位，其中 $\omega$ 为角频率，$\psi$ 称为初相位（简称初相）。

显然，如果 $I_m$、$\omega$、$\psi$ 三个量已知，则 $i(t)$ 的变化规律就确定了。若要求某一时刻 $t_1$ 时的电流，只要将 $t_1$ 代入即可解出该时刻的电流值 $I_1$。因此，$I_m$、$\omega$、$\psi$ 常称为正弦量的三要素。

正弦量随时间变化的图形称为波形图。横坐标可以是时间 $t$，如图 2 – 2(a) 所示；也可以用角度 $\omega t$，如图 2 – 2(b) 所示，此时，横坐标的单位为弧度(rad)。

第一章直流电路中，曾经提到了电压和电流的参考方向的概念和意义，在分析交流电路时，也要规定交流电压和电流的参考方向。只是由于正弦交流电路中电压和电流的实际方向随时间而不断地周期性变化，因此，一旦正弦电压

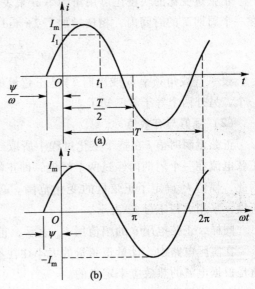

图 2 – 2　正弦电流的波形

（或电流）的参考方向确定，其值也是周期性地正负交替。当值为正时，说明波形在时间轴上方；当值为负时，说明波形在时间轴下方。换句话说，在正弦电路中，只有选定了各处正弦电流和电压的参考方向后，才能正确写出它们的解析式和进行分析计算或画波形图。此时，正弦量数值的正负才有实际意义。

2. 正弦量的三要素

正弦量的特征表现在变化的快慢、取值的范围和初始值三个方面。它们分别由频率（或周期）、幅值（或有效值）和初相来确定，所以频率（或周期）、幅值（或有效值）和初相称为确定正弦量的三要素。这里仍然以式(2.1)反映的正弦量为例加以具体说明。设正弦电流 $i(t) = I_m \sin(\omega t + \psi_i)$。

（1）周期、频率和角频率

正弦量变化一周所用的时间称为周期，用符号 $T$ 表示，单位为秒(s)。正弦量每秒内完成的周期数，称为频率，用符号 $f$ 表示，单位为 1/秒(1/s)，国际单位制中为赫兹(Hz)，频率与周期的关系为

$$f = \frac{1}{T} \quad \text{或} \quad T = \frac{1}{f} \qquad (2.2)$$

我国和世界上许多国家的电力系统都采用 50 Hz 作为电力标准频率，由于电力标准频率广泛用于工业生产，习惯上将电力系统的频率称为工频。有些国家(如美国，日本)电力系统的频率为 60 Hz。

在工业生产和日常生活中，除大量使用工频交流电作为电源外，在其他许多技术领域还使用各种不同频率的交流电或交流信号。如电加热技术领域使用的频率范围为 $50 \sim 50 \times 10^6 \mathrm{Hz}$。无线电领域一般为 $500 \times 10^3 \sim 500 \times 10^6 \mathrm{Hz}(500 \ \mathrm{kHz} \sim 500 \ \mathrm{MHz})$。微波频率可高达 $3 \times 10^{10} \mathrm{Hz}$ 以上。

正弦量变化的快慢还可用角频率 $\omega$ 来表示，单位是弧度/秒( rad/s )。由于正弦量在一个周期 $T$ 的时间内，相位增加了 $2\pi$ rad，所以

$$\omega = \frac{2\pi}{T} = 2\pi f \tag{2.3}$$

频率 $f$(或角频率 $\omega$ 或周期 $T$)是正弦量的三要素之一，$f$、$T$、$\omega$ 中只要已知任意一个，另外两个等于就已知了。

(2) 幅值与有效值

正弦量瞬时值 $i$ 在整个变化过程中所取到的最大值，称为幅值，用符号 $I_\mathrm{m}$ 表示。正弦电流在一个周期内经过两个峰值，即正峰值 $I_\mathrm{m}$ 及负峰值 $-I_\mathrm{m}$。由于 $-I_\mathrm{m} \leqslant i \leqslant I_\mathrm{m}$，因此，幅值 $I_\mathrm{m}$ 确定了正弦量的变化范围。必须注意，正弦量的幅值不随时间变化，所以，采用大写字母 $I_\mathrm{m}$ 表示。

同样，正弦电压 $u$ 的幅值用 $U_\mathrm{m}$ 表示，正弦电动势 $e$ 的幅值用 $E_\mathrm{m}$ 表示。

在实际电路中，计量正弦量的大小往往不是用的它的幅值，而是用有效值。有效值是根据电流的热效应来定义的。

在一个周期 $T$ 内，如果某一个周期性电流 $i(t)$ 通过电阻 $R$ 所产生的热量，和另一个直流电流 $I$ 通过同一电阻 $R$ 在相等的时间 $T$ 内所产生的热量相等，那么这个周期电流 $i$ 的有效值在数值上就等于这个直流电流 $I$。即

$$\int_0^T i^2 R \mathrm{d}t = I^2 R T \tag{2.4}$$

所以，周期电流 $i$ 的有效值为

$$I = \sqrt{\frac{1}{T}\int_0^T i^2 \mathrm{d}t} \tag{2.5}$$

式(2.5)适用于周期性变化的量，它不能用于非周期量。由定义可知，周期电流的有效值等于它瞬时值的平方在一个周期内的平均值再取平方根。因此，有效值又称为方均根值。

当周期电流为正弦量时，即 $i(t) = I_\mathrm{m}\sin(\omega t + \psi_i)$，则有效值为

$$I = \sqrt{\frac{1}{T}\int_0^T I_\mathrm{m}^2 \sin^2(\omega t + \psi_i) \mathrm{d}t} = \frac{I_\mathrm{m}}{\sqrt{2}} \tag{2.6}$$

同样，周期电压 $u$ 的有效值用 $U$ 表示，定义为

$$U = \sqrt{\frac{1}{T}\int_0^T u^2 \mathrm{d}t} \tag{2.7}$$

当周期电压为正弦量时，即 $u(t) = U_m \sin(\omega t + \psi_u)$，则有效值为

$$U = \sqrt{\frac{1}{T} \int_0^T U_m^2 \sin^2(\omega t + \psi_u) \, dt} = \frac{U_m}{\sqrt{2}} \qquad (2.8)$$

因此，正弦量的有效值($I$、$U$)等于它的幅值($I_m$、$U_m$)除以 $\sqrt{2}$，而与角频率 $\omega$ 和初相 $\psi$ 无关，按照定义，有效值都用大写字母表示。

工程上凡是提到正弦电压或电流的数值时，都是指它们的有效值，如交流电压 220 V 或 380 V，都是指有效值。一般交流测量仪表的读数，以及电气设备铭牌上的额定值等都是指有效值。例如，正弦电压的有效值为 220 V，则其最大值 $U_m = \sqrt{2}U = \sqrt{2} \times 220$ V = 311 V。但应注意，幅值与有效值间的 $\sqrt{2}$ 倍关系只适用于正弦量，对其他交变电压或电流则不适用。幅值或有效值是正弦量的第二个要素。

（3）相位、初相和相位差

正弦量时域表达式中的($\omega t + \psi$)称为正弦量的相位角，简称相位，单位是弧度（rad）或度（°）。相位是时间的函数，它反映了正弦量在某一时刻 $t$ 的状态。如果正弦量在某一时刻的相位($\omega t + \psi$)已知，就可以确定这个正弦量在该时刻的数值、方向及变化趋势。因此，相位反映了正弦量的变化进程。

$t = 0$ 时的相位 $\psi$ 称为正弦量的初相位或初相角，简称为初相，它反映了正弦量的初始变化状态，$\psi$ 为正弦量的第三个要素。$t = 0$ 时，正弦电流的瞬时值为 $i(0) = I_m \sin \psi$。

正弦量每一个周期内两次经过零点，为了便于区分，习惯上将正弦量由负值变为正值的那个零点叫做正弦量的零值点。在波形图中将与坐标原点 0（计时起点）距离最近的零值点 $t_0$ 称为初始零值点。如果正弦量的初始零值点 $t_0$ 和角频率 $\omega$ 已知，则该正弦量的初相为

$$\psi = -\omega t_0 \qquad (2.9)$$

采用上述规定，则初相 $\psi$ 的取值范围为 $[-\pi, \pi]$ 或 $[-180°, 180°]$。

**例 2.1**　根据图 2-3 所示正弦量的波形图，分别写出它们的时域表达式。

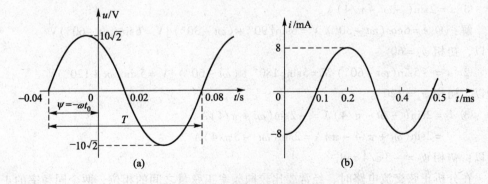

图 2-3　例 2.1 波形图
（a）电压波形　（b）电流波形

**解**：图 2-3（a）中，交流电压的幅值为　$U_m = 10\sqrt{2}$ V

周期                           $T = 0.08 \text{ s} - (-0.04)\text{s} = 0.12 \text{ s}$

角频率                         $\omega = 2\pi/T = 2\pi/0.12 \text{ rad/s} = 50\pi/3 \text{ rad/s}$

初始零值点                      $t_0 = -0.04 \text{ s}$

所以初相                        $\psi_u = -\omega t_0 = 2\pi/3 \text{ rad/s}$

因此，图 2 – 3(a)所示交流电压的时域表达式为

$$u(t) = 10\sqrt{2}\sin\left(\frac{50\pi}{3}t + \frac{2\pi}{3}\right) \text{V}$$

图 2 – 3(b)中正弦电流的幅值 $I_m$ 为 8 mA，周期 $T$ 为 0.4 ms，初始零值点 $t_0 =$ 0.1 ms。所以，角频率

$$\omega = 2\pi/T = 2\pi/(0.4 \times 10^{-3}) \text{ rad/s} = 5\,000\pi \text{ rad/s}$$

初相           $\psi_i = -\omega t_0 = -5\,000\pi \times 0.1 \times 10^{-3}\text{rad} = -\pi/2 \text{ rad}$

因此，图 2 – 3(b)所示正弦电流的时域表达式为

$$i(t) = 8\sin\left(5\,000\pi t - \frac{\pi}{2}\right) \text{mA}$$

考虑一下，如果将图 2 – 3 中各图的横坐标采用角度 $\omega t$，则图中横轴上各点的数字将如何改动，初相 $\psi_i$ 又该如何确定。

由式(2.9)所知，同一个正弦量，如果选择的计时起点(坐标原点 0)不同，初始零值点 $t_0$ 就会不同，正弦量的初相 $\psi$ 也就不同。如果初始零值点与计时起点重合，则初相 $\psi = 0$，正弦电流的表达式为 $i(t) = I_m\sin \omega t$。

必须注意，只有在选定了参考方向后，才能确定正弦量的瞬时值和波形图，正弦量的相位和初相才能计算。同一个正弦量，如果参考方向选择相反，瞬时值相差一个负号，波形与原波形相反，解析式就异号，反映到相位上差 180°。所以，正弦量的初相、相位还与参考方向有关。

**例 2.2**  利用三角公式，计算下列各正弦量的初相。

① $e = 6\cos(\omega t - 30°) \text{V}$

② $u = -5\sin(\omega t - 60°) \text{V}$

③ $i = 2\sin(-\omega t - \pi/4) \text{A}$

**解：** ① $e = 6\cos(\omega t - 30°) \text{ V} = 6\sin[90° + (\omega t - 30°)] \text{V} = 6\sin(\omega t + 60°) \text{V}$ 所以，初相 $\psi_e = 60°$。

② $u = -5\sin(\omega t - 60°) \text{ V} = 5\sin[180° + (\omega t - 60°)] \text{V} = 5\sin(\omega t + 120°) \text{V}$ 所以，初相 $\psi_u = 120°$。

③ $i = 2\sin(-\omega t - \pi/4) \text{A} = -2\sin(\omega t + \pi/4) \text{A}$

$\qquad = 2\sin(\omega t + \pi/4 - \pi) \text{A} = 2\sin(\omega t - 3\pi/4) \text{A}$

所以，初相 $\psi_i = -3\pi/4 \text{ rad}$。

在分析正弦交流电路时，经常要比较同频率正弦量之间的相位，两个同频率的正弦量的相位之差称为相位差。图 2 – 4 所示为两个同频率正弦电压 $u(t)$ 和电流 $i(t)$ 的波形图，它们的瞬时值表达式分别为

$$u(t) = U_m\sin(\omega t + \psi_u)$$

$$i(t) = I_m \sin(\omega t + \psi_i)$$

如以 $\varphi$ 表示 $u$ 与 $i$ 的相位差，则

$$\varphi = (\omega t + \psi_u) - (\omega t + \psi_i) = \psi_u - \psi_i \qquad (2.10)$$

式(2.10)表明，两个同频率正弦量的相位差等于它们的初相之差，它与计时起点的选择无关，是一个定值。从波形上看，相位差 $\varphi$ 等于这两个同频率正弦量相邻的两个零值(或正峰值)点之间所间隔的相位角。因此，相位差 $\varphi$ 反映了两个相同频率正弦量变化进程的差异，它能定量地判别哪一个正弦量先到达零值点或先到达最大值。

若 $\varphi > 0$，表明 $\psi_u > \psi_i$，参见图 2-4 所示，称电压 $u$ 的相位超前电流 $i$ 的角度为 $\varphi$，简称电压超前电流。也可以称电流 $i$ 的相位滞后电压 $u$ 的角度为 $\varphi$，简称电流滞后电压。

若 $\varphi < 0$，表明 $\psi_u < \psi_i$，称 $u$ 在相位上滞后 $i$ 的角度为 $|\varphi|$，或者 $i$ 在相位上超前 $u$ 的角度为 $|\varphi|$。

若 $\varphi = 0$，表明 $\psi_u = \psi_i$，称 $u$ 与 $i$ 同相，此时两正弦量 $u$ 和 $i$ 同时到达零值或最大值。

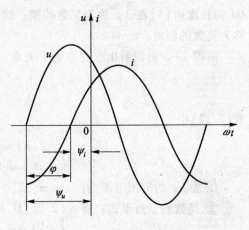

图 2-4 正弦量的相位差

若 $\varphi = \pm 180°$(或 $\pm \pi$)，$\psi_u = -\psi_i$，称 $u$ 与 $i$ 反相，此时，如果一个正弦量到达正最大值时，另一个正弦量正好到达负最大值。

若 $\varphi = \pm(\pi/2)$，则称正弦量 $u$ 与 $i$ 的相位正交。

为了避免混淆，规定相位差 $\varphi$ 的绝对值小于或等于 $180°$(或 $\pi$)。

在分析正弦交流电路时，由于电路中各部分的电压和电流都是与正弦交流电源同频率的正弦量。为方便起见，可以适当选取计时起点，使其中某一正弦量的初相为零，将它作为比较其他正弦量的基准。该正弦量称为参考正弦量，一个电路只能选一个参考正弦量。

应该注意，如果两个正弦量频率不相同，它们的相位差将是时间的函数，而不等于它们的初相之差。这种情况本书不作讨论。

## 2.1.2　正弦量的相量表示法

### 1. 复数概述

在分析交流电路时，经常要对同频率的正弦电压或正弦电流进行运算，如果采用三角函数运算将会很复杂。为了简化计算，工程上采用数学中的复数来表示同频率的正弦电压和正弦电流，并将它们称为相量。这样，三角函数的运算变换为复数运算(相量运算)，从而简化了交流电路的分析计算。

(1) 复数的表示方法

① 复数的代数形式：一个复数 $A$ 的代数形式为

$$A = a + jb \tag{2.11}$$

式中，$a$ 为复数 $A$ 的实部，$b$ 为虚部，$j = \sqrt{-1}$ 为虚数单位（也称虚数因子）。

如图 2 - 5 所示的直角坐标系中，以横轴为实轴，用 +1 表示，以纵轴为虚轴，用 +j 表示。实轴和虚轴构成的平面叫做复平面。复数 $A = a + jb$ 可用复平面中的一个点 $A$ 或有向线段 $OA$ 来表示，线段 $OA$ 可表示向量。点 $A$ 在横轴（实轴）上的坐标为 $a$，在纵轴（虚轴）上的坐标为 $b$，有向线段 $OA$ 的长度用 $|A|$ 表示，称为复数的模；线段与实轴的夹角 $\psi$ 称为复数的辐角。

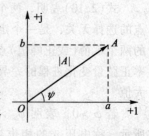

图 2 - 5　复数的向量表示

由图 2 - 5 可以看出，存在如下关系

$$a = |A| \cos \psi$$
$$b = |A| \sin \psi \tag{2.12}$$

式（2.12）中

$$|A| = \sqrt{a^2 + b^2}$$
$$\psi = \arctan(b/a) \tag{2.13}$$

注意，$\psi$ 的取值范围为 $[-\pi, \pi]$ 或 $[-180°, 180°]$。

② 复数的三角形式：将式（2.12）代入式（2.11）得复数的三角形式

$$A = |A| \cos \psi + j|A| \sin \psi \tag{2.14}$$

③ 复数的指数形式：利用欧拉公式 $e^{j\psi} = \cos \psi + j\sin \psi$ 可将式（2.14）写成复数的指数形式

$$A = |A| e^{j\psi} \tag{2.15}$$

④ 复数的极坐标形式：为了计算过程中书写方便，工程中，还常把复数写成极坐标形式

$$A = |A| \underline{/\psi} \tag{2.16}$$

在复数的加、减、乘、除运算中，经常会涉及上述几种形式的相互转换，以方便计算。

（2）复数的基本运算

① 复数的加、减运算：复数的加、减运算通常采用代数形式进行。运算时，应将复数的实部与实部相加、减，虚部与虚部相加、减。设复数 $A_1 = a_1 + jb_1$，$A_2 = a_2 + jb_2$，则

$$A_1 \pm A_2 = (a_1 \pm a_2) + j(b_1 \pm b_2) \tag{2.17}$$

② 复数的乘、除运算：复数的乘、除运算通常用指数形式或极坐标形式进行。运算方法为模相乘、除，辐角相加、减。设复数 $A_1 = |A_1| e^{j\psi_1} = |A_1| \underline{/\psi_1}$，$A_2 = |A_2| e^{j\psi_2} = |A_2| \underline{/\psi_2}$ 则

$$A_1 \cdot A_2 = |A_1| \cdot |A_2| e^{j(\psi_1 + \psi_2)} = |A_1| \cdot |A_2| \underline{/\psi_1 + \psi_2} \tag{2.18}$$

$$A_1/A_2 = |A_1|/|A_2| e^{j(\psi_1 - \psi_2)} = |A_1|/|A_2| \underline{/\psi_1 - \psi_2} \tag{2.19}$$

注意，两个复数相等，是指它们的实部相等，虚部也相等；或者模相等，辐角也相等。

③ 旋转算子：根据欧拉公式 $e^{j\psi} = \cos\psi + j\sin\psi$，当 $\psi = \pm 90°$ 时

$$e^{\pm j90} = \cos(\pm j90°) + j\sin(\pm j90°) = \pm j$$

$+j$ 是模为 1，辐角为 90° 的复数。复数 $A$ 乘以 $+j$ 得

$$jA = 1\underline{\diagup 90°} \times |A|\underline{\diagup \psi} = |A|\underline{\diagup(\psi + 90°)}$$

相当于把复数 $A$ 所对应的向量逆时针旋转 90°（模不变,辐角加 90°），同样，任一复数乘以 $-j$，其模不变，辐角顺时针旋转 90°（辐角减 90°）。因此，将 $\pm j$ 称为 $\pm 90°$ 旋转算子。

同理，任一复数乘以 $-1$，其模不变，辐角加或减 180°，即将原复数反向。因此，将 $-1$ 称为 180° 旋转算子。

图 2-6 表示了复数 $\dot{I}$（在此用电路分析中的相量符号 $\dot{I}$ 标记,后面会做进一步说明）分别乘以 $j$、$-j$、$-1$ 后，在复平面上所对应的各相量。

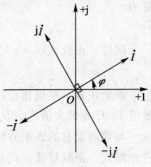

图 2-6 复数的旋转算子

**例 2.3** 已知两复数 $A_1 = -4 + j3$，$A_2 = 5 - j5\sqrt{3}$。

① 将两复数化为极坐标形式。

② 求 $A_1 + A_2$、$A_1 - A_2$、$A_1 \cdot A_2$、$A_1/A_2$。

**解：**① $|A_1| = \sqrt{(-4)^2 + 3^2} = 5$

$a_1 = -4 < 0$，$b_1 = 3 > 0$ （在第二象限）

$\psi_1 = 180° - \arctan|3/(-4)|$

$\quad\ = 180° - 37° = 143°$

所以 $A_1 = 5\underline{\diagup 143°}$

$|A_2| = \sqrt{5^2 + (-5\sqrt{3})^2} = 10$

$a_2 = 5 > 0$，$b_2 = -5\sqrt{3} < 0$ （在第四象限）

$\psi_2 = -\arctan|b_2/a_2| = -60°$

所以 $A_2 = 10\underline{\diagup -60°}$

② $A_1 + A_2 = (-4 + 5) + j(3 - 5\sqrt{3}) \approx 1 - j3.66$

$A_1 - A_2 = (-4 - 5) + j(3 + 5\sqrt{3}) \approx -9 + j11.66$

$A_1 \cdot A_2 = |A_1| \cdot |A_2|\underline{\diagup(\psi_1 + \psi_2)} = 5 \times 10\underline{\diagup(143° - 60°)} = 50\underline{\diagup 83°}$

$A_1/A_2 = |A_1|/|A_2|\underline{\diagup(\psi_1 - \psi_2)} = 5/10\underline{\diagup 203°} = 0.5\underline{\diagup -157°}$

**2. 正弦量的相量表示法**

用复数表示正弦交流电路中的各同频率正弦量，并用于正弦电路分析计算的方法称为正弦量的相量法。

**（1）相量**

由于正弦交流电路中各部分的电压和电流的频率都等于电源的频率。因此，分析

各部分的电压或电流所需确定的只有两个要素，即振幅和初相。若用复数来表示正弦量，则可用复数的模来表示正弦量的幅值，用复数的辐角表示正弦量的初相。

如正弦电流 $i(t) = I_m \sin(\omega t + \psi_i)$ 可表示成

$$\dot{I}_m = I_m \underline{/\psi_i} = \sqrt{2}I \underline{/\psi_i} \tag{2.20}$$

式（2.20）中 $\dot{I}_m$ 称为电流 $i$ 的幅值相量，为了与一般复数相区别，把表示正弦量的复数称为相量，相量符号是在大写字母上加黑点"·"。

实际使用中，往往采用有效值相量，即相量的模采用正弦量的有效值，以后如无特别说明，正弦量电压和电流的相量都是指有效值相量。如正弦电流 $i$ 的有效值相量为

$$\dot{I} = I \underline{/\psi_i} \tag{2.21}$$

同样，正弦电压 $u = U_m \sin(\omega t + \psi_u)$ 的有效值相量为

$$\dot{U} = U \underline{/\psi_u} \tag{2.22}$$

需要注意，电流相量 $\dot{I}$、电压相量 $\dot{U}$ 既反映大小（模），也反映相位（辐角），而有效值 $I$、$U$ 或最大值 $I_m$、$U_m$ 等只表达数值的大小。

与普通复数的表示方法一样，正弦量的相量除了用极坐标形式表示外，还可以用三角形式、指数形式、代数形式等来表示。

**例 2.4** 写出下列正弦量的有效值相量，并化为代数形式。

① $i_1 = 10\sqrt{2}\sin(\omega t + 60°)$ A

② $i_2 = 20\sqrt{2}\sin(\omega t + 150°)$ A

③ $i_3 = -8\sqrt{2}\sin(\omega t + 60°)$ A

**解**：$\dot{I}_1 = I_1 \underline{/\psi_1} = 10 \underline{/60°}$ A $= 10(\cos 60° + j\sin 60°)$ A $= (5 + j5\sqrt{3})$ A

$\dot{I}_2 = I_2 \underline{/\psi_2} = 20 \underline{/150°}$ A $= 20(\cos 150° + j\sin 150°)$ A $= (-10\sqrt{3} + j10)$ A

$i_3 = -8\sqrt{2}\sin(\omega t + 60°)$ A $= 8\sqrt{2}\sin[(\omega t + 60°) - 180°]$ A

$\qquad = 8\sqrt{2}\sin(\omega t - 120°)$ A

$\dot{I}_3 = I_3 \underline{/\psi_3} = 8 \underline{/-120°}$ A $= 8[\cos(-120°) + j\sin(-120°)]$ A

$\qquad = (4 - j4\sqrt{3})$ A

由例 2.4 可以看出，根据正弦量的解析式可以方便地写出它对应的相量。反之，知道了相量，也可以立即写出它所代表的正弦量，这种对应关系很方便实用。但需注意，相量只是一种用来表示正弦量的特殊复数，它并不等于正弦量，只是一种运算工具。以电流为例，不能写成"$i = \dot{I}$"，这里用"="是错误的。

（2）相量图

相量和复数一样可以在复平面上用有向线段来表示，线段的长表示相量的模，线段与正实轴的夹角等于相量的辐角。这种表示相量的图形称为相量图。如果已知正弦量的有效值（或幅值）和初相，就可以在复平面上画出其对应的相量图。由于正弦量的初相有正、负，因此规定，相量的辐角从正实轴绕坐标原点 O 点到相量所处位置时，如果绕向为逆时针方向，则为正角；如果绕向为顺时针方向，则为负角。

图 2-7 画出了例 2.4 中电流 $i_1$，$i_2$ 和 $i_3$ 的相量图。图中，$\dot{I}_2$ 分别与 $\dot{I}_1$ 和 $\dot{I}_3$ 垂直，因此，正弦电流 $i_2$ 分别与 $i_1$ 和 $i_3$ 相位正交。$\dot{I}_1$ 与 $\dot{I}_3$ 共线反向，所以，正弦电流 $i_1$ 与 $i_3$ 反相。可见，在相量图中，各正弦量的相位关系一目了然。

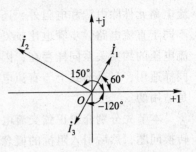

图 2-7 例 2.4 相量图

有时为了使相量图清晰简洁，不画出复平面坐标轴，只标出坐标原点和正实轴方向。利用相量图分析正弦电路会带来不少方便。对于有效值和相位关系比较特殊的一些正弦量的加、减运算，有时直接在相量图上用作图法可以方便的得到结果。

必须注意，只有同频率的各个正弦量才能画在同一个相量图上。因为它们之间的相位关系恒定，不随时间而变化。

（3）相量的计算

由于同频率的正弦量相加、减运算后所得的正弦量频率保持不变。因此，将同频率正弦量用相量表示后，正弦量的加、减运算可以用相量的加、减运算来替代，运算过程大大简化。

**例 2.5** 已知 $u_1(t) = 141\sin(\omega t + \pi/3)\text{V}$，$u_2(t) = 70.7\sin(\omega t - \pi/4)\text{V}$。

求：① 相量 $\dot{U}_1$、$\dot{U}_2$。

② 两电压之和 $u(t)$。

③ 画出相量图。

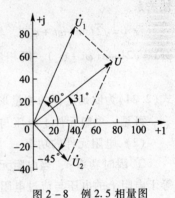

**解：** ① $\dot{U}_1 = \dfrac{141\text{ V}}{\sqrt{2}} \bigg/ \dfrac{\pi}{3} = 100 \underline{/60°}\text{ V}$

$\qquad = (50 + \text{j}86.6)\text{V}$

$\qquad \dot{U}_2 = \dfrac{70.7\text{ V}}{\sqrt{2}} \bigg/ \left(-\dfrac{\pi}{4}\right) = 50 \underline{/-45°}\text{ V}$

$\qquad = (35.36 + \text{j}35.36)\text{V}$

图 2-8 例 2.5 相量图

② 因为 $\quad \dot{U} = \dot{U}_1 + \dot{U}_2$

$\qquad = [(50 + \text{j}86.6)\text{V} + (35.36 - \text{j}35.36)\text{V}]$

$\qquad = (85.36 + \text{j}51.24)\text{V} = 99.56 \underline{/31°}\text{ V}$

所以 $\qquad u(t) = u_1(t) + u_2(t) = 99.56\sqrt{2}\sin(\omega t + 31°)\text{V}$

③ 相量图见图 2-8，从图中可以看出，相量的加法符合矢量运算的平行四边形法则。请思考 $\dot{U}_1 - \dot{U}_2$ 的相量图是怎样的，有何规律？

## 2.2 正弦交流电路分析

分析正弦交流电路，就是要确定电路中各部分的电压和电流（大小及相位），并讨论电路中能量的转换和功率问题。由于正弦交流电源随时间作周期性变化，而且交流电路元件除电源和电阻外，还有电感和电容元件。因此，正弦交流电路的分析计算不同于直流电路，步骤也比较复杂。另一方面，电路元件和电路结构对交流电流和交流电压的约束关系同样存在，因此，欧姆定律和基尔霍夫定律等基本规律对交流电路同样适用，只是形式上与直流电路有所不同。直流电路的许多分析方法对交流电路也是适用的。

本节先分别介绍正弦交流电路中，电阻、电感和电容元件的伏安关系以及能量的转换问题，然后引入阻抗的概念，讨论用相量法对正弦交流电路的稳态分析（不研究正弦激励的过渡过程）。

## 2.2.1 电阻、电感、电容元件及其交流伏安特性

1. 电阻元件

（1）电阻元件上电压与电流关系

在图 2-9(a)中，电阻 $R$ 两端电压为 $u$，通过电流为 $i$，电压 $u$ 与电流 $i$ 取关联参考方向，根据欧姆定律得 $u$ 与 $i$ 的瞬时值关系式为

$$u = iR \quad 或 \quad i = u/R \qquad (2.23)$$

可以看出，电阻元件上的电压与通过的电流成线性关系。

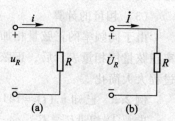

图 2-9 电阻元件上电压与电流
(a) 时域电路图 (b) 相量电路图

设 $i = \sqrt{2}I\sin(\omega t + \psi_i)$，则 $u = iR = \sqrt{2}IR\sin(\omega t + \psi_i) = \sqrt{2}U\sin(\omega t + \psi_u)$，用相量表示为

$$\dot{U} = \dot{I}R \quad 或 \quad \dot{I} = \dot{U}/R \qquad (2.24)$$

式(2.24)为欧姆定律的相量形式，式中 $\dot{I} = I\underline{/\psi_i}$，$\dot{U} = U\underline{/\psi_u}$。

可见，电阻元件上电压与电流同频率、同相位（$\psi_u = \psi_i$），且 $U = IR$ 或 $I = U/R$。

（2）电阻元件的功率

① 瞬时功率 $p$：当电阻元件上的电压 $u$ 与电流 $i$ 取关联参考方向时，瞬时功率 $p$ 等于电阻上的电压与流过电阻的电流的乘积，即

$$p = ui \qquad (2.25)$$

对于正弦电压、电流，将 $i = \sqrt{2}I\sin(\omega t + \psi_i)$，$u = \sqrt{2}U\sin(\omega t + \psi_u)$ 代入式(2.25)得

$$\begin{aligned} p &= ui = \sqrt{2}I\sin(\omega t + \psi_i) \cdot \sqrt{2}U\sin(\omega t + \psi_u) \\ &= 2UI\sin^2(\omega t + \psi) \qquad (\psi_i = \psi_u = \psi) \\ &= UI[1 - \cos2(\omega t + \psi)] \end{aligned} \qquad (2.26)$$

由于 $-1 \leqslant \cos2(\omega t + \psi) \leqslant 1$，所以 $0 \leqslant p = UI[1 - \cos2(\omega t + \psi)] \leqslant 2UI$。

由式(2.26)可以看出，瞬时功率 $p$ 随时间作周期性变化，其角频率为 $2\omega$，是电压、电流角频率的 2 倍；$p$ 的变化范围在 $0 \sim 2UI$ 之间，$u$、$i$、$p$ 的波形图见图 2-10。

由于瞬时功率 $p$ 的波形全部在横轴上方，即 $p \geqslant 0$。所以，电阻元件总是从电源吸收电能，并将其转换为热能而消耗掉。因此，电阻元件被称为耗能元件。

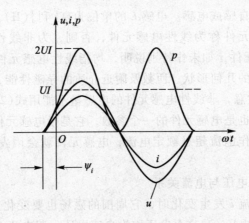

图 2 - 10   电阻中 $u$、$i$、$p$ 波形图

② 平均功率 $P$：工程上实际使用的是平均功率，即瞬时功率在一周期内的平均值，用大写字母 $P$ 表示。

$$P = \frac{1}{T}\int_0^T p\mathrm{d}t = \frac{1}{T}\int_0^T UI[1 - \cos(\omega t + \psi)]\mathrm{d}t = UI \qquad (2.27)$$

上式又可写为

$$P = UI = I^2 R = U^2/R \qquad (2.28)$$

可以看出，正弦交流电路中，电阻元件平均功率的计算公式和直流电路中的形式完全一样，单位也是瓦（W）。

平均功率是电阻元件实际消耗的功率，也称为有功功率，习惯上简称功率。例如，某灯泡额定电压为 220 V，功率为 40 W，表示该灯泡接在电压有效值为 220 V 的交流电源上时，其消耗的平均功率为 40 W。

**2. 电感元件**

**(1) 电感元件及其主要参数**

电感器是电子电路中常用的一种元器件，也称为电感线圈。它由外涂绝缘漆的导线（漆包线）等绕制而成。电感线圈的主要电磁特性是储存磁场能量并将电能与磁能进行相互转化。如果不考虑导线的电阻，这就是一个理想电感线圈，称为电感元件，用 $L$ 表示，如图 2 - 11(b) 所示。

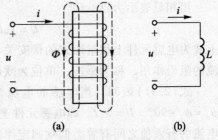

图 2 - 11   电感线圈与模型
(a) 线圈   (b) 等效电路

对图 2 - 11(a) 所示的线圈，当有电流 $i$ 通过时，线圈周围就建立起磁场，磁场的磁通用 $\Phi$ 表示，单位为韦伯（Wb）。磁通 $\Phi$ 与电流 $i$ 的实际方向符合右手螺旋法则。线圈的各匝一般绕得很紧凑，可近似认为，电流所产生的磁通 $\Phi$ 与每一匝都相交链，如线圈的匝数为 $N$，则总磁通（也称磁链）与线圈中的电流 $i$ 成正比，即

$$L = \frac{N\Phi}{i} \qquad (2.29)$$

式(2.29)中的比例系数 $L$ 称为线圈的电感值，它是电感元件的主要参数，又称线圈

的自感系数,简称为自感或电感。电感 $L$ 的单位为亨[利](H)。

$L$ 为常数的电感元件称为线性电感元件,否则,为非线性电感元件(如铁心线圈)。本书中的电感元件,如未作特别说明,均指线性电感元件。线性电感元件 $L$ 的大小只取决于其本身的几何形状、匝数及附近介质的导磁性能,与线圈中的电流 $i$ 和磁通 $\Phi$ 无关。必须注意,非线性电感元件的电感量不能用式(2.29)计算。

另外,额定电流也是电感元件的一个参数,它是指电感元件正常工作时,允许通过的最大电流。若工作电流超过额定电流,电感元件就会因发热而使电感量发生变化,甚至烧坏。

(2)电感元件上电压与电流关系

当电感线圈的电流 $i$ 发生变化时,它周围的磁场也要变化。这种变化着的磁场,在线圈中将产生感应电压 $u$,这个电压称为自感电压。若电流 $i$ 与自感电压 $u$ 取关联参考方向,根据法拉第电磁感应定律和楞次定律,有

$$u = L \frac{\mathrm{d}i}{\mathrm{d}t} \tag{2.30}$$

上式表明,任一时刻的自感电压 $u$ 与该时刻线圈中电流 $i$ 的变化率成正比,比例系数为线圈的自感系数 $L$,当线圈中的电流 $i$ 不变(直流)时,其自感电压 $u$ 为零。因此,电感元件对直流相当于短路。式(2.30)为电感元件上时域形式的伏安关系。

当电感元件中通过正弦交流电流时,设 $i = \sqrt{2}I\sin(\omega t + \psi_i)$,则

$$\begin{aligned} u &= L\sqrt{2}I\omega\cos(\omega t + \psi_i) \\ &= \sqrt{2}\omega LI\sin[\omega t + (\psi_i + 90°)] \\ &= \sqrt{2}U\sin(\omega t + \psi_u) \end{aligned}$$

用相量表示为

$$\dot{U} = \mathrm{j}\omega L\dot{I} \quad 或 \quad \dot{U} = \mathrm{j}X_L\dot{I} \tag{2.31}$$

上式为电感元件上相量形式的伏安关系,式中 $X_L = \omega L = 2\pi f L$,反映了电感对正弦电流的阻碍作用,称为感抗,单位为欧($\Omega$);j 为 90° 旋转算子。

式(2.31)表明,当电感的电流为正弦量时,电感电压也是同频率正弦量,且 $\psi_u = \psi_i + 90°$,$U = X_L I$。即电感元件上电压的相位超前电流的相位 90°($\pi/2$),电压和电流的有效值之间有着类似欧姆定律的关系。而且电感元件对高频电流($f$ 或 $\omega$ 大)阻碍作用大,对低频电流阻碍作用小,当 $f$ 或 $\omega$ 为 0 时,电感元件相当于短路导线。

为了便于比较,将电流 $i$ 设为参考正弦量(初相 $\psi_i = 0$),即正弦电流 $i = \sqrt{2}I\sin\omega t$,此时,电感上电压为 $u = \sqrt{2}U\sin(\omega t + \pi/2) = \sqrt{2}U\cos\omega t$。

图 2 – 12(a)、(b)、(c)所示为电感元件电路、电压与电流波形关系图及相量关系图。

(3)电感元件的功率与储能

当电感元件的电压 $u$ 与电流 $i$ 取关联参考方向时[如图 2 – 12(a)所示],电感元件的瞬时功率为

$$\begin{aligned} p &= ui = \sqrt{2}U\cos\omega t \cdot \sqrt{2}I\sin\omega t \\ &= UI\sin2\omega t \end{aligned} \tag{2.32}$$

上式表明电感的瞬时功率以两倍于 $u$ 和 $i$ 的频率在变化，瞬时功率 $p$ 的波形图如图 2-12(d)所示。图中 $p>0$ 时，电感线圈从电源获得能量，并以磁场形式储存在线圈中(充电)；$p<0$ 时，电感线圈将储存的能量返还给电路(放电)，正弦电压、电流变化一个周期，瞬时功率 $p$ 变化两个周期，充、放电各两次。由于 $p$ 与 $u$、$i$ 不是同频率正弦量，因此，它们不能进行相量计算。

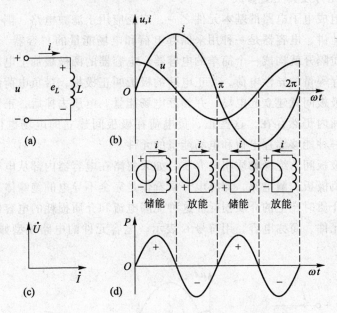

图 2-12 电感元件电路、波形图与相量图
(a) 电路图 (b) 电压电流波形 (c) 相量图 (d) 功率波形

在一个周期内，瞬时功率 $p$ 的平均值称为平均功率，用大写字母 $P$ 表示

$$P = \frac{1}{T}\int_0^T p\,dt = \frac{1}{T}\int_0^T UI\sin 2\omega t\,dt = 0 \tag{2.33}$$

上式表明，一个理想的电感元件在电路中并不消耗功率，而是起着储存和释放磁场能量的作用。它不是一个耗能元件，而是一个储能元件。

电感所吸收的平均功率虽为零，但电感和电路间存在着能量交换。为了衡量这种能量交换的程度，记

$$Q_L = UI = I^2 X_L = U^2/X_L \tag{2.34}$$

$Q_L$ 称为电感元件的无功功率，单位为乏(var)。

电感元件 $L$ 在某一时刻 $t$ 的储能只与该时刻的电流有关，即

$$W = \frac{1}{2}Li^2 \tag{2.35}$$

**例 2.6** 图 2-12(a)中，将一个 0.2 H 的电感元件接到 $u = 220\sqrt{2}\sin(100\pi t + 30°)$ V 的正弦电压上，求：① 感抗 $X_L$；② 电流 $i$；③ 无功功率 $Q_L$。

**解：** ① 感抗 $\qquad\qquad X_L = \omega L = 100\pi \times 0.2\ \Omega \approx 62.8\ \Omega$

② 因为 $\qquad\qquad\qquad\qquad \dot{U} = 220\ \underline{/30°}\ \text{V}$

$$\dot{I} = \dot{U}/jX_L = 220 \text{ V}/[62.8\Omega \underline{/(30° - 90°)}] = 3.5 \underline{/-60°} \text{ A}$$

所以
$$i = 3.5\sqrt{2}\sin(100\pi t - 60°)\text{A}$$

③ 无功功率
$$Q_L = UI = 220 \text{ V} \times 3.5 \text{ A} = 770 \text{ var}$$

3. 电容元件

（1）电容元件及其主要参数

电容器是组成电子电路的基本元件之一，广泛应用于滤波电路、耦合电路、振荡电路等。简单地讲，电容器是一种用来储存电荷和电场能量的"容器"。把两块金属极板用绝缘介质隔开就构成一个简单的电容器。电容器的两极板加上电压后，两块极板上能分别储存等量的异性电荷，带正电荷的极板叫正极板，带负电荷的极板叫负极板，在正、负极板间就建立起电场，并储存电场能量。电压去掉后，正、负极板上的电荷在一段时间内仍然存在，这些正、负电荷在极板间建立的电场也仍然存在。所以，电容器是一种能够储存电荷和电场能量的元件。

电容器两极板间的绝缘物质叫电介质，如果忽略在电容器内部从电容器正极板通过电介质流向负极板的漏电流，即将电介质看作是完全不导电的绝缘体。同时，忽略漏电流通过电介质时产生的介质损耗。这种无漏电流和介质损耗的电容器称为理想电容器，即电容元件，简称电容，用符号 $C$ 表示。电容元件的电路模型如图 2-13(a) 所示。

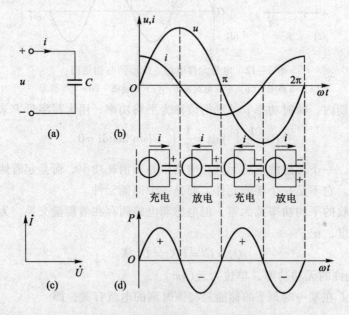

图 2-13 电容元件电路、波形图与相量图
（a）电路图 （b）电压与电流波形 （c）相量图 （d）功率波形

电容元件的主要参数有电容量和耐压值。

将电容器极板上储存电荷的电量 $q$ 与极板间所加电压 $u$ 的比值称为电容元件的电容量，简称电容，用大写字母 $C$ 表示，即

$$C = \frac{q}{u} \tag{2.36}$$

电容 $C$ 的单位为法[拉] (F)，1 法 = 1 库/伏 (1F = 1 C/V)，由于法[拉]单位很大，所以常用的单位，还有微法 ($\mu$F) 和皮法 (pF)，$1F = 10^6 \mu F = 10^{12} pF$。

如果电容器的电容量 $C$ 是一个常数，与其极板上所加电压 $U$ 和电荷 $q$ 无关，而只与极板面积的大小、形状、极板间距离和电介质有关，这种电容器称为线性电容元件。本书中的电容元件，如未专门注明，均指线性电容元件，实际电容器一般都在其外壳上标明其电容量的数值。

另外，工作电压也是电容元件的一个参数。当两极板间的电压超过某一数值时，电介质的绝缘性被破坏，极板内部形成较大的漏电流，这种现象叫介质的击穿。这个极限电压称为击穿电压。通常在电容器上都标有额定工作电压（称为耐压），它是电容器长期工作时所能承受的最大工作电压，电容器的耐压一般只有其击穿电压的一半左右甚至更小。在使用时电容器上所加的工作电压不得超过其耐压，否则容易造成电容器被击穿而损坏。

（2）电容元件上电压与电流间的关系

电容元件两端所加的电压 $u$ 发生变化时，两极板上的电荷也随之发生变化。但极板上的电荷增减必须通过外部电路，而不能直接在极板间流动。电荷在电容器所在支路的定向移动就形成电流，并且电压变化越快，单位时间内通过导体横截面的电荷量越多，电流越大。反之，电压变化越慢，则电流越小。根据电流定义式 (1.1) 和式 (2.36)，有

$$i = \frac{dq}{dt} = C \frac{du}{dt} \tag{2.37}$$

上式中电容电压 $u$ 与电容所在支路电流 $i$ 取关联参考方向，如图 2–13 (a) 所示。

式 (2.37) 表明，任一时刻电容元件上的电流 $i$ 与该时刻电容两极板间电压 $u$ 的变化率成正比，比例系数为电容元件的电容量 $C$。当电容元件上的电压 $u$ 不变（直流电压）时，其电流 $i$ 为零。因此，电容元件对直流相当于开路。式 (2.37) 为电容元件上时域形式的伏安关系。

当电容元件上的电压 $u$ 为正弦交流电压时，设 $u = \sqrt{2} U \sin(\omega t + \psi_u)$，则

$$\begin{aligned} i &= C \sqrt{2} U \omega \cos(\omega t + \psi_u) \\ &= \sqrt{2} \omega C U \sin[\omega t + (\psi_u + 90°)] \\ &= \sqrt{2} I \sin(\omega t + \psi_i) \end{aligned}$$

用相量表示为

$$\dot{I} = j\omega C \dot{U} \quad 或 \quad \dot{U} = -jX_C \dot{I} \tag{2.38}$$

上式为电容元件上相量形式的伏安关系，式中 $X_C = 1/\omega C = C/(2\pi f C)$，反映了电容对正弦电流的阻碍作用，称为容抗，单位为欧 ($\Omega$)；j 为 90° 旋转算子。

式 (2.38) 表明，当电容的电压为正弦量时，电容电流也是同频率正弦量，且 $\psi_i = \psi_u + 90°$，$U = X_C I$。即电容元件上电流的相位超前电压的相位 90° ($\pi/2$)，电压和电流的有效值之间也有着类似欧姆定律的关系。而且电容元件对低频电流（$f$ 或 $\omega$ 大）

阻碍作用大，对高频电流阻碍作用小，当 $f$ 或 $\omega$ 为 0 时，电容元件相当于开路。

为了便于比较，将电流 $u$ 设为参考正弦量（初相 $\psi_u = 0$），即正弦电流 $u = \sqrt{2}U\sin\omega t$，此时，电容上电流为 $i = \sqrt{2}I\sin(\omega t + \pi/2) = \sqrt{2}I\cos\omega t$。

图 2-13(a)、(b)、(c)所示为电容元件电路、电压与电流波形图及相量图。

（3）电容元件的功率与储能

当电容元件的电压 $u$ 与电流 $i$ 取关联参考方向时［如图 2-13(a)所示］，电容元件的瞬时功率为

$$
\begin{aligned}
p &= ui = \sqrt{2}U\cos\omega t \cdot \sqrt{2}I\sin\omega t \\
&= UI\sin2\omega t
\end{aligned}
\tag{2.39}
$$

式(2.39)与式(2.32)完全相同，表明电容的瞬时功率 $p$ 也以两倍于 $u$ 和 $i$ 的频率在变化，波形图如图 2-13(d)所示。图中 $p > 0$ 时，电容从电源获得能量，并以电场形式储存在电容极板间（充电）；$p < 0$ 时，电容将储存的能量返还给电路（放电），正弦电压、电流变化一个周期，瞬时功率 $p$ 变化两个周期，充、放电各两次。在一个周期内，平均功率 $P = 0$。

因此，理想电容元件在电路中也不消耗功率，而是起着储存和释放电场能量的作用，它也是一个储能元件。

为了衡量电容元件与外电路交换能量的程度，记

$$
Q_C = UI = I^2X_C = U^2/X_C
\tag{2.40}
$$

$Q_C$ 称为电容元件的无功功率，单位为乏（var）。

由于电容元件上电压、电流的相位关系与电感元件上电压、电流的相位关系正好相反，所以，在计算正弦交流电路的无功功率时，电容元件的无功功率取负值（$-Q_C$）。

电容元件 $C$ 在某一时刻 $t$ 的储能只与该时刻的电压有关，即

$$
W = \frac{1}{2}Cu^2
\tag{2.41}
$$

## 2.2.2　阻抗的概念与正弦交流电路的分析

前面介绍了单一元件（纯电阻、纯电感、纯电容）的正弦交流电路。实际电路一般是由电阻、电感和电容按不同的方式组合而成。如日光灯电路、电动机、变压器电路等。本小节先介绍阻抗的概念、相量形式的欧姆定律和相量形式的基尔霍夫定律，然后分析阻抗串、并联电路。

**1. 阻抗与相量形式的欧姆定律**

设有一个无源二端网络 $N_0$，其端口上电压与输入电流为同频率正弦量。现用相量 $\dot{U}$ 和 $\dot{I}$ 表示端口电压和输入电流，且 $\dot{U}$ 与 $\dot{I}$ 取关联参考方向，如图 2-14(a)所示。

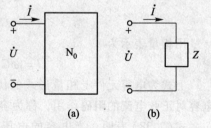

图 2-14　阻抗的定义

(a) 无源二端网络　(b) 等效阻抗

端口电压相量与电流相量的比值定义为复阻抗,简称为阻抗,用大写字母 $Z$ 表示,即

$$Z = \frac{\dot{U}}{\dot{I}} \qquad (2.42)$$

上式为相量形式的欧姆定律,它反映了电路元件对正弦电压和电流的约束关系。阻抗 $Z$ 是一个非常重要和有用的概念,其单位为欧($\Omega$)。

图 2 – 14(a)所示的无源二端网络电路可以用图 2 – 14(b)所示的相量模型来替代。

与电阻 $R$ 不同,阻抗 $Z$ 是一个复数,但它不是一个用来表示正弦量的复数,而只是一个复数计算量,因此,阻抗 $Z$ 不是相量。为示区别,阻抗 $Z$ 上不能加黑点。

设 $\dot{U} = U \underline{/\psi_u}$ , $\dot{I} = I \underline{/\psi_i}$ 则阻抗为

$$Z = \frac{\dot{U}}{\dot{I}} = \frac{U}{I} \underline{/(\psi_u - \psi_i)} = |Z| \underline{/\varphi} \qquad (2.43)$$

上式中,$|Z| = U/I$,称为阻抗模,$\varphi = \psi_u - \psi_i$,称为阻抗角。

所以,阻抗模 $|Z|$ 等于正弦电压与电流有效值的比值,阻抗角 $\varphi$ 等于正弦电压与电流的相位差(初相之差),式 $Z = |Z| \underline{/\varphi}$ 是阻抗的极坐标形式。

根据阻抗的定义,电阻元件 $R$、电感元件 $L$、电容元件 $C$ 的(复)阻抗分别为

$$Z_R = \frac{\dot{U}_R}{\dot{I}_R} = R \qquad (2.44)$$

$$Z_L = \frac{\dot{U}_L}{\dot{I}_L} = j\omega L = jX_L \qquad (X_L \text{ 也称感抗}) \qquad (2.45)$$

$$Z_C = \frac{\dot{U}_C}{\dot{I}_C} = \frac{1}{j\omega C} = -j\frac{1}{\omega C} = -jX_C \qquad (X_C \text{ 也称容抗}) \qquad (2.46)$$

电路分析时,阻抗 $Z$ 的等效变换方法与直流电路中电阻串、并联的等效变化方法完全类似,所不同的是复数运算。

2. 相量形式的基尔霍夫定律

基尔霍夫定律描述了电路结构对各部分电流和电压的约束关系,对任一瞬时,基尔霍夫定律总是适用的。因此,基尔霍夫定律同样适用于正弦电路。

(1) 相量形式的基尔霍夫电流定律(KCL)

任一瞬时,流过电路某个节点(或闭合曲面)的各电流值代数之和为零,即

$$\sum i = 0 \qquad (2.47)$$

上式为 KCL 的时域表达形式。

在正弦交流电路中,各支路电流都是与正弦交流电源同频率的正弦量,将它们用相量表示,则式(2.47)可写成相量形式的 KCL,为

$$\sum \dot{I} = 0 \qquad (2.48)$$

上两式中各电流前的正、负号由其参考方向决定。若其参考方向指向节点时取正,流出节点则取负;反之亦可。

(2) 相量形式的基尔霍夫电压定律(KVL)

任一瞬时，电路某一回路中各段电压值的代数之和为零，即

$$\sum u = 0 \qquad (2.49)$$

上式为 KVL 的时域表达形式。

在正弦交流电路中，各段电压都是与正弦交流电源同频率的正弦量，将它们用相量表示，则式(2.49)可写成相量形式的 KVL，为

$$\sum \dot{U} = 0 \qquad (2.50)$$

上两式中各电压前的正、负号由其参考方向和回路的绕向决定，若某电压的参考方向与回路绕行方向相同时取正，相反时取负；反之亦可。

相量形式的欧姆定律和基尔霍夫定律是分析正弦稳态电路的基本规律。需要注意，公式中各量都是复数，这点与直流电路不同。

3. *RLC* 串联电路的相量关系与阻抗

图 2-15(a)所示电路为 *RLC* 串联电路，图中所标各段电压和电流都是同频率正弦量。电路中的电压和电流用相量表示，*R*、*L*、*C* 元件用阻抗表示，原电路就改画为图 2-15(b)所示的相量模型。

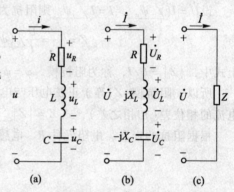

由于 *RLC* 串联电路为无分支单一回路，因此，电路中各元件上流过同一正弦电流 $i$，设

$$i = \sqrt{2}I\sin(\omega t + \psi_i)$$

图 2-15　*RLC* 串联电路

(a) 时域电路　(b) 相量电路　(c) 等效电路

其相量形式为　$\dot{I} = I \underline{/\psi_i}$

根据图 2-15(b)，由相量形式 KVL 得

$$\dot{U} = \dot{U}_R + \dot{U}_L + \dot{U}_C \qquad (2.51)$$

将 $\dot{U}_R = R\dot{I}$，$\dot{U}_L = jX_L\dot{I}$，$\dot{U}_C = -jX_C\dot{I}$ 代入上式得

$$\dot{U} = [R + j(X_L - X_C)]\dot{I} = (R + jX)\dot{I} = Z\dot{I} \qquad (2.52)$$

上式中 $X = X_L - X_C = \omega L - 1/\omega C$，$X$、$X_L$、$X_C$ 分别称为电抗、感抗和容抗，单位均为欧($\Omega$)。

由上面的讨论可知，*RLC* 串联电路的阻抗(复阻抗)$Z$ 可以表达成多种形式

$$Z = \frac{\dot{U}}{\dot{I}} = R + jX = |Z|\underline{/\varphi} = |Z|e^{j\varphi} = |Z|\cos\varphi + j|Z|\sin\varphi \qquad (2.53)$$

其中，阻抗模 $|Z| = \dfrac{U}{I} = \sqrt{R^2 + X^2} = \sqrt{R^2 + (X_L - X_C)^2} \qquad (2.54)$

阻抗角 $\qquad \varphi = \psi_u - \psi_i = \arctan\dfrac{X}{R} = \arctan\dfrac{X_L - X_C}{R} \qquad (2.55)$

及

$$R = |Z|\cos\varphi \qquad (2.56)$$

$$X = |Z|\sin\varphi \qquad (2.57)$$

$|Z|$、$R$、$X$ 三者之间的关系可用一个直角三角形——阻抗三角形来表示，如图 2 – 16 所示。而图 2 – 15(b) 中的电压、电流关系可用图 2 – 17 所示的相量图表示，这里假设 $X_L > X_C$，即 $U_L > U_C$。请注意图 2 – 17 中的电压相量之间也构成一个直角三角形——电压三角形 ($\dot{U} = \dot{U}_R + \dot{U}_X$)。

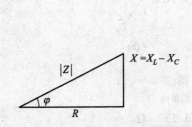

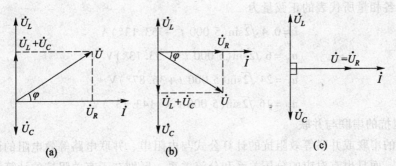

图 2 – 16　阻抗三角形　　　图 2 – 17　RLC 串联相量图与电压三角形

以上分析可知，当电源频率一定时，阻抗 $Z$ 不仅表示了电压和电流的大小关系，而且还表示电压和电流的相位关系。电路的性质由电路参数 $R$、$L$、$C$ 决定。

当 $X_L > X_C$ 时，$U_L > U_C$，$\varphi > 0$，总电压 $\dot{U}$ 超前电流 $\dot{I}$ 相位角 $\varphi$，电路呈感性，其相量图如图 2 – 18(a) 所示。

当 $X_L < X_C$ 时，$U_L < U_C$，$\varphi < 0$，总电压 $\dot{U}$ 滞后电流 $\dot{I}$ 相位角 $\varphi$，电路呈容性，其相量图如图 2 – 18(b) 所示。

当 $X_L = X_C$ 时，$U_L = U_C$，$U = U_R$，$\varphi = 0$，总电压 $\dot{U}$ 与电流 $\dot{I}$ 同相位，电路呈阻性，其相量图如图 2 – 18(c) 所示，这种特殊情况称为串联谐振，将在本章 2.2.4 节中详细讨论。

图 2 – 18　RLC 串联电路相量图
(a) $X_L > X_C$　(b) $X_L < X_C$　(c) $X_L = X_C$

**例2.7**　在图 2 – 19(a) 中，已知 $R = 15\ \Omega$，$L = 12\ \text{mH}$，$C = 5\ \mu\text{F}$，电源电压 $u = 10\sqrt{2}\sin 5\,000t\,\text{V}$，求电路电流 $i$ 和各元件上的电压 $u$。

**解：** 用相量法，电源的电压相量为 $\dot{U} = 10\ \underline{/0°}\ \text{V}$，电路的阻抗为

$$Z = R + \mathrm{j}(X_L - X_C) = R + \mathrm{j}(\omega L - 1/\omega C)$$
$$= 15\ \Omega + \mathrm{j}[\,5\,000 \times 12 \times 10^{-3} - 1/(5\,000 \times 12 \times 10^{-6})\,]\Omega$$

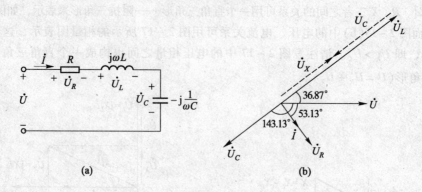

图 2 - 19　例 2.7 图

（a）相量电路图　（b）相量图

$$= ( 15 + j20 ) \, \Omega \approx 25 \underline{/53.13°} \, \Omega$$

所以　　　　　$$\dot{I} = \frac{\dot{U}}{Z} \approx \frac{10 \underline{/0°} \, V}{25 \underline{/53.13°} \, \Omega} = 0.4 \underline{/-53.13°} \, A$$

各元件上电压分别为

$$\dot{U}_R = R\dot{I} = 15 \, \Omega \times 0.4 \underline{/-53.13°} \, A = 6 \underline{/-53.13°} \, V$$

$$\dot{U}_L = j\omega L\dot{I} = j60\,\Omega \times 0.4 \underline{/-53.13°} \, A = 24 \underline{/36.87°} \, V$$

$$\dot{U}_C = -jX_C\dot{I} = -j40\,\Omega \times 0.4 \underline{/-53.13°} \, A = 16 \underline{/-143.13°} \, V$$

各电压及电流相量图如图 2 - 19（b）所示。

应注意 $U \neq U_R + U_L + U_C$，即正弦电流电路中各串联元件的电压有效值之和并不等于总电压的有效值。

上述各相量所代表的正弦量为

$$i = 0.4\sqrt{2}\sin(5\,000\,t - 53.13°) \, A$$

$$u_R = 6\sqrt{2}\sin(5\,000\,t - 53.13°) \, V$$

$$u_L = 24\sqrt{2}\sin(5\,000\,t + 36.87°) \, V$$

$$u_C = 16\sqrt{2}\sin(5\,000\,t - 143.13°) \, V$$

**4. 阻抗的串联与并联**

阻抗的串联或并联等效阻抗的计算公式与电阻串、并联电路等效电阻的计算公式是相似的，而且也有对应的分压关系和分流关系。区别在于有关阻抗的计算都是复数运算（相量运算）。

**例 2.8**　用三电压表法测电感线圈参数 $r$、$L$ 的实验电路如图 2 - 20（a）所示。电压表 V、V1、V2 的读数分别为 54 V、25 V、47 V，$R = 50 \, \Omega$，电源频率 $f = 50$ Hz。

求：① 线圈参数 $r$、$L$；② 作出示意相量图。

**解**：① 设 $\dot{I} = I \underline{/0°}$（参考相量）。根据电路图有

$$I = \frac{U_1}{R} = \frac{25 \, V}{50 \, \Omega} = 0.5 \, A$$

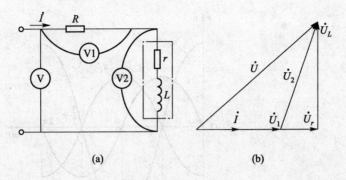

图 2 - 20 例 2.8 图

(a) 电路图 (b) 相量图

$$|Z| = \frac{U}{I} = \frac{54 \text{ V}}{0.5 \text{ A}} = 108 \ \Omega = \sqrt{(R+r)^2 + (\omega L)^2}$$

$$|Z_2| = \frac{U_2}{I} = \frac{47 \text{ V}}{0.5 \text{ A}} = 94 \ \Omega = \sqrt{r^2 + (\omega L)^2}$$

联立上面两个方程，并将 $R = 50 \ \Omega$，代入上面两式，得关于 $r$ 的方程为

$$(50 + r)^2 - r^2 = 2\ 828$$

解得

$$r \approx 3.28 \ \Omega$$

由 $\omega L = \sqrt{94^2 - 3.28^2} \ \Omega \approx 93.94 \ \Omega$，$\omega = 2\pi f \approx 314 \text{ rad/s}$ 可得

$$L = \frac{93.94 \ \Omega}{\omega} = \frac{93.94 \ \Omega}{314 \text{ rad/s}} \approx 0.299 \text{ H}$$

② $U_r = rI = 3.28 \ \Omega \times 0.5 \text{ A} = 1.64 \text{ V}$，$U_L = \omega L I = (314 \times 0.299) \ \Omega \times 0.5 \text{ A} \approx$ 46.94 V，以 $\dot{I}$ 为参考相量，作出示意相量图如图 2 -20(b)所示。

### 2.2.3　正弦交流电路的功率

在 2.2.1 节中分析了电阻、电感和电容单个元件的瞬时功率、有功功率和无功功率，本节将讨论正弦交流电路中一般二端网络的功率。

**1. 二端网络的有功功率、视在功率与功率因数**

如图 2 -21(a)所示为一个内部只含 $R$、$L$、$C$（为讨论方便设为三元件串联）的无源二端网络，设端口的输入电流 $i = \sqrt{2} I \sin \omega t$，电压 $u = \sqrt{2} U \sin(\omega t + \psi_u)$，它们取关联参考方向，且相位差 $\varphi = \psi_u - \psi_i = \psi_u$。

二端网络的瞬时功率为

$$p = ui = (u_R + u_L + u_C)i = u_R i + u_L i + u_C i = p_R + p_L + p_C \tag{2.58}$$

由 2.2.1 小节已知，储能元件 $L$、$C$ 不消耗能量，因此，在一个周期内，二端网络的平均功率（有功功率）即为电阻消耗的功率，表达式为

$$P = \frac{1}{T} \int_0^T p(t)\,\mathrm{d}t = \frac{1}{T} \int_0^T (p_R + p_L + p_C)\,\mathrm{d}t = \frac{1}{T} \int_0^T u_R i\,\mathrm{d}t$$

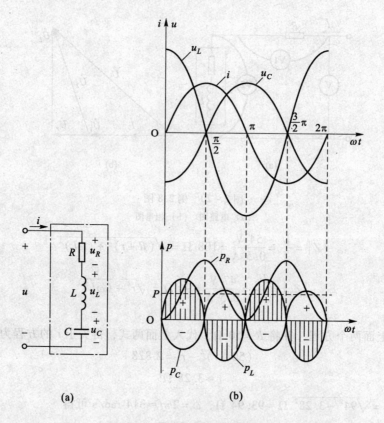

图 2-21　正弦交流电路的功率

(a) 含 $R$、$L$、$C$ 串联电路的无源二端网络　(b) 功率波形

$$= U_R I = I^2 R = \frac{U^2}{R} \tag{2.59}$$

由电压三角形可知

$$U_R = U\cos\varphi$$

所以

$$P = UI\cos\varphi = P_R \tag{2.60}$$

可见，二端网络的有功功率，实际上就是电路中电阻元件所消耗的平均功率。所以，电源提供给二端网络的有功功率等于电路中各电阻元件消耗的有功功率之和，即

$$P = \sum P_i \tag{2.61}$$

式中 $P_i$ 表示电路中第 $i$ 个电阻元件消耗的平均功率。平时所说"功率"，如不特别指明，均为有功功率。$P$ 的单位为瓦（W）。

在电工技术中，把电路端口电压有效值 $U$ 与电流有效值 $I$ 的乘积称为二端网络的视在功率。用字母 $S$ 表示，即

$$S = UI \tag{2.62}$$

$S$ 的单位为伏安（V·A），它表示电气设备的额定容量。交流电气设备是按照规定的额定电压 $U_N$ 和额定电流 $I_N$ 来设计和使用的，至于电气设备能提供多大的有功功率

$P$，还要看电路的 $\cos \varphi$。

有功功率 $P$ 与视在功率 $S$ 的比值定义为二端网络的功率因数，用 $\lambda$ 表示。

$$\lambda = \frac{P}{S} = \cos \varphi \qquad (2.63)$$

式中，$\varphi$ 称为电路的功率因数角，它等于电路端口电压与电流的相位差，也等于无源二端网络的阻抗角。

2. 二端网络的无功功率及功率三角形

从 2.2.1 小节已知，电路中的储能元件电感和电容，它们虽然不消耗能量，但电感和电容与电源之间存在能量交换，这种能量交换用无功功率 $Q$ 表示。

有功功率 $P$，视在功率 $S$ 和无功功率 $Q$ 三者之间可用一直角三角形联系起来。此三角形称为功率三角形，如图 2 – 22 所示，彼此关系为

$$S = \sqrt{P^2 + Q^2} = UI \qquad (2.64)$$
$$P = S\cos \varphi = UI\cos \varphi \qquad (2.65)$$
$$Q = S\sin \varphi = UI\sin \varphi \qquad (2.66)$$

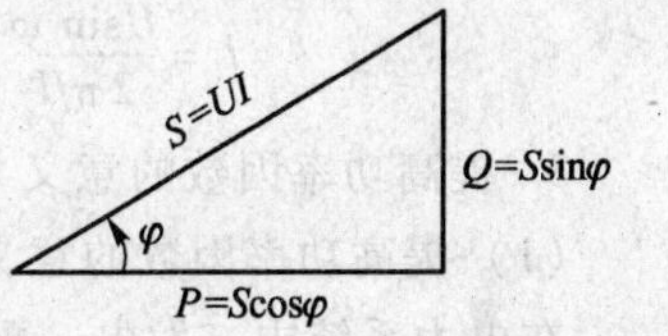

图 2 – 22　功率三角形

$Q$ 的单位为乏（var），由于 $-\pi/2 \leqslant \varphi \leqslant \pi/2$，所以无功功率 $Q$ 可能为正（电感性电路），也可能为负（电容性电路）或者为零（电阻性电路）。

由于在电路中，同一时间内电感元件与电容元件的状态正好相反，即电感元件储存能量时，电容元件正好释放能量；而电感元件释放能量时，电容元件正好储存能量。因此无源二端网络既与电源有能量交换，网络内部电感与电容之间也有能量交换。习惯上，将电感元件看作是"消耗"无功功率，所以 $Q_L$ 取正值（$Q_L > 0$）；而将电容元件看作是"产生"无功功率，在计算电路的无功功率时，应取负值（$-Q_C$）。

如果无源二端网络内部含有多个电感和电容元件时，电路总的无功功率 $Q$ 等于各个储能元件无功功率代数之和，即

$$Q = \sum Q_L - \sum Q_C \qquad (2.67)$$

当 $Q > 0$，即 $\sum Q_L > \sum Q_C$ 时，表示电路中电容元件"产生"的无功功率 $\sum Q_C$ 不足以抵消电感元件"消耗"的无功功率 $\sum Q_L$，还需要从电源取用无功功率补充。由式（2.66）可以看出，此时 $\sin \varphi > 0$，$0 < \varphi \leqslant \pi/2$，电路呈感性。

当 $Q < 0$，即 $\sum Q_L < \sum Q_C$ 时，表示电路中电容元件"产生"的无功功率 $\sum Q_C$ 除供给电感"消耗"外，还有多余无功功率，送给电源。此时 $\sin \varphi < 0$，$-\pi/2 \leqslant \varphi < 0$，电路呈容性。

当 $Q = 0$，即 $\sum Q_L = \sum Q_C$ 时，电感和电容等量相互交换能量，整个电路与电源没有能量交换。此时 $\sin \varphi = 0$，$\varphi = 0$，电路呈阻性，即处于谐振状态。

以 $RLC$ 串联电路为例，可以看出，阻抗、电压和功率三角形是相似三角形，如图 2 – 23 所示。并有关系式

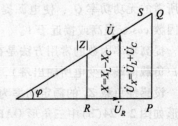

图 2 – 23　阻抗、电压、功率三角形

$$\lambda = \cos\varphi = R/|Z| = U_R/U = P/S \qquad (2.68)$$

**例 2.9**  如图 2-1(a)所示日光灯电路，灯管点亮后，可等效为一个电阻元件，用 $R$ 表示，镇流器可等效为 $r$、$L$ 串联电路，其等效电路如图 2-1(b)所示。已知工频交流电压的频率 $f = 50$ Hz，有效值 $U = 220$ V，日光灯功率 $P = 40$ W，功率因数 $\cos\varphi = 0.5$，求日光灯正常工作时电路中的电流 $I$ 及镇流器的等效电感 $L$。

**解：** 由 $P = UI\cos\varphi$，得

$$I = \frac{P}{U\cos\varphi} = \frac{40\ \text{W}}{220\ \text{V} \times 0.5} \approx 0.364\ \text{A}$$

由于 $Q = UI\sin\varphi = I^2 X_L = I^2 \times 2\pi f L$，所以

$$L = \frac{U\sin\varphi}{2\pi f I} = \frac{220\ \text{V}\ \sqrt{1 - 0.5^2}}{2 \times 3.14 \times 50\ \text{Hz} \times 0.364\ \text{A}} \approx 1.67\ \text{H}$$

### 3. 提高功率因数的意义与方法

（1）提高功率因数的意义

在电力系统中，发电、配电设备的额定容量都是以它的额定视在功率来表示的，但实际输出的有功功率 $P$ 的大小还与负载的功率因数 $\cos\varphi$ 有关，即 $P = S\cos\varphi$，为了充分利用设备的容量，应尽可能提高功率因数。

另一方面，由于输电线路具有电阻 $R_l$，当负载的有功功率 $P$ 和端电压 $U$ 一定时，输电线中的电流 $I = P/(U\cos\varphi)$ 与功率因数 $\cos\varphi$ 成反比，功率因数 $\cos\varphi$ 越大，则线路电流 $I$ 越小，消耗在输电线电阻 $R_l$ 中的功率 $P_l$ 也就越小，从而减少了输电的能量损耗。从另一个角度说，电流 $I$ 越小，就可以减小输电线路导线的直径，可节省导线材料。

由此可见，提高电网的功率因数，能使发电和配电设备的容量得到充分利用，同时，也降低了电能在线路上的损耗，并可节省导线材料。

（2）提高功率因数的方法

在生产和生活中大量地使用感性负载，如异步电动机，其功率因数为 $0.7 \sim 0.85$，日光灯的功率因数只有 $0.45 \sim 0.6$。其他如工频电炉和电焊变压器等也都是低功率因数的感性负载，这些感性负载都要"消耗"无功功率。

由功率三角形可知，负载的功率因数

$$\cos\varphi = \frac{P}{S} = \frac{P}{\sqrt{P^2 + Q^2}} \qquad (2.69)$$

上式中 $Q = Q_L - Q_C$，如果利用容性负载无功功率 $Q_C$ 在负载网络内部补偿感性负载所需的无功功率 $Q_L$，使电源提供的无功功率 $Q$ 减小或接近于零，这样就可以使功率因数 $\cos\varphi$ 提高或接近于 1。

提高功率因数的常用方法是在负载两端并联适当大小的补偿电容 $C$（直接安装在用户负载两端或变电所输出端），如图 2-24(a)所示。

设感性负载 $Z_L$ 的额定功率为 $P_L$，无功功率为 $Q_L$，功率因数为 $\cos\varphi_1$，其功率三角形如图 2-24(b)中三角形 OAB。

并联电容 $C$ 以后，功率因数为 $\cos\varphi_2$，电路的无功功率 $Q = Q_L - Q_C$，电路的功率

三角形变为图 2-24(b)中三角形 $OA'B$。从图中可以看出，并接电容 $C$ 后，负载 $Z_L$ 上的电压 $U$ 和有功功率 $P_L$ 均保持不变，而电路的功率因数角变小($\varphi_2 < \varphi_1$)，功率因数得到了提高($\cos\varphi_2 > \cos\varphi_1$)。

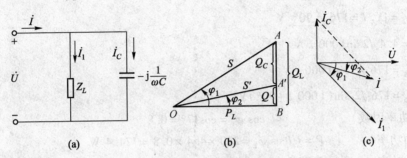

图 2-24  功率因数的提高

(a) 电路图  (b) 功率三角形  (c) 相量图

将电压 $\dot{U}$ 设为参考相量，即 $\dot{U} = U \underline{/0°}$ V，图 2-24(a)中各相量的相量图如图 2-24(c)所示，可以看出并联电容后，电路中的总电流从 $\dot{I}_1$ 变为 $\dot{I}$，其有效值变小，而电压 $\dot{U}$ 与总电流的相位差从 $\varphi_1$ 变为 $\varphi_2$($\varphi_2 < \varphi_1$)，因而电路功率因数 $\cos\varphi$ 得到了提高。

补偿电容 $C$ 可按下列公式计算。

因为 $$Q_C = Q_L - Q = P_L \tan\varphi_1 - P_L \tan\varphi_2$$

又 $$Q_C = U^2/X_C = U^2\omega C$$

所以 $$C = \frac{P_L(\tan\varphi_1 - \tan\varphi_2)}{\omega U^2} \tag{2.70}$$

应该注意，并联电容以后，电路的有功功率并未改变，因为电容器是不消耗电能的。另外，在电力系统中使用同步电动机，它工作时电流相位可以超前电压，即它也可"产生"无功功率，同步补偿电机就是专门用来补偿电网无功功率的空载运行的同步电动机。

按照供电规则，高压供电的工业企业的平均功率因数不低于 0.95，其他用户不低于 0.9。

**例 2.10**  如图 2-25 所示电路，已知 $u = 220\sqrt{2}\sin(1000t + 37°)$ V、$R = 40\ \Omega$、$L = 40$ mH、$C = 100\ \mu$F。

求：① $i$、$u_R$、$u_L$；② 功率因数 $\cos\varphi$、有功功率 $P$、无功功率 $Q$；③ 若在 a，b 两端并联电容 $C'$，使 $\cos\varphi$ 提高到 0.9，求电容 $C'$ 提供的无功功率 $Q_C'$ 及 $C'$ 的值。

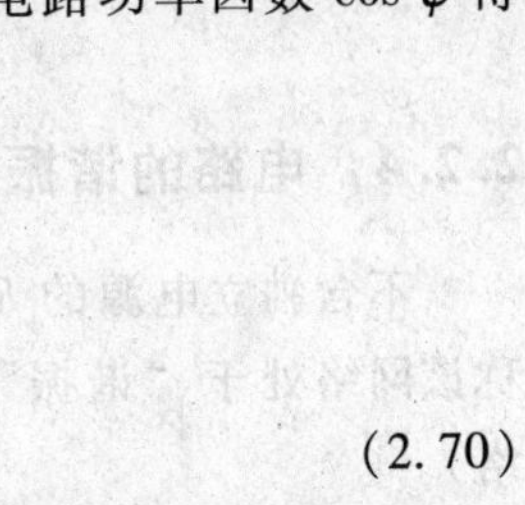

**解：**① $X_L = \omega L = 1000$ rad/s $\times 0.04$ H $= 40\ \Omega$

$X_C = 1/\omega C = 1/(1000$ rad/s $\times 100 \times 10^{-6}$ F$) = 10\ \Omega$

$Z = R + j(X_L - X_C) = (40 + j30)\ \Omega = 50 \underline{/37°}\ \Omega$

而 $\dot{U} = 220 \underline{/37°}$ V

图 2-25  例 2.10 电路

$$\dot{I} = \frac{\dot{U}}{Z} = \frac{220\ \underline{/37°}\ \text{V}}{50\ \underline{/37°}\ \Omega} = 4.4\ \underline{/0°}\ \text{A}$$

$$\dot{U}_R = \dot{I}R = 176\ \underline{/0°}\ \text{V}$$

$$\dot{U}_L = jX_L \dot{I} = 176\ \underline{/90°}\ \text{V}$$

所以　　$i = 4.4\sqrt{2}\sin 1\,000\,t\ \text{A}$

$$u_R = 176\sqrt{2}\,\sin 1\,000\,t\ \text{V}$$

$$u_L = 176\sqrt{2}\,\sin(1\,000\,t + 90°)\ \text{V}$$

② 功率因数　　　　　　$\cos\varphi_1 = \cos 37° = 0.8$

有功功率　　　$P = UI\cos\varphi_1 = 220 \times 4.4 \times 0.8 = 774.4\ \text{W}$

无功功率　　　$Q = UI\sin\varphi_1 = 220 \times 4.4 \times 0.6 = 580.8\ \text{var}$

③ 由 $\cos\varphi_2 = 0.9$ 得 $\tan\varphi_2 = 0.484$，由 $\cos\varphi_1 = 0.8$ 得 $\tan\varphi_1 = 0.75$

所以　　　　　$Q'_C = Q_L - Q = P(\tan\varphi_1 - \tan\varphi_2)$

$$= 774.4\ \text{W} \times (0.75 - 0.484) \approx 206\ \text{var}$$

$$C' = \frac{Q'_C}{\omega U^2} = \frac{206\ \text{var}}{1\,000\ \text{rad/s} \times 220^2\ \text{V}^2} \approx 4.26\ \mu\text{F}$$

## 2.2.4　电路的谐振特性分析

不含独立电源的 *RLC* 二端网络，当两端的正弦电压和流入的正弦电流同相时，称该网络处于"谐振"状态，而相应的电路（或网络）就称为谐振电路（或谐振网络）。

谐振现象在电子技术和通信技术中有广泛应用，如选频、调频、滤波、信号调节放大、振荡信号产生等许多方面都与谐振有关。但在电力系统中，谐振现象又必须加以避免，因为电力系统的谐振会导致器件或设备上产生强电流和高电压，从而破坏电力系统的正常工作或损坏设备，引发事故。所以，研究电路的谐振现象具有重要的实际意义。

谐振现象分为串联谐振和并联谐振两种，下面主要通过 *RLC* 串联谐振电路来讨论电路谐振的条件、谐振的特点以及谐振的频率特性等与谐振有关的问题。

1. 串联谐振的条件与谐振频率

如图 2 - 26(a) 所示 *RLC* 串联电路。

电路的阻抗为

$$Z = R + j(X_L - X_C)$$
$$= R + j[\omega L - 1/(\omega C)]$$

如果端口电压 $\dot{U}$ 与电流 $\dot{I}$ 同相，则电路出现谐振。此时，网络的阻抗角 $\varphi_Z = \psi_u - \psi_i = 0$，即阻抗 $Z$ 的虚部为零，所以谐振条件为

$$X_L = X_C \quad 即 \quad \omega L = 1/(\omega C) \tag{2.71}$$

由上式得，串联谐振的角频率 $\omega_0$ 和（电）频率 $f_0$ 分别为

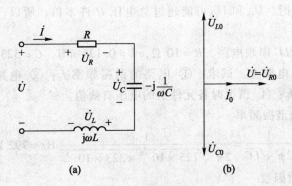

图 2 - 26　RLC 串联谐振

(a) 谐振电路　(b) 谐振时相量图

$$\begin{cases} \omega_0 = \dfrac{1}{\sqrt{LC}} \\[2mm] f_0 = \dfrac{1}{2\pi\sqrt{LC}} \end{cases} \tag{2.72}$$

上式表明，串联电路谐振频率完全由电路参数 $L$ 和 $C$ 所确定，因此 $f_0$（或 $\omega_0$）又称为电路的固有频率。可以看出，使 RLC 串联电路处于谐振状态的途径有两种：一是调节激励电源的频率 $f_s$，使其等于电路的固有频率 $f_0$；二是改变电路参数 $L$ 或 $C$，使电路的固有频率 $f_0$ 等于电源频率 $f_s$。

2. 串联谐振电路的特点

① 串联谐振时，电路的阻抗 $Z_0$ 呈阻性，且阻抗最小，为 $Z_0 = R$；而电阻上的电压 $\dot{U}_R$ 与端口电压 $\dot{U}$ 相同，为 $\dot{U}_R = \dot{U}$。

当电压 $U$ 一定时，电流 $I$ 为 $I_0 = U/|Z_0| = U/R$ 达到最大，此时 $\dot{I}$ 与 $\dot{U}$ 同相位。

谐振时感抗 $X_{L0}$ 等于容抗 $X_{C0}$，且

$$X_{C0} = X_{L0} = \omega_0 L = \frac{1}{\omega_0 C} = \sqrt{\frac{L}{C}} = \rho \tag{2.73}$$

式中，$\rho$ 称为电路的特性阻抗，单位为欧，它和固有频率 $f_0$ 一样，也是完全由电路参数 $L$ 和 $C$ 所确定。可见，谐振时，感抗和容抗都等于特性阻抗 $\rho$。

② 串联谐振时，电感与电容上电压的有效值相等，相位相反。如将电流相量 $\dot{I}$ 选作参考量，则谐振时电压、电流的相量图，如图 2 - 26(b) 所示。此时

$$U_{C0} = U_{L0} = I_0 \omega L = \frac{U}{R}\rho = QU \tag{2.74}$$

式中，$Q = \dfrac{\rho}{R}$ 称为谐振电路的品质因数（注意不要与无功功率的符号混淆）。可见，串联谐振时，电感或电容上的电压有效值 $U_{C0}$（或 $U_{L0}$）是外加电压 $U$ 的 $Q$ 倍。

显然，当 $\rho > R$ 时，电感或电容元件上的电压就会大于外加电压。在电子技术中，为了提高信号的频率选择性，实用谐振电路的品质因数（$Q$ 值）一般在 50～200 之间；而在电力系统中，为了避免产生高电压，应该防止电路出现串联谐振。

由于串联谐振时，$U_{L0}$ 和 $U_{C0}$ 可能超过总电压 $U$ 许多倍，所以，串联谐振也称为电压谐振。

**例 2.11**    一 $RLC$ 串联电路，$R = 10\ \Omega$，$L = 0.125\ \text{mH}$，$C = 323\ \text{pF}$，接在有效值为 2 V 的正弦交流电源上。试求：① 电路的谐振频率 $f_0$；② 电路的品质因数 $Q$；③ 谐振时的电流 $I_0$；④ 谐振时各元件上的电压有效值。

**解**：① 电路的谐振频率

$$f_0 = \frac{1}{2\pi \sqrt{LC}} = \frac{1}{2\pi \sqrt{125 \times 10^{-6} \times 323 \times 10^{-12}}}\ \text{Hz} \approx 792\ \text{kHz}$$

② 电路的品质因数

$$Q = \frac{\rho}{R} = \frac{1}{R} \sqrt{\frac{L}{C}} = \frac{1}{10\ \Omega} \times \sqrt{\frac{125 \times 10^{-6}}{323 \times 10^{-12}}}\ \Omega \approx 62.2$$

③ 谐振时的电流

$$I_0 = \frac{U}{R} = \frac{2\ \text{V}}{10\ \Omega} = 0.2\ \text{A}$$

④ 谐振时各元件上的电压为

$$U_R = U = 2.0\ \text{V}$$
$$U_{L0} = QU = 62.2 \times 2\ \text{V} = 124.4\ \text{V}$$
$$U_{C0} = U_{L0} = 124.4\ \text{V}$$

从本例可见，在题给参数时，如果发生谐振，电感和电容上的电压有效值均超过电源电压 60 多倍。

**3. 串联谐振电路的选频特性**

串联谐振电路具有选频作用，而品质因数 $Q$ 对选频特性有很大的影响，串联谐振电路的选频特性可以用其谐振曲线来描述。

（1）串联谐振电路的谐振曲线

当串联谐振电路输入一系列幅度相同，而频率不同的正弦电压信号，以 $f$ 为横坐标，$I(f)$ 为纵坐标，取不同的 $Q$ 值时，串联谐振电路的谐振曲线如图 2-27 所示。

从图 2-27 可以看出，频率 $f$ 等于谐振频率 $f_0$ 的正弦电压信号，在电路中产生的同频率电流的有效值 $I(f)$ 最大（等于 $I_0$），而偏离谐振频率 $f_0$ 越远的电压信号在电路中产生的电流值 $I(f)$ 就越小。品质因数 $Q$ 越大，电流谐振曲线越尖陡，电路对输入信号的选择性越好；$Q$ 值越小，其谐振曲线越平坦，电路的选择性越差。

（2）串联谐振电路的通频带

谐振电路的频率选择性常用通频带宽度 $\Delta f$ 来衡量。规定在谐振频率 $f_0$ 两侧，当电流 $I(f)$ 下降到谐振电流 $I_0$ 的 $1/\sqrt{2}$ 倍，即 70.7% 时所对应的频率 $f_2$ 和 $f_1$，其范围 $f_B = \Delta f = f_2 - f_1$，称为通频带宽度，如图 2-28 所示。（$f_2$ 和 $f_1$ 也称半功率频率，因为此时功率正好下降到最大功率的 1/2）。可以证明

$$\Delta f = f_2 - f_1 = f_0/Q \tag{2.75}$$

式（2.75）表明，通频带宽度 $\Delta f$ 与品质因数 $Q$ 成反比，$Q$ 值越大，通频带越窄，谐振电路选择性越好；反之，$Q$ 值越小，通频带越宽，电路的选择性越差。必须注

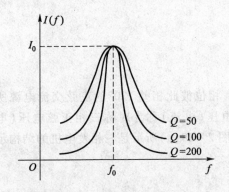

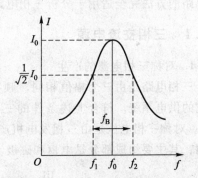

图 2 - 27 串联谐振电路的谐振曲线     图 2 - 28 串联谐振电路通频带

意,谐振电路的通频带宽度并不是越窄越好,它应符合传输信号对通频带宽度的要求。因此,实际应用中,应兼顾 $Q$ 和 $\Delta f$ 的取值。

4. 并联谐振

串联谐振电路的品质因数 $Q = \rho / R$,当电源内阻较高时,电路的品质因数变小,选择性变差。因此,对于高内阻的信号源,可采用具有内阻的电感线圈与电容器并联组成的并联谐振电路。通常线圈的内阻 $R$ 较小,电容器可视为理想电容。可以证明并联谐振电路的谐振频率为

$$\begin{cases} \omega_0 \approx \dfrac{1}{\sqrt{LC}} \\ f_0 \approx \dfrac{1}{2\pi \sqrt{LC}} \end{cases} \tag{2.76}$$

并联谐振电路谐振时,电路的总电流 $\dot{I}$ 与端电压 $\dot{U}$ 同相,电路的阻抗 $Z_0$ 呈阻性,且阻抗最大,为 $Z_0 = \rho^2 / R$;电感支路的电流 $\dot{I}_{L0}$ 与电容支路电流 $\dot{I}_{C0}$ 大小近似相等,相位近似相反;电流 $I_{L0}$ 或 $I_{C0}$ 是总电流 $I_0$ 的 $Q$ 倍,所以,并联谐振又称为电流谐振。

并联谐振电路的谐振曲线与串联谐振电路相似,当输入一系列幅度相同,而频率不同的正弦电流信号时,只有频率等于并联谐振电路的谐振频率 $f_0$ 的电流信号,在电路两端所产生的同频率电压信号的幅值(或有效值)最大。因此,并联谐振电路也可用做选频电路。

在实际电子电路中除用到串联谐振电路和并联谐振电路以外,有时为更好地抑制干扰信号,还会采用串、并联组合谐振电路等。

# 2.3 三相正弦交流电路

在世界各国的电力系统中,普遍采用三相电源。日常生活中所用的单相电只不过是三相电路中的某一相。无论从发电、输电、配电还是用电,采用三相制比采用单相制有更多的优越性。因此三相电路自 19 世纪末问世以来,一直是电力系统发电、输电和配电的主要方式。

三相电路有它特定的连接方式,它是正弦交流电路的一种特殊情况,分析正弦交

流电路的方法完全适用于分析三相电路。

## 2.3.1　三相交流电源

1. 对称三相电源的产生

三相电路是由三个幅值相同、频率相同、相位彼此相差 120°的正弦交流电源所组成的供电系统。符合上述条件的三个正弦电压（电流）称为对称三相正弦电压（电流）。对称三相电压是由三相发电机产生的，图 2-29（a）所示是三相发电机的结构示意图，其主要组成部分是电枢和磁极。

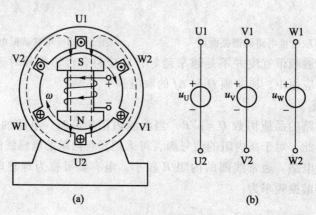

图 2-29　三相交流发电机示意图
（a）结构示意图　（b）三相电源

电枢是固定的，亦称定子。定子铁心由硅钢片叠成，其内圆周表面冲有槽，槽中对称地放置结构相同、彼此独立的三相绕组 U1U2、V1V2、W1W2，分别称为 U 相、V 相和 W 相。其中 U1、V1、W1 称为始端，U2、V2、W2 称为末端。三个始端（或末端）彼此之间相隔 120°。

发电机内部绕轴旋转的磁极称为转子，转子铁心上绕有励磁线圈，并以直流励磁。选择适当的极面形状和绕组分布，使得磁极与电枢间的空气隙中的磁感应强度按正弦规律分布。

当原动机（如汽轮机、水轮机、风动机等）拖动发电机转子按图示方向以恒定角速度 $\omega$ 匀速旋转时，定子中的各相绕组 U1U2、V1V2、W1W2 依次切割磁感线而感应出频率相同、振幅相等、相位上彼此相差 120°的三个正弦电压，即对称三相正弦电压 $u_U$、$u_V$ 和 $u_W$。

设对称三相电压 $u_U$、$u_V$、$u_W$ 的参考方向都是由各自始端指向末端，如图 2-29（b）所示。如将 U1 相电压 $u_U$ 取为参考正弦量，则对称三相正弦电压可表示为

$$\begin{cases} u_U = \sqrt{2}U\sin\omega t \\ u_V = \sqrt{2}U\sin(\omega t - 120°) \\ u_W = \sqrt{2}U\sin(\omega t - 240°) = \sqrt{2}U\sin(\omega t + 120°) \end{cases} \quad (2.77)$$

相量表示为

$$\begin{cases} \dot{U}_{\mathrm{U}} = U \angle 0° \\ \dot{U}_{\mathrm{V}} = U \angle -120° \\ \dot{U}_{\mathrm{W}} = U \angle 120° \end{cases} \quad (2.78)$$

其波形图和相量图如图 2 - 30 所示。

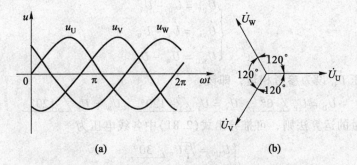

(a)　　　　　　　　(b)

图 2 - 30　对称三相电压的波形和相量图

(a) 三相电压波形图　(b) 三相电压相量图

可以看出，对称三相正弦电压的瞬时值之和及相量之和恒等于零，即

$$u_{\mathrm{U}} + u_{\mathrm{V}} + u_{\mathrm{W}} = 0 \quad (2.79)$$

及

$$\dot{U}_{\mathrm{U}} + \dot{U}_{\mathrm{V}} + \dot{U}_{\mathrm{W}} = 0 \quad (2.80)$$

三相电源中，各相电压经过同一值（如最大值）的先后次序称为三相电源的相序。图 2 - 30(a) 所示三相电源的波形图，三相电压达到正峰值的顺序是 $u_{\mathrm{U}} \rightarrow u_{\mathrm{V}} \rightarrow u_{\mathrm{W}} \rightarrow u_{\mathrm{U}}$，其相序为 U1→V1→W1→U1，这样的相序称为正序或顺序。与此相反，如果转子作逆时针旋转，则三相电压的相序变为 U1→W1→V1→U1，这种相序称为负序或逆序。今后如无特别说明，三相电源的相序均为正序。为便于区分，通常在三相发电机或配电装置的三相母线上包以黄、绿、红三种颜色绝缘塑料护套或涂以相应颜色，以此区分 U 相、V 相、W 相。

2. 三相电源的星形（Y 形）联结

在三相制电力系统中，发电机的三个定子绕组不是各自独立供电的，它们必须按照一定的方式连接，形成一个整体进行供电。对称三相电源一般按星形（Y 形）联结。

图 2 - 31 所示电路为三相电源的 Y 形联结，它将三相绕组的三个末端 U2、V2、W2 连成一点 N，该点称为中性点（或零点），该点的引出导线叫做中性线（或零线）。从三相绕组的三个始端 U1、V1、W1 引出的三根输电线叫做相线（又叫火线）。

三相电源的 Y 形联结电路中，未必都引出中性线。有中性线的三相电路叫做三相四线制电路，无中性线的三相电路叫做三相三线制电路。从图 2 - 31 可以看出，Y 形联结的三相电源有两组

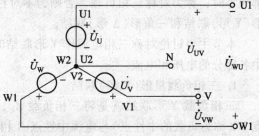

图 2 - 31　三相电源 Y 形联结

电压：相线与中性线之间的电压叫做相电压，分别用 $u_U$、$u_V$、$u_W$ 表示，其相量形式为 $\dot{U}_U$、$\dot{U}_V$、$\dot{U}_W$，有效值用 $U_P$ 表示；相线与相线之间的电压叫做线电压，分别用 $u_{UV}$、$u_{VW}$、$u_{WU}$ 表示，其相量形式为 $\dot{U}_{UV}$、$\dot{U}_{VW}$、$\dot{U}_{WU}$，有效值用 $U_L$ 表示。由图 2 - 31，根据 KVL 得

$$\begin{cases} \dot{U}_{UV} = \dot{U}_U - \dot{U}_V \\ \dot{U}_{VW} = \dot{U}_V - \dot{U}_W \\ \dot{U}_{WU} = \dot{U}_W - \dot{U}_U \end{cases} \tag{2.81}$$

将相电压 $\dot{U}_U$ 设为参考相量，即设

$$\dot{U}_U = U_P \underline{/ 0°}, \quad \dot{U}_V = U_P \underline{/ -120°}, \quad \dot{U}_W = U_P \underline{/ 120°}$$

根据相量的运算法则，可推导出式(2.81)中各线电压为

$$\begin{cases} \dot{U}_{UV} = \sqrt{3} U_P \underline{/ 30°} \\ \dot{U}_{VW} = \sqrt{3} U_P \underline{/ -90°} \\ \dot{U}_{WU} = \sqrt{3} U_P \underline{/ 150°} \end{cases} \tag{2.82}$$

各线电压与相电压的相量关系如图 2 - 32 所示。

可见，对称三相电源作 Y 形联结时，三个线电压 $\dot{U}_{UV}$、$\dot{U}_{VW}$、$\dot{U}_{WU}$ 也对称，且线电压的有效值为相电压有效值的 $\sqrt{3}$ 倍，即

$$U_L = \sqrt{3} U_P \tag{2.83}$$

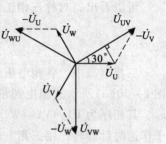

图 2 - 32　三相电源 Y 形
联结时的电压相量图

线电压 $\dot{U}_{UV}$ 的相位超前相电压 $\dot{U}_U$ 的相位 30°，同样 $\dot{U}_{VW}$ 超前 $\dot{U}_V$ 相位 30°，$\dot{U}_{WU}$ 超前 $\dot{U}_W$ 相位 30°。这种关系，对于负载的 Y 形联结也是成立的。

在我国的低压配电系统中，线电压有效值为 380 V，相电压有效值为 220 V。照明电路，家用电器等生活用电一般用 220 V，而工业生产等动力电路一般用 380 V。

### 2.3.2　三相负载的连接

三相电路的负载由三部分组成，其中每一部分称为一相负载，当三相负载的阻抗都相等时，称为对称三相负载，否则为不对称负载。三相负载的连接方式有两种：星形(Y 形)联结和三角形(Δ 形)联结。

本节主要讨论对称三相电源作 Y 形联结时，三相负载作 Y 形和 Δ 形联结时电路中各部分的电压和电流。

1. 三相负载星形(Y 形)联结

三相负载 Y 形联结就是将三相负载 $Z_U$、$Z_V$、$Z_W$ 的一端接在一起，并将此公共点 N′(称为负载的中性点)与电源中性点 N 相连，将三相负载的另一端分别接在三相电源的三个相线上，如图 2 - 33 所示。

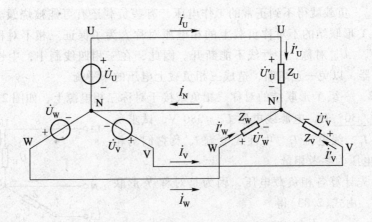

图 2 - 33　三相负载星形联结

每相负载上的电压称为负载的相电压，用 $\dot{U}'_U$、$\dot{U}'_V$、$\dot{U}'_W$ 表示，它们的参考方向如图 2 - 33 所示。如果忽略输电线上的电压降，则负载相电压与电源相电压对应相等，即

$$\begin{cases} \dot{U}'_U = \dot{U}_U = U_P \underline{/\ 0°} \\ \dot{U}'_V = \dot{U}_V = U_P \underline{/\ -120°} \\ \dot{U}'_W = \dot{U}_W = U_P \underline{/\ 120°} \end{cases} \qquad (2.84)$$

因此，负载的相电压 $\dot{U}'_U$、$\dot{U}'_V$、$\dot{U}'_W$ 也是三相对称的。

三相电路中的电流也分为相电流与电源线电流两种，各相负载 $Z_U$、$Z_V$、$Z_W$ 上的电流称为相电流，分别用 $\dot{I}'_U$、$\dot{I}'_V$、$\dot{I}'_W$ 表示。与各相电源相连导线上的电流称为线电流，分别用 $\dot{I}_U$、$\dot{I}_V$、$\dot{I}_W$ 表示。负载中性点 N′ 与电源中性点 N 上的中性线电流用 $\dot{I}_N$ 表示。各相电流、线电流的参考方向如图 2 - 33 所示。

可以看出，线电流 $\dot{I}_U$、$\dot{I}_V$、$\dot{I}_W$ 与对应的相电流 $\dot{I}'_U$、$\dot{I}'_V$、$\dot{I}'_W$ 相等，即 $I_L = I_P$，且

$$\begin{cases} \dot{I}_U = \dot{I}'_U = \dfrac{\dot{U}'_U}{Z_U} = \dfrac{\dot{U}_U}{Z_U} \\[2mm] \dot{I}_V = \dot{I}'_V = \dfrac{\dot{U}'_V}{Z_V} = \dfrac{\dot{U}_V}{Z_V} \\[2mm] \dot{I}_W = \dot{I}'_W = \dfrac{\dot{U}'_W}{Z_W} = \dfrac{\dot{U}_W}{Z_W} \end{cases} \qquad (2.85)$$

中性线电流为

$$\dot{I}_N = \dot{I}_U + \dot{I}_V + \dot{I}_W \qquad (2.86)$$

当三相负载对称时，即 $Z_U = Z_V = Z_W$，则各相（线）电流 $\dot{I}_U$、$\dot{I}_V$、$\dot{I}_W$ 也三相对称，此时，中性线电流 $\dot{I}_N = 0$，在这种情况下，可将中性线省去而各相负载的工作并不受影响，三相四线制电路就变为三相三线制电路。这时负载的线电压就是电源的线电压，而线电压是相电压的 $\sqrt{3}$ 倍，即 $U_L = \sqrt{3} U_P$。

如果三相负载不对称，则各相电流不对称，中性线电流 $\dot{I}_N$ 不为零，在这种情况下中性线不能去掉。否则，负载上的各相电压 $\dot{U}'_U$、$\dot{U}'_V$、$\dot{U}'_W$ 将不等于电源的相电压

$\dot{U}_{\rm U}$、$\dot{U}_{\rm V}$、$\dot{U}_{\rm W}$，负载就得不到正常的工作电压，有些负载还有可能被烧毁。中性线的作用就是使 Y 形联结的不对称负载上的相电压对称。为了保证三相不对称负载的相电压 $\dot{U}'_{\rm U}$、$\dot{U}'_{\rm V}$、$\dot{U}'_{\rm W}$ 对称，中性线不能断开。因此，在三相四线制中，中性线上不允许安装熔断器，以免一旦熔断，造成三相负载上电压的不平衡。

**例 2.12**　一组 Y 形联结的对称三相负载接于对称三相电源上，如图 2-34 所示。已知 $Z = 20\ \underline{/30°}\ \Omega$，电源线电压 $U_{\rm L} = 380$ V，试求负载的相电流 $I_{\rm P}$、线电流 $I_{\rm L}$、中性线电流 $I_{\rm N}$ 及它们的相量（以 U 相电压为参考相量）。

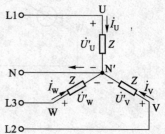

图 2-34　例 2.12 电路

**解：**① 先计算各相负载电压，因为是对称 Y 形联结三相电路，由式（2.83）得

$$U_{\rm P} = \frac{U_{\rm L}}{\sqrt{3}} = \frac{380\ \text{V}}{\sqrt{3}} \approx 220\ \text{V}$$

电源相序一般指正序，以 U 相电压为参考相量时，有

$$\begin{cases} \dot{U}'_{\rm U} = U_{\rm P}\ \underline{/0°} = 220\ \underline{/0°}\ \text{V} \\ \dot{U}'_{\rm V} = U_{\rm P}\ \underline{/-120°} = 220\ \underline{/-120°}\ \text{V} \\ \dot{U}'_{\rm W} = U_{\rm P}\ \underline{/120°} = 220\ \underline{/120°}\ \text{V} \end{cases}$$

② 求相电流，式（2.85）可得

$$\begin{cases} \dot{I}_{\rm U} = \dfrac{\dot{U}'_{\rm U}}{Z_{\rm U}} = \dfrac{220\ \underline{/0°}\ \text{V}}{20\ \underline{/30°}\ \Omega} = 11\ \underline{/-30°}\ \text{A} \\[2mm] \dot{I}_{\rm V} = \dfrac{\dot{U}'_{\rm V}}{Z_{\rm V}} = \dfrac{220\ \underline{/-120°}\ \text{V}}{20\ \underline{/30°}\ \Omega} = 11\ \underline{/-150°}\ \text{A} \\[2mm] \dot{I}_{\rm W} = \dfrac{\dot{U}'_{\rm W}}{Z_{\rm W}} = \dfrac{220\ \underline{/120°}\ \text{V}}{20\ \underline{/30°}\ \Omega} = 11\ \underline{/90°}\ \text{A} \end{cases}$$

可见，三个相电流是对称的，其有效值为 $I_{\rm P} = 11$ A。

③ Y 形联结时，线电流就是相电流，线电流有效值为 $I_{\rm L} = I_{\rm P} = 11$ A，相量同上。

④ 求中性线电流

$$\dot{I}_{\rm N} = \dot{I}_{\rm U} + \dot{I}_{\rm V} + \dot{I}_{\rm W} = (11\ \underline{/-30°} + 11\ \underline{/-150°} + 11\ \underline{/90°})\ \text{A} = 0$$

三相四线制中，如果负载对称，中性线上没有电流，因此，中性线可省去。如果负载不对称，各相电流也不对称，必须分别计算，一般中性线上电流也不为零，中性线就不能省去了。

**例 2.13**　图 2-35 所示电路是一种相序指示器的电路，它是不对称三相电路的一个应用实例。相序指示器是由一个电容和两个相同的白炽灯组成的 Y 形联结电路。当把它与三相电源相连接时，根据两个白炽灯的亮度不同，可以判断三相电源的相序，请分析之。

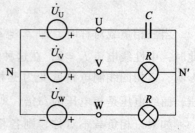

图 2-35　相序指示器原理图

**解：** 首先假定三相电源的相序为 U—V—W，将电容 $C$ 所在的相定为 U 相，然后计算各白炽灯的电压，从而找出白炽灯的亮度与三相电源相序的关系。

设三相电源电压对称，$\dot{U}_U = \dot{U}_{UN} = U \underline{/0°}$，为分析计算方便，又设 $R = 1/(\omega C)$，并取 N 点为参考节点，由节点电压法可得

$$\begin{aligned}
\dot{U}_{N'N} &= \frac{(j\omega C \dot{U}_U + \dot{U}_V/R + \dot{U}_W/R)}{(j\omega C + 1/R + 1/R)} \\
&= \frac{(jU \underline{/0°} + U \underline{/-120°} + U \underline{/120°})}{(j1 + 1 + 1)} \\
&= \frac{(j-1)U}{j+2} = \frac{(j-1)(2-j)U}{5} \\
&= (-0.2 + j0.6)U = 0.63U \underline{/108.4°}
\end{aligned}$$

V 相灯泡所承受的电压为

$$\begin{aligned}
\dot{U}_{VN'} &= \dot{U}_{VN} - \dot{U}_{N'N} = U \underline{/-120°} - 0.63U \underline{/108.4°} \\
&= (-0.3 - j1.47)U = 1.5U \underline{/101.5°}
\end{aligned}$$

W 相灯泡所承受的电压为

$$\begin{aligned}
\dot{U}_{WN'} &= \dot{U}_{WN} - \dot{U}_{N'N} = U \underline{/120°} - 0.63U \underline{/108.4°} \\
&= (-0.3 - j0.226)U = 0.4U \underline{/138.4°}
\end{aligned}$$

可见 $U_{VN'} = 1.5U$，$U_{WN'} = 0.4U$。所以，如果电容所在的那一相为 U 相，则较亮的白炽灯所接的那一相为 V 相，较暗的白炽灯所接的那一相为 W 相。

**2. 三相负载三角形（Δ形）联结**

三相负载如依次分别接在三相电源的三根相线之间，如图 2-36 所示，即构成 Δ 形联结。由于三相电源一般总是对称的，因此线电压 $\dot{U}_{UV}$、$\dot{U}_{VW}$、$\dot{U}_{WU}$ 是对称的。

由于各相负载（$Z_{UV}$、$Z_{VW}$、$Z_{WU}$）都直接接在电源的线电压上，所以，各相负载的相电压等于对应的线电压，即 $U_P = U_L$。

各相负载的相电流分别用 $\dot{I}_{UV}$、$\dot{I}_{VW}$、$\dot{I}_{WU}$ 表示；线电流分别用 $\dot{I}_U$、$\dot{I}_V$、$\dot{I}_W$，各个相电流与线电流的参考方向如图 2-36 中所示。

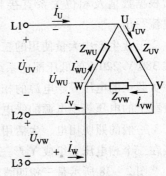

图 2-36 三相负载三角形联结

根据相量形式欧姆定律可求出各相负载的相电流，即

$$\begin{cases}
\dot{I}_{UV} = \dfrac{\dot{U}_{UV}}{Z_{UV}} \\[2mm]
\dot{I}_{VW} = \dfrac{\dot{U}_{VW}}{Z_{VW}} \\[2mm]
\dot{I}_{WU} = \dfrac{\dot{U}_{WU}}{Z_{WU}}
\end{cases} \tag{2.87}$$

然后根据相量形式的基尔霍夫电流定律(KCL)可求出各线电流,即

$$\begin{cases} \dot{I}_U = \dot{I}_{UV} - \dot{I}_{WU} \\ \dot{I}_V = \dot{I}_{VW} - \dot{I}_{UV} \\ \dot{I}_W = \dot{I}_{WU} - \dot{I}_{VW} \end{cases} \qquad (2.88)$$

如果三角形联结的三相负载是对称的,即 $Z_{UV} = Z_{VW} = Z_{WU} = |Z| \underline{/\varphi}$,则负载相电流 $\dot{I}_{UV}$、$\dot{I}_{VW}$、$\dot{I}_{WU}$ 也三相对称,由式(2.88)计算所得的各线电流 $\dot{I}_U$、$\dot{I}_V$、$\dot{I}_W$ 也三相对称。

将线电压 $\dot{U}_{UV}$ 设为参考相量,图 2-37 画出了各线电压、相电流及线电流的相量图。从图中可以看出,相电流、线电流都是三相对称的,且线电流在相位上比相应的相电流滞后30°。通过相量运算可知,三相对称负载 Δ 形联结时线电流的有效值 $I_L$ 等于相电流有效值 $I_P$ 的 $\sqrt{3}$ 倍,即

$$I_L = \sqrt{3}I_P \qquad (2.89)$$

由于负载对称时三个相电流及三个线电流都是对称的,且线电流与相电流之间又有一定的相位关系和数值关系,所以计算时,可先将 UV 相负载 $Z_{UV}$ 上的相电流 $\dot{I}_{UV}$ 算出,然后根据数值及相位关系直接将各相电流及线电流写出。

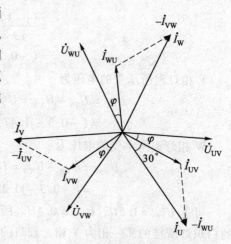

图 2-37 对称负载三角形联结时电压与电流的相量图

工业生产中大量使用的三相负载(如三相异步电动机等),通常都是三相对称的,在 380 V/220 V 的低压配电系统中,如将三相对称负载接成 Y 形(不接中性线),则每相负载上的电压等于电源的相电压(220 V);而将三相对称负载接成 Δ 形时,则每相负载上的电压等于电源的线电压(380 V)。

一般的照明用电、生活用电都是 220 V 的单相负载,把它们尽量平衡分组,分别接在三个相电压上组成 Y 形三相负载,构成三相四线制电路(中性线不能断开)。

图 2-38 所示是三相四线制供电系统中常见的照明电路与动力电路。为了使三相电源的负载比较均衡,将大批量单相负载分成三组,分别接到三相电源的三个相线(L1 相、L2 相、L3 相)与中性线 N 之间;而把相对固定的对称三相负载独立接到三相电源的三个相线上。

### 2.3.3 三相电路的功率

在三相电路中,三相负载总的有功功率 P 等于每相负载上的有功功率之和,即

$$P = P_A + P_B + P_C \qquad (2.90)$$

当三相负载对称时,每相的有功功率是相等的,记单相有功功率为 $P_P$,则三相总的有功功率为

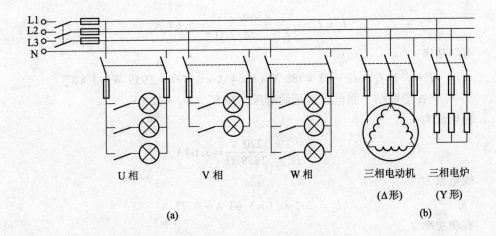

U 相　　　　V 相　　　　W 相　　三相电动机　三相电炉

　　　　　　　　　　　　　　　　　　（△形）　　（Y 形）

(a)　　　　　　　　　　　　　　　　　　　　　(b)

图 2-38　三相四线制负载的连接

(a) 三相不对称负载　(b) 三相对称负载

$$P = 3P_P = 3U_P I_P \cos\varphi \tag{2.91}$$

式中，$U_P$、$I_P$ 为相电压与相电流的有效值，$\varphi$ 是对应相电压与相电流的相位差，即负载的阻抗角。

从前面的讨论已知，如果三相对称负载是 Y 形联结的，有 $U_L = \sqrt{3}\,U_P$，$I_L = I_P$；如果三相对称负载是 △ 形联结的，有 $U_L = U_P$，$I_L = \sqrt{3}\,I_P$。显然，不论是 Y 形联结还是 △ 形联结，只要是对称的负载，把上述关系代入式(2.91)，都有

$$P = 3P_P = 3U_P I_P \cos\varphi = \sqrt{3}\,U_L I_L \cos\varphi \tag{2.92}$$

式(2.91)或式(2.92)是计算对称三相电路中总有功功率的基本公式。

由于线电压 $U_L$ 和线电流 $I_L$ 是容易测量或直接已知的，因此，按照式(2.92)，在计算对称三相负载的总有功功率时，只需知道线电压 $U_L$、线电流 $I_L$ 及负载的阻抗角 $\varphi$(或对应的相/线电压与相/线电流的相位差 $\varphi$)，而无需考虑相电压、相电流及负载的连接方式。

同理，对于三相对称负载的无功功率 $Q$ 和视在功率 $S$，有下面的计算公式

$$Q = 3Q_P = 3U_P I_P \sin\varphi = \sqrt{3}\,U_L I_L \sin\varphi \tag{2.93}$$

$$S = 3S_P = 3U_P I_P = \sqrt{3}\,U_L I_L \tag{2.94}$$

**例 2.14**　有一台三相电动机，其每相负载的等效阻抗 $Z = R + j\omega L = (31 + j23.5)\,\Omega$，今将三相绕组连接成 Y 形后接于线电压 $U_L = 380$ V 的对称三相电源上，试求电路的相电流 $I_P$、线电流 $I_L$ 及负载所取用的有功功率 $P$。如果绕组按 △ 形联结后接入线电压 $U_L = 220$ V 的三相电源上，重算以上各量。

**解：** ① 根据已知阻抗，得负载阻抗模为

$$|Z| = \sqrt{R^2 + (\omega L)^2} = \sqrt{(31\ \Omega)^2 + (23.5\ \Omega)^2} \approx 38.9\ \Omega$$

负载功率因数

$$\cos\varphi = R/|Z| = (31\ \Omega)/(38.9\ \Omega) \approx 0.797$$

Y 形联结时，线电流等于相电流，即

$$I_L = I_P = \frac{U_P}{|Z|} = \frac{380/\sqrt{3}\ \text{V}}{38.9\ \Omega} \approx 5.64\ \text{A}$$

有功功率

$$P = \sqrt{3}\,U_L I_L \cos\varphi = \sqrt{3} \times 380\ \text{V} \times 5.64\ \text{A} \times 0.797 \approx 2959\ \text{W} \approx 3\ \text{kW}$$

② 对于 Δ 形联结，相电压就是线电压，即 $U_P = U_L = 220\ \text{V}$

相电流为

$$I_P = \frac{U_P}{|Z|} = \frac{220\ \text{V}}{38.9\ \Omega} \approx 5.64\text{A}$$

线电流为

$$I_L = \sqrt{3}\,I_P = \sqrt{3} \times 5.64\ \text{A} \approx 9.77\ \text{A}$$

有功功率

$$P = \sqrt{3}\,U_L I_L \cos\varphi = \sqrt{3} \times 220\ \text{V} \times 9.77\ \text{A} \times 0.797 \approx 2959\ \text{W} \approx 3\ \text{kW}$$

从例 2.13 的结果可以看出，有些电动机标有两种额定电压，如 220 V/380 V，这是指电源电压（线电压）为 220 V 时，电动机的三相绕组应按 Δ 形联结；电源电压（线电压）为 380 V 时，电动机应按 Y 形联结。在两种接法中，电动机本身的相电压、相电流及功率均未改变，只是在 Δ 形联结时，供电线路的线电流是 Y 形联结时的 $\sqrt{3}$ 倍。

三相正弦交流电与单相正弦交流电相比有独特的优点。对称三相电路中，通过计算可以证明三相负载的瞬时功率 $p$ 是一个不随时间变化的恒定值，它等于有功功率 $P$，即

$$p = 3U_P I_P \cos\varphi = \sqrt{3}\,U_L I_L \cos\varphi \tag{2.95}$$

这个重要性质使三相旋转电机的工作状态比较稳定，当三相发电机或三相电动机正常工作时，任一瞬时发出或吸收的瞬时功率恒定不变，使发电机所需的机械转矩或电动机产生的机械转矩也恒定不变，从而避免了由于机械转矩变化而引起的机械振动。而单相电机则不具备这一优点。

# 2.4　输配电与安全用电简介

## 2.4.1　输配电简介

电能在工业生产、城市建设、日常生活等许多方面有着极为重要的地位，这是因为电能具有易于产生、传输、分配、控制、测量等许多优点。从电能的产生到应用包含着一系列变换和传输过程。

发电厂把自然界蕴藏的各种形式非电能（如燃料的化学能、水的势能、原子能、太阳能、风能等）通过不同类型的发电机转换成电能。火力发电厂一般建在燃料产地或交通运输方便的地方，而水力发电厂通常建在江河、峡谷、水库等水力资源丰富之地。各种发电厂中的发电机几乎都是三相同步发电机。国产三相同步发电机的电压等级有 400 V/230 V、3.15 kV、6.3 kV、10.5 kV、13.8 kV、15.75 kV 和 18.0 kV 等多

种。在本章 2.3.1 节中已经介绍过三相对称电压的产生。发电机的三相定子绕组通常接成 Y 形，并将电源的中性点 N 接地，只引出三根相线 U、V、W 到三相升压变压器。当电能输送到低压变电所时，再从大地引出中性点 N′，大地作为良好的导电体，在远距离送电时，可节省近 1/4 的线材。

由于大中型发电厂距离用电地区有几十千米到上千千米，在远距离输电时，由于输电导线存在电阻，会有部分电能转化为热能而损失掉，同时导线电阻上的电压降还会使负载的端电压降低。

输电线上发热损耗的功率为 $P_0 = I^2 R_0$，在输电线电阻 $R_0$ 一定时，减小输电电流 $I$ 能有效地减少电能在线路上的损耗。如果既要保证输电功率 $P$ 保持不变，又要降低线路损耗，则必须提高输电电压 $U$。

发电机的机端电压不符合远距离输电的要求，必须通过升压变压器把电压升高到所需要的数值。送电距离越远，要求输电线上的电压越高。我国规定输电线的额定电压（输电线末端电压）为 35 kV、110 kV、220 kV、330 kV、500 kV 等。

在用电地区，考虑到操作人员的安全以及用电设备的绝缘性能，又必须通过降压变压器将电压降低。把电压升高或降低并进行电能分配的场所叫变电所，它是发电厂和电力用户之间不可缺少的中间环节。

这种通过各种电压的线路将发电厂、变电所、电力用户连接起来的整体叫做电力系统，它包括发电、输电、变电、配电和用电部分，其中处于发电厂和用户之间起输电、变电和配电作用的环节称为电力网。图 2-39 为从发电厂到电力用户的交流输配电线路示意图。

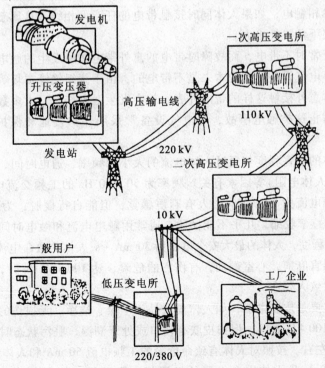

图 2-39 电力输电、变配电示意图

为提高各发电厂的设备利用率，合理调配各发电厂的负载，现在常常将同一地区的各个发电厂联合起来组成一个大的电网，以提高供电的可靠性和经济性。

在工业企业内一般都设有中央变电所，中央变电所接收二次高压变电所送来的 10 kV 电力，然后分配到各车间，经车间变电所（或配电室）将电能分配给各用电设备。高压配电线的额定电压有 3 kV、6 kV 和 10 kV 三种。低压配电线的额定电压是 380 V/220 V。一般用电设备的额定电压为 220 V 或 380 V，大功率电动机的额定电压是 3 000 V 或 6 000 V。

## 2.4.2　安全用电常识

电能在经济建设和日常生活中起着不可缺少的作用，但如果不注意用电安全，也可能酿成人身触电、设备烧坏、引发火灾等严重电气事故，因此，用电安全极为重要，本小节将介绍一些安全用电方面的基本知识。

1. 电流对人体的危害

如果人体不慎触及带电体，就会产生触电事故，使人体受到伤害。电流对人体的伤害主要分为电伤和电击两种。

电伤是指电流的热效应、化学效应、机械效应等对人体表面所造成的创伤，如电弧烧伤、灼伤、电弧强光刺激等。电击是指电流通过人体对人体及内部器官造成伤害的触电事故，它又分为直接电击和间接电击两种。

人体直接接触正常的带电体所造成的触电伤害称为直接电击，如站在地上的人接触到电源的相线或电气设备带电体，或者站在绝缘体上的人同时接触到电源的相线和零线，这属于单相触电；如果人体同时接触带电的任意两相线，这属于两相触电，人体处于线电压之下危险性更大。

人体接触正常时不带电，而故障时带电的意外带电体所发生的触电伤害称为间接电击，如电机等电气设备的外壳本来是不带电的，由于绕组绝缘损坏等原因，而使其外壳带电，人体意外接触这样的带电外壳，就会发生触电伤害，大多数触电事故属于这一类。为了防止这类触电事故，对电气设备常采用保护接地和保护接零（接中性线）装置。

电击对人体的伤害程度与通过人体电流的大小和频率、通电时间、通电途径以及人的生理状况（人体电阻）等因素有关。频率为 50~60 Hz 的工频交流电对人最危险，通过人体的工频电流为 10 mA 时，人有麻痹感觉，但能自行摆脱；为 20 mA 时，出现灼伤，人肌肉痉挛收缩，几乎不能摆脱。通常用触电电流和触电时间的乘积来综合反映触电的危害程度，人体的最大安全电流为 30 mA·s，人体的致命电流为 50 mA·s，此时人的呼吸器官麻痹，心室颤动，有伤亡的危险，达 100 mA·s 时，呼吸器官和心脏均麻痹，足以致人死命。

人体电阻主要是皮肤电阻，如人体皮肤处于干燥、洁净、无损伤的状态下，人体电阻在 10 kΩ~100 kΩ 之间，但如皮肤有伤口或处于潮湿、脏污状态时，人体电阻可急剧降至 1 kΩ 左右。按照对人体有致命危险的工频电流 50 mA 和人体最小电阻 1 kΩ 来计算，可知 50 V 是人体安全电压的极限值。我国规定的安全电压等级有 42 V、

36 V、24 V、12 V 等。

触电致死的主要原因是触电电流引起心室颤动，造成心脏停搏，因此电流从手到脚、从一手到另一手时，电流流经人体中枢神经和心脏的程度最大，触电后果也最严重。

**2. 安全用电预防措施**

为了人身和设备安全，防止触电事故的发生，及电力系统、电气设备的正常工作，应该从技术上、制度上加强安全用电。

从技术措施的角度，应该做到：

① 对于电力系统和电气设备应配有良好的专用接地系统，有可靠的保护接地、保护接零措施；单相电气设备和民用电器的使用切不可忽视必要的外壳接地措施。

② 对电源配备安全保护装置，如漏电保护器、自动断路器等。

③ 使用固定式电气设备时，应注意电气隔离、绝缘操作，并确保电气设备在额定状态下工作。

④ 使用移动式电气设备时，应根据具体工作场所的特点，采用相应等级的安全电压，如36 V、24 V、12 V 等。移动式电器使用的电源线应该是带有接零(地)芯线的橡套软线。

⑤ 注意特殊场所的用电安全，如在高压带电体附近时，千万不要过分靠近，以免发生人与高压带电体间的放电而被电弧烧伤；在矿井等潮湿环境下要采用安全电压供电；对易燃易爆等危险场所，应采用密闭和防爆型电器等。

从制度措施的角度，应该做到：

① 加强安全用电教育，克服麻痹思想，预防为主，使所有人懂得安全用电的重大意义。

② 建立和健全电气操作制度。在进行电气设备的安装与维修时，必须严格遵守各种安全操作规程和规定，不得玩忽职守；操作时，首先要检查所用工具的绝缘性能是否完好，并要严格遵守停电操作的规定，切实做好防止突然送电的各项安全措施，如锁上刀闸，并挂上"有人工作，禁止合闸！"的警告牌等，不准约定时间送电。

③ 确保电气设备的设计和安装质量，这一点对系统的安全运行关系极大。必须严格按照国家标准中有关电气安全的规定，精心设计和施工，严格执行审批手续和竣工验收制度，以确保工程质量。

④ 建立和健全电气设备的定期安全检查和维护保养制度。如检查电气设备和导线的绝缘，检查接地和接零情况，不可靠的电气器件及时更换等，把事故隐患消灭在萌芽之中。

**3. 电气事故的紧急处理**

电气事故包括电气失火、人身触电和设备烧毁。

如发生了电气失火事故，首先应切断电源，然后救火。不能马上切断电源时，只能用砂土压灭或用四氯化碳、二氧化碳灭火器扑救。切不可用水直接扑灭带电火源。

人身触电事故的发生是突然的，急救刻不容缓。人体触电时间愈长，生命就愈危险。因此，一旦发现有人触电，应立即拉掉开关、拔掉插头；没有办法很快切断电源时，应立即用带绝缘柄的钳子、刀斧等刃具切断电源线；当导线搭在或压在受害人身上时，可用干燥的木棒、竹竿或其他带绝缘柄的工具迅速挑开电线。操作时必须防止救护人自己和在场人员触电。

触电者脱离电源后应立即请医生、或送医院、或就地进行紧急救护。如果触电者还没有失去知觉，可先抬到温暖的地方去休息，并急请医生诊治。如果触电者失去知觉、呼吸停止但心脏微有跳动，应立刻采用人工呼吸法救治；如果虽有呼吸但心脏停止跳动，应立刻用人工心脏按压法救治；如果触电者呼吸、心跳均已停止但四肢尚未变冷（称为触电假死），则应同时进行人工呼吸和人工胸外心脏按压。现代医学证明：呼吸停止、心脏停搏的触电者，在 1 min 之内抢救，苏醒率超过 95%，而在 6 min 后抢救，其苏醒率在 1% 以下。这就说明，救护严重触电者，应该首先坚持现场抢救、连续抢救、分秒必争。

# 2.5　正弦交流电路实验实训

## 2.5.1　*RLC* 串联谐振电路特性的研究

1. 实验实训目的

① 加深对正弦交流电路谐振特性的认识，掌握测试通用谐振曲线的方法。

② 理解电路发生谐振的条件，研究电路参数对串联谐振电路特性的影响。

③ 掌握低频信号发生器、双踪示波器、交流毫伏表等仪器的使用方法。

2. 实验实训知识要点

① *RLC* 串联电路，当电路元件的参数满足一定条件时，电路会出现谐振。谐振时，正弦交流电源（或正弦信号源）的角频率 $\omega$ 或（电）频率 $f$ 满足条件

$$\omega = \omega_0 = \frac{1}{\sqrt{LC}} \quad \text{或} \quad f = f_0 = \frac{1}{2\pi\sqrt{LC}} \tag{2.96}$$

② *RLC* 串联谐振电路谐振时的特点如下：

（a）电源电压 $u$ 与电路中电流 $i$ 同相，电路呈阻性。

（b）电路阻抗最小，且 $Z = R$，当端口电源电压的有效值 $U$ 一定时，电路有最大电流

$$I_0 = \frac{U}{R} \tag{2.97}$$

（c）电阻电压 $u_R$ 等于电源电压 $u$，电感电压 $u_L$ 与电容电压 $u_C$ 等值反向（$u_L = -u_C$）且 $U_L = U_C = QU$，其中品质因数 $Q = \omega_0 L/R = 1/R\omega_0 C$。

③ *RLC* 串联电路的电流有效值 $I$ 是电源频率 $f$ 的函数，其谐振曲线，如图 2-27 所示。从曲线图可以看出，品质因数 $Q$ 值愈大，通用谐振曲线形状愈尖，则选频特性愈好；反之，$Q$ 值越小，曲线形状愈平坦，选频特性愈差，但通频带宽。

3. 实验实训内容及要求

（1）用双踪示波器测量正弦波的幅值和频率

实验线路如图 2-40 所示，信号源为低频信号发生器（内阻很小，视为理想电压源），信号源输出电压为 1 V 的正弦波。$R = 50\ \Omega$，$L = 16.5$ mH，$C = 1\ \mu$F。

将电阻 $R$ 上的电压 $u_R$ 送入双踪示波器通道 A 输入端，由显示波形测量 $u_R$ 的频率，并与信号发生器的输出信号 $u$ 的频率作比较；用示波器的显示波形测出 $u_R$ 的正、负最大值之间的电压 $U_{pp}$（峰－峰值），则 $U_m = U_{pp}/2$，$U = U_{pp}/2\sqrt{2}$，用交流毫伏表测出 $u_R$ 的有效值 $U_R$，并与示波器测得的结果作比较。

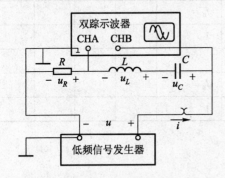

图 2-40 RLC 串联谐振实验线路图

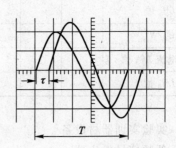

图 2-41 由 $u$、$i$ 的波形
计算相位差 $\varphi$

（2）测量电压 $u$ 和电流 $i$ 的相位差 $\varphi$

将信号发生器输出电压 $u$ 送入双踪示波器的通道 B 输入端，并利用已送入双踪示波器通道 A 输入端的电压 $u_R$ 代替电流 $i$ 波形（因为电流 $i = u_R/R$，所以 $i$ 与 $u_R$ 是同频率同相位的）。调节示波器显示出清晰稳定的波形，并使两波形的水平中心线与屏幕上水平刻度线重合，如图 2-41 所示。图中 $\tau$ 为 $u$ 与 $u_R$ 两电压相距最近的上升段零点间的时间间隔，$T$ 为周期，则 $u$ 与 $i$ 的相位差 $\varphi$（也是阻抗角）为

$$\varphi = \frac{\tau}{T} \times 360° = \frac{l_\tau}{l_T} \times 360°$$

上式中 $l_\tau$ 是 $\tau$ 所占的格数，$l_T$ 是 $T$ 所占的格数。

（3）观察 RLC 串联电路的谐振现象并确定谐振频率 $f_0$ 和其他参数

调节信号源的频率，通过示波器观察电压 $u$ 和电流 $i$ 相位差 $\varphi$ 的变化情况。当相位差为零（即两波形零点重合，$\tau = 0$）时，信号源的输出信号频率 $f$，即为电路的实际谐振频率 $f_0$，并将此值与按式（2.96）计算的谐振频率理论值进行比较。

用交流毫伏表或万用表测量谐振时的 $U_R$、$U_L$、$U_C$ 和 $U$。把上述数据填入表 2-1 中。

表 2-1 谐振特性测量数据

| 谐振频率 $f_0$/Hz | | $U_R$/V | $U_L$/V | $U_C$/V | $U$/V |
|---|---|---|---|---|---|
| 理论值 | 实际值 | | | | |
| | | | | | |

（4）测定 RLC 串联电路的通用谐振曲线

实验电路仍如图 2-40 所示，以谐振频率 $f_0$ 为中心，改变信号源频率 $f$，在 $f_0$ 左

右各扩展若干测量点，将测量与计算结果填入表 2－2 中。(注意：在 $f_0$ 附近，频率改变量要小些，离 $f_0$ 较远处，频率改变量可大些。电路中电流 $I$ 采用间接测量法，即先用毫伏表测得电阻 $R$ 上的电压 $U_R$，再由式 $I = U_R/R$ 算出电流 $I$。)

根据表 2－2 中数据，在方格纸上作出 RLC 串联电路的通用谐振曲线($I/I_0 \sim f/f_0$ 曲线)。

表 2－2 通用谐振曲线测量与计算数据

| 频率 $f$/Hz | | | | $f_0 =$ | | | |
|---|---|---|---|---|---|---|---|
| 计算 $f/f_0$ 值 | | | | 1 | | | |
| 电压 $U_R$/V | | | | | | | |
| 计算电流 $I$/A 值 | | | | $I_0 =$ | | | |
| 计算 $I/I_0$ 值 | | | | 1 | | | |

4. 实验实训器材设备

① 低频信号发生器。

② 双踪示波器。

③ 交流毫伏表。

④ 图 2－40 所用 $R$、$L$、$C$ 器件各一只($R = 50\ \Omega$，$L = 16.5\ \text{mH}$，$C = 1\ \mu\text{F}$)。

5. 实验实训报告要求

① 按实验实训内容和要求完成并整理有关数据表格和实测曲线。

② 思考哪些方法能判别 RLC 串联电路处于谐振状态。

③ 计算谐振时品质因数 $Q$，并说明 $Q$ 值的意义。

④ 解释在实验过程中，为什么要保持串联电路的端口电压 $u$(即信号源的输出电压)不变。

⑤ 实验中测量电路中的交流电流 $i$，为什么先用交流毫伏表测出电阻上电压，再求出电流，而不直接用交流电流表测量。

⑥ 总结 RLC 串联谐振电路的特点。

## 2.5.2　三相正弦交流电路电压、电流的测量

1. 实验实训目的

① 学会判断三相电源的相序。

② 掌握三相负载作星形联结、三角形联结的方法；研究这两种接法下线电压和相电压、线电流和相电流之间的关系。

③ 充分理解三相四线制供电系统中中性线的作用。

④ 熟悉三相调压器、交流电压表和电流表的使用。

2. 实验实训知识要点

① 在三相正弦交流电路中，三相负载是星形(Y 形)联结或三角形(Δ 形)联结。当三相对称负载作 Y 形联结时，有

$$U_{\mathrm{L}} = \sqrt{3}\,U_{\mathrm{P}} \qquad\qquad I_{\mathrm{L}} = I_{\mathrm{P}}$$

流过中性线的电流 $I_{\mathrm{NN'}} = 0$，所以可以省去中性线。

当三相对称负载作三角形联结时，有

$$I_{\mathrm{L}} = \sqrt{3}\,I_{\mathrm{P}} \qquad\qquad U_{\mathrm{L}} = U_{\mathrm{P}}$$

② 三相不对称负载作星形联结时，必须采用三相四线制接法。而且中性线必须牢固连接，不能安装熔断器，以保证三相不对称负载的每相电压维持对称不变。

③ 对于不对称负载作三角形联结时，$I_{\mathrm{L}} \neq \sqrt{3}\,I_{\mathrm{P}}$。但只要电源的线电压对称，加在三相负载上的电压仍是对称的，对各相负载工作没有影响。

④ 三相电源的相序可根据中性点位移的原理用实验方法来测定。本实验中所使用的相序仪是一个无中性线 Y 形不对称负载，负载的一相是电容器，另外两相是两个同样的灯泡。适当选择电容器 $C$ 的值，可使两相灯泡的亮度有明显的差别。根据理论分析可知，灯泡较亮的一相相位超前于灯泡较暗的一相，而滞后于接电容的一相。

3. 实验实训内容及要求

开始实验实训之前，首先应牢记以下注意事项：

① 每次接线完毕，同组同学应自查一遍，然后由指导教师检查后，方可接通电源。

② 必须严格遵守先接线、后通电，先断电、后拆线的操作原则，以确保人身安全。

③ 每一项实验实训做完，应将调压器调回零位，电容要放电。

(1) 判定实验室电源相序

按图 2-42 所示电路接线，在 U 相灯泡负载上并联一个 4 μF/400 V 电容，取下 U 相灯泡，并断开中性线，观察 V、W 两相灯泡的亮度，判定实验室电源相序。图中三个灯泡均为 40 W/220 V。

(2) 三相负载 Y 形联结的测定

仍用图 2-42 所示电路，即三相灯组负载经三相自耦调压器接通三相对称电源，并将三相调压器的旋钮置于三相电压输出为 0 V 的位置（即逆时针旋到底的位置）。经指导教师检查合格后，方可合上三相电源开关。然后调节调压器的输出，使输出的三相相电压为 220 V。

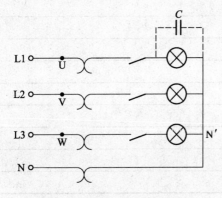

图 2-42  三相负载 Y 形联结

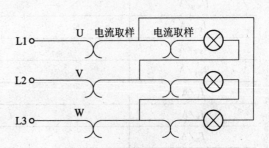

图 2-43  三相负载 Δ 形联结

按表 2-3 的要求，完成各项测试，分别测量三相负载的线电压 $U_L$、相电压 $U_P$、线电流 $I_L$、相电流 $I_P$、中性线电流 $I_{NN'}$、电源与负载中性点间的电压 $U_{NN'}$ 等，将所得数据记入表 2-3 中。调压过程中观察各相灯组亮暗的变化程度，特别要注意观察中性线的作用。

表 2-3　负载 Y 形联结时各项实测数据

| 测量项目 | 不对称负载 | | | | 对称负载 | |
| --- | --- | --- | --- | --- | --- | --- |
| | U 相为电容 | | U 相断路 | | 四线制 | 三线制 |
| | 四线制 | 三线制 | 四线制 | 三线制 | | |
| $U_{UV}/V$ | | | | | | |
| $U_{VW}/V$ | | | | | | |
| $U_{WU}/V$ | | | | | | |
| $U_U/V$ | | | | | | |
| $U_V/V$ | | | | | | |
| $U_W/V$ | | | | | | |
| $I_U/A$ | | | | | | |
| $I_V/A$ | | | | | | |
| $I_W/A$ | | | | | | |
| $I_{NN'}/A$ | | | | | | |
| $U_{NN'}/V$ | | | | | | |

（3）三相负载 Δ 形联结的测定

按图 2-43 改接线路，经指导教师检查合格后接通三相电源，并调节调压器，使其输出线电压为 220 V，然后按表 2-4 的内容要求进行各相测定。

表 2-4　负载 Δ 形联结时各项实测数据

| 测量项目 | 对称负载<br>（三相均灯泡） | 不对称负载<br>二相灯泡、一相电容 |
| --- | --- | --- |
| $U_{UV}/V$ | | |
| $U_{VW}/V$ | | |
| $U_{WU}/V$ | | |
| $I_{UV}/A$ | | |
| $I_{VW}/A$ | | |
| $I_{WU}/A$ | | |
| $I_U/A$ | | |
| $I_V/A$ | | |
| $I_W/A$ | | |

　　4. 实验实训器材设备

　　① 三相交流调压器。

　　② 三相灯箱负载(40 W/220 V 灯泡 3 个, 4 μF/400 V 电容器 1 个)一套。

　　③ 交流电压表。

　　④ 交流电流表。

　　5. 实验实训报告要求

　　① 整理实测数据表格, 验证对称三相电路中各电压、各电流间的关系。

　　② 用实测数据和观察到的现象, 试分析三相 Y 形联结不对称负载在无中性线情况下, 当某相负载开路或短路时会出现什么情况; 如果接上中性线, 情况又如何; 总结三相四线制供电系统中中性线的作用。

　　③ 不对称 Δ 形联结的负载, 各相能否正常工作, 实验是否能证明这一点?

　　④ 根据不对称负载 Δ 形联结时的相电流作相量图, 并求出线电流值, 然后与实测的线电流值作比较分析。

# 本 章 小 结

　　1. 正弦量的时域表示法与相量表示法。

　　正弦电压与正弦电流的时域表达式一般采用正弦函数形式, 幅值(或有效值)、频率(或周期或角频率)和初相为正弦量的三要素。

　　同频率的正弦电压或电流可用相量形式来表示, 用相量计算替代三角运算可大大简化运算过程。

　　2. 电阻、电感、电容元件的交流伏安特性是元件对交流电压和电流的约束关系。当交流电压和电流为正弦量时, 这种约束关系可用相量形式表示, 由此引出了感抗 $X_L$ 和容抗 $X_C$。电感、电容是储能元件, 电感具有"阻交通直"的特性, 电容具有"隔直通交"的特性。

　　3. 一个无源网络的阻抗 $Z$ 等于端口电压相量 $\dot{U}$ 与输入电流相量 $\dot{I}$ 之比, 阻抗 $Z$ 在正弦交流电路的分析中有着非常重要的作用。

　　4. 电路分析的一般方法也适用于对正弦交流电路的分析, 只是表达形式都是相量。正弦交流电路的功率包括有功功率、无功功率、瞬时功率和视在功率, 提高功率因数对电力系统有很大的实用意义。$RLC$ 串联正弦交流电路的阻抗、电压、功率都有三角形关系。

　　5. 正弦交流电路中, 当电路元件的参数满足一定条件时, 电路会出现谐振。

　　谐振电路谐振时呈现许多特点, 使得它在电子通信线路中得到大量应用, 信号的选频特性与通频带宽度是一对矛盾, 实际电路中应根据具体要求折中确定; 然而在电力系统中又要极力避免电路谐振带来的危害。

　　6. 三相交流电路中, 三相负载有星形和三角形两种联结方法。对于对称三相电路, 线电压与相电压、线电流与相电流及三相电路的功率有简单的计算关系。在三相四线制系统中, 普遍存在的是大量不对称三相负载, 应特别注意中性线的作用与意义。

7. 输配电系统是电能的远距离传输与变电、配电系统。

8. 电能够造福人类，但不注意用电安全，也会带来人身触电、设备烧坏、引发火灾等严重电气事故，因此，必须加强安全用电。

# 习 题 二

2.1 电压 $u(t)$ 和电流 $i(t)$ 的波形如题图 2-1 所示，问初相各为多少？求 $u(t)$ 和 $i(t)$ 的时域表达式和相位差，说明哪一个超前。如果计时起点向右推迟了 $T/6$，写出 $u(t)$、$i(t)$ 的时域表达式和相位差。

2.2 计算下列各式，计算结果以极坐标式表示。

① $(25 + j30) - (-20 + j40)$

② $\dfrac{50\ \underline{/25°}}{30\ \underline{/-40°}}$

③ $(25 + j30)(-20 + j40)$

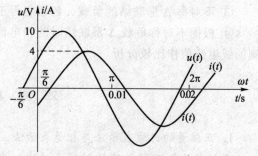

题图 2-1 习题 2.1 图

2.3 写出下列各正弦量的相量。试问能否将这些相量画在一个复平面上，为什么？

① $i_1(t) = 14.14\sin(314t + 30°)$ A

② $u_1(t) = 100\cos 314t$ V

③ $i_2(t) = -\sin(314t - 60°)$ A

④ $u_1(t) = 10\sqrt{2}\cos 628t$ V

2.4 对于纯电感电路，下列式子哪些是错误的，为什么？

① $i = \dfrac{U}{X_L}$    ② $I = \dfrac{U}{X_L}$    ③ $I_m = \dfrac{U_m}{X_L}$    ④ $\dot{I} = \dfrac{\dot{U}}{X_L}$    ⑤ $\cos\varphi = 1$

⑥ $i = \dfrac{\dot{U}}{X_L}$    ⑦ $\dot{I} = \dfrac{\dot{U}}{jX_L}$    ⑧ $P = I^2 X_L$    ⑨ $P = 0$    ⑩ $Q_L = I^2 X_L$

2.5 由 $R = 30\ \Omega$，$X_L = X_C = 80\ \Omega$ 构成串联电路，接在 $f = 50$ Hz 的电源上。已知电阻元件上电压相量 $\dot{U}_R = 60\ \underline{/-23.20°}$ V，求阻抗 $Z$、电流 $I$、外加电压 $U$ 及电感元件、电容元件上电压的相量 $\dot{U}_L$、$\dot{U}_C$，画相量图。

2.6 正弦交流电压 $u = 220\sqrt{2}\sin 100\pi t$ V，加在某电路两端，通过的电流为 $i = 11\sqrt{2}\sin(100\pi t - 45°)$ A。求：① 电路的功率因数；② 有功功率；③ 无功功率；④ 视在功率。

2.7 在 $RLC$ 串联电路中，电源电压 $u = 220\sqrt{2}\sin 314t$ V，电阻 $R = 30\ \Omega$，电感 $L = 445$ mH，电容 $C = 32\ \mu F$，试求：① 电路的阻抗 $Z$；② 电流相量 $\dot{I}$；③ 各元件上的电压相量 $\dot{U}_R$、$\dot{U}_L$、$\dot{U}_C$；④ 电源电压与电流之间的相位差 $\varphi$；⑤ 判断电路的性质；⑥ 电路的功率因数 $\cos\varphi$；⑦ 电路的有功功率 $P$、无功功率 $Q$、视在功率 $S$。

2.8 题图 2-8 所示是三表法(功率表、电压表、电流表)测量电感线圈参数 $R_L$、$L$ 的实验电路。$R = 50\ \Omega$，电源频率 $f = 50$ Hz，求线圈参数 $R_L$、$L$。

2.9 在题图 2-9 所示电路中，试求各支路电流 $I_1$、$I_2$ 和电压 $U$ 的相量，并做相量图。

2.10 感性负载 $Z_1 = (1 + j)\ \Omega$，与容性负载 $Z_2 = (2 - j5)\ \Omega$ 并联，用功率表测得 $Z_1$ 的功率 $P_1 = 20$ W。求并联电路的总功率 $P$ 及无功功率 $Q$ 和功率因数 $\lambda$。

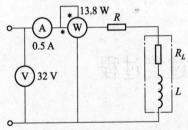

题图 2 - 8　习题 2.8 图

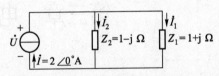

题图 2 - 9　习题 2.9 图

2.11　今有 40 W 的日光灯一个，使用时灯管与镇流器(可近似地把镇流器看作纯电感)串联在电压为 220 V,频率为 50 Hz 的正弦交流电源上，已知灯管工作时属于纯电阻负载，灯管两端的电压等于 110 V，试求镇流器的感抗与电感。这时电路的功率因数等于多少，若将功率因数提高到 0.8，问应并联多大电容。

2.12　在题图 2 - 12 所示电路中，电源电压 $U = 10$ V，角频率 $\omega = 3\ 000$ rad/s，调节电容 $C$ 使电路达到谐振，并测得谐振电流 $I_0 = 100$ mA，谐振时电容电压 $U_C = 200$ V，试求 $R$、$L$、$C$ 之值及回路的品质因数 $Q$。

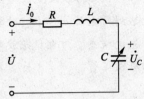

题图 2 - 12　习题 2.12 图

2.13　某电感线圈 $R = 30$ Ω，$L = 0.4$ mH 与容量 $C = 160$ μF 的电容器串联后，接在 $U = 60$ V 的正弦交流电源上，试求：① 当电路发生谐振时，电路中的总电流及电容器上的电压；② 当电源频率变为 250 Hz 时，电路中的总电流及电容两端的电压为多少？

2.14　有一 $RLC$ 串联电路，$R = 500$ Ω，$L = 60$ mH，$C = 0.053$ μF。试计算电路的谐振频率、通频带宽度 $\Delta f = f_2 - f_1$ 及谐振时的阻抗。

2.15　将含有内阻的电感线圈($R = 18$ Ω，$L = 0.25$ mH)与容量 $C = 85$ pF 的电容器并联，接于电压 $U = 15$ V 的正弦交流电源上，试求：① 电路的固有谐振频率 $f_0$；② 谐振时的总阻抗 $Z$；③ 谐振时的总电流 $I$；④ 电路的品质因数 $Q$；⑤ 谐振时流过电感和电容支路的电流 $I_L$ 与 $I_C$。

2.16　三相四线制电路中，电源电压 $\dot{U}_{UV} = 380 \underline{/0°}$ V，三相负载都是 $Z = 10 \underline{/53.1°}$ Ω，求各相电流及中性线电流，并画相量图。

2.17　在线电压为 380 V 的三相四线制电路中，接有星形负载，分别为 $Z_U = Z_V = 20$ Ω，$Z_W = j10$ Ω，试求中性线电流及各相电流的有效值。

2.18　有一三相异步电动机，其绕组为三角形联结，接在线电压为 $U_L = 380$ V 的三相电源上，从电源所取用的功率为 $P = 11.43$ kW，功率因数 $\cos\varphi = 0.87$，试求电动机的相电流和线电流。

2.19　题图 2 - 19 所示是一组对称三相负载，三个电流表读数均为 5 A。当开关 S 断开后，求各电流表的读数。

2.20　在线电压为 380 V 的三相电源上，接两组电阻性对称负载，如题图 2 - 20 所示，试求线路电流 $I$。

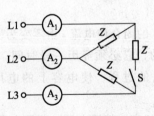

题图 2 - 19　习题 2.19 图

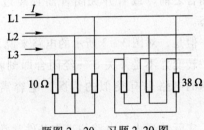

题图 2 - 20　习题 2.20 图

# 第三章　电路的过渡过程

引例　过渡过程是指电路中物理量不稳定的变化过程。日常使用的照相机在光线比较暗的条件下照相时，要开启闪光灯照亮场景一定时间，以便将影像清晰地摄录下来。图3-1所示为照相机闪光灯电路示意图，这里假定电源电压充足（认为是恒定值 $U_\mathrm{S}$）。按下快门按钮（图中合上开关 S），电路中的闪光灯只有在电容被充电达到灯电压 $u_\mathrm{L} = U_{\max}$ 时才导通闪光，而不照相（或不使用闪光功能）时，电容处于充电状态。灯电压充放电波形如图3-2所示。图中曲线反映了电容充电、放电的过渡过程。

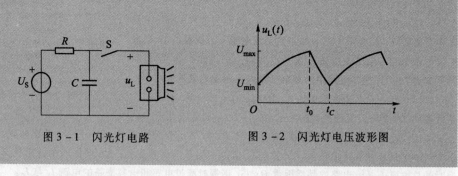

图3-1　闪光灯电路　　　　　图3-2　闪光灯电压波形图

前面两章讨论的内容都属于电路的稳定状态。所谓稳定状态是指电路在给定的条件下，电路中各支路的电压、电流为恒定值时（如直流电路）或在同样的时间间隔内具有完全相同的随时间而变化的规律，即后一周期完全重复前一个周期的变化过程（如正弦交流电路）。

对图3-3所示的电路，在开关 S 未闭合之前，电源 $U_\mathrm{S}$ 尚未接入，电流 $i=0$；若 S 早已闭合，由于电感对直流电相当于短路，则电流 $i = U_\mathrm{S}/R$。再如图3-4所示的电路，在 S 未闭合之前电容未被充电，$u_C=0$；若将 S 闭合而且经过相当长的时间之后，由于电容对直流电相当于开路，电容两端电压 $u_C = U_\mathrm{S}$。这里所考虑的状态是开关闭合之前，或者开关闭合而且经过了相当长时间之后，都属于电路的稳定工作状态。

但是，对图3-3所示的电路来说，由于开关 S 的闭合使电流 $i$ 由零变为 $U_\mathrm{S}/R$ 的这一转变并不是开关 S 一经闭合即刻就可以完成的，它必须经历一段时间。对于图3-4的电路也有类似的情况，电容需要经历充电的过程，使电容上的电压 $u_C$ 达到 $U_\mathrm{S}$。

实际情形中，电路的工作条件常常发生变化，如电路接通电源、断开电源、某些支路的短路、元件参数的突变等(这些情况的变化统称为换路)。当电路的条件发生变化时，电路中的电压、电流要从原有稳态值向新的稳态值转变，一般情况下这个转变不会瞬间完成，它必须经历一段时间，在这段时间内完成从原有稳态值向新稳态值的过渡，这一过程就是电路的过渡过程。上述两个简单的电路只是产生过渡过程的两个例子。本章的内容就是讨论电路过渡过程的变化规律和分析方法。

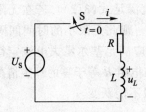
图 3-3 *RL* 串联电路

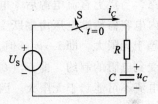
图 3-4 *RC* 串联电路

# 3.1 过渡过程的产生与换路定律

## 3.1.1 电路中产生过渡过程的原因

过渡过程的产生是由于物质所具有的能量不能跃变而造成的。因为自然界中的任何物质在一定的稳定状态下，都具有一定的或一定变化形式的能量。随着条件改变能量会相应改变，但是能量的改变是需要一定时间的。同样，电路换路后，一般不是从原来的稳定状态立刻变为新的稳定状态，而需要有一个过渡过程，这是因为电感和电容这样的储能元件，其能量的储存和消失都需要有一个过程。这里，仍以图 3-3 和图 3-4 的电路为例作一物理解释。

在图 3-3 电路中，电感上电压与电流的关系表示为

$$u_L = L \frac{\mathrm{d}i}{\mathrm{d}t} \tag{3.1}$$

在 S 未闭合之前，电流 $i = 0$，电感中储存的能量为零($W_L = Li^2/2 = 0$)；在 S 闭合相当长时间以后，电流 $i = U_S/R$，电感元件 $L$ 中储存的能量为 $W_L = Li^2/2 = L(U_S/R)^2/2$。假设电路不需要过渡过程，即开关一旦闭合电流就即刻由零变为 $i = U_S/R$，则相应的能量由零即刻变为 $W_L = L(U_S/R)^2/2$。这就是说在无穷小的时间间隔内($\Delta t \to 0$)，电感中的能量由零变为一有限值，这就意味着要有一个提供无穷大功率的能源，但实际上这种能源是不存在的。

对图 3-4 所示的电路，流过电容的电流与电容两端电压的关系为

$$i_C = C \frac{\mathrm{d}u_C}{\mathrm{d}t} \tag{3.2}$$

在换路之前电容元件的端电压为零，即储存的能量为零($W_C = Cu_C^2/2 = 0$)；在换路之后经过很长一段时间，电容器充电结束，电容器电压 $u_C = U_S$，这时电容器所储存的能量为($W_C = Cu_C^2/2 = CU_S^2/2$)。假设没有过渡过程，则同样需要有一个提供无穷大功

率的能源，这显然也是不可能的。

现在可以从另外的角度来分析上述两个问题。$RL$ 串联电路，电感元件两端的感应电压满足式(3.1)。当接上直流电源后，若在无穷小的时间间隔内电流由零变为一有限值 $i = U_S/R$，这样电感元件两端产生的感应电压应趋于无限大，即 $u_L \to \infty$，结果回路中电压就不满足基尔霍夫电压定律，所以电感电流不能突变。类似地，对于 $RC$ 串联电路，当接上直流电源后，电容元件的充电电流满足式(3.2)。若在无限小的时间间隔内电容器两端电压由零跃变为有限值 $u_C = U_S$，则此无限小的时间间隔内充电电流将趋于无限大，即 $i \to \infty$。但是任一瞬间，电路应满足基尔霍夫电流定律，充电电流要受到电阻的制约，即 $i = (U_S - u_C)/R$，除非在电阻 $R$ 等于零的理想情况下，否则充电电流不可能趋于无限大。因此，电容电压一般不能跃变。

### 3.1.2　换路定律及电压、电流初始值的确定

假设 $t=0$ 为换路瞬间，而以 $t=0_-$ 表示换路前的瞬间，$t=0_+$ 表示换路后的瞬间。$0_-$ 和 $0_+$ 在数值上都等于 0，但前者是指 $t$ 从负值趋于零，后者是指 $t$ 从正值趋于零。在电感电流和电容电压为有限值的条件下，从 $t=0_-$ 到 $0_+$ 瞬间，电感元件中的电流和电容元件上的电压不能跃变，这称为换路定律。用公式表示为

$$i_L(0_+) = i_L(0_-) \tag{3.3}$$

$$u_C(0_+) = u_C(0_-) \tag{3.4}$$

在运用换路定律求取电路变量的初值时，应注意如下几点：

① 换路定律只适用于求换路瞬间电感上的初始电流 $i_L(0_+)$ 和电容上的初始电压 $u_C(0_+)$。

② 一般先根据 $t<0$ 时的电路求出 $i_L(0_-)$ 或 $u_C(0_-)$，由式(3.3)或式(3.4)即可得 $i_L(0_+)$ 或 $u_C(0_+)$，再结合电路其他参数确定 $t=0_+$ 时刻电路中其他电压和电流的初值。

③ 对于直流激励，换路前及很长时间后的稳定状态，电容元件可视作开路，电感元件可视作短路。

④ 对于已储能的电容和电感，在换路瞬间，即 $t=0_+$ 时刻可分别将电容电压作为电压源和将电感电流作为电流源来处理。

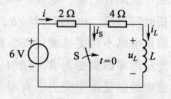

**例3.1**　电路如图 3-5 所示，求电路中各电流和电压的初始值。换路前电路已处于稳态。

图 3-5　例3.1电路

**解**：分别作出 $t=0_-$ 和 $t=0_+$ 时刻的等效电路如图 3-6(a)和图 3-6(b)所示。

在 $t=0_-$ 时，由图 3-6(a)得出

$$i(0_-) = i_L(0_-) = \frac{U_S}{R_1 + R_2} = \frac{6\text{ V}}{(2+4)\Omega} = 1\text{ A}$$

显然，$i_S(0_-) = 0$，$u_L(0_-) = 0$。

在 $t=0_+$ 时，根据换路定律得

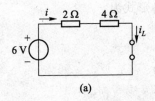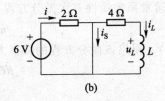

图 3－6　例 3.1 等效电路

(a) $t=0_-$ 时刻　(b) $t=0_+$ 时刻

$$i_L(0_+) = i_L(0_-) = 1 \text{ A}$$

其他各初始值可由图 3－6(b)求出。

$$u_L(0_+) = -R_2 \times i_L(0_+) = -4 \times 1 \text{ V} = -4 \text{ V}$$

$$i(0_+) = \frac{U_S}{R_1} = \frac{6 \text{ V}}{2 \text{ }\Omega} = 3 \text{ A}$$

$$i_S(0_+) = i(0_+) - i_L(0_+) = 3 \text{ A} - 1 \text{ A} = 2 \text{ A}$$

# 3.2　一阶 $RC$、$RL$ 电路的过渡过程分析

电子电路中广泛应用电阻 $R$ 和电容 $C$ 构成的电路，如检波电路、脉冲电路等都是利用 $RC$ 电路的充放电来完成某种电路功能，而电工技术中广泛使用 $RL$ 电路，因此研究 $RC$ 电路和 $RL$ 电路的过渡过程是很有意义的。

本节用经典法讨论一阶 $RC$ 电路、$RL$ 电路的响应，在此基础上分析一阶线性电路过渡过程的三要素法。

## 3.2.1　$RC$ 电路的过渡过程分析

1. $RC$ 电路的零输入响应

所谓 $RC$ 电路的零输入，是指无电源激励，输入信号为零。在零输入时，由电容的初始状态 $u_C(0_+)$ 所产生的电路的响应，称为零输入响应。

分析 $RC$ 电路的零输入响应，实际上就是分析它的放电过程，以图 3－7 所示电路为例。换路前，开关 S 合在位置 2 上，直流电源对电容元件充电。在 $t=0$ 时将开关 S 从位置 2 合到位置 1，使电路脱离电源，电路变为零输入。此时，电容元件已储有能量，电容电压初始值 $u_C(0_+) = u_C(0_-) U_0$（若换路前，电路已处于稳态，则 $U_0 = U_S$），已充电的电容元件将通过电阻放电。

图 3－7　$RC$ 放电电路

根据基尔霍夫电压定律，当 $t \geqslant 0$ 时，$u_R + u_C = 0$，即

$$RC \frac{\mathrm{d}u_C}{\mathrm{d}t} + u_C = 0 \tag{3.5}$$

该方程为一阶常系数线性齐次微分方程，其通解形式为

$$u_C = Ae^{pt}$$

代入式(3.5)，得出该微分方程的特征方程

$$RCp + 1 = 0$$

其特征根

$$p = -\frac{1}{RC}$$

从而方程的解，即电容电压为

$$u_C = Ae^{-\frac{1}{RC}t} \tag{3.6}$$

根据初始条件可以确定常数 $A$。由换路定律，在换路瞬间电容电压不能跃变，所以换路后瞬间的电容电压为

$$u_C(0_+) = u_C(0_-) = U_0$$

将此值代入式(3.6)，得

$$A = u_C(0_+) = U_0$$

于是

$$u_C = U_0 e^{-\frac{1}{RC}t} = U_0 e^{-\frac{t}{\tau}} \tag{3.7}$$

式中，$\tau = RC$，称为 $RC$ 电路的时间常数。$R$ 单位取欧($\Omega$)，$C$ 单位取法(F)，则 $\tau$ 的单位为秒(s)。注意，$\tau$ 计算式中的 $R$ 是指 $t \geq 0$ 时，从电容两端看的等效电阻。

当 $t = \tau$ 时

$$u_C(\tau) = U_0 e^{-\frac{1}{\tau}t} = \frac{U_0}{e} \approx \frac{U_0}{2.718} = 36.8\% U_0$$

可见时间常数 $\tau$ 就是电容电压降到初始值 $U_0$ 的 36.8% 所需的时间。下表列出了经过时间 $\tau$、$2\tau$、$3\tau$、$4\tau$、… 时电容电压和初始电压的比值。

表 3-1　$u_C$ 随时间而衰减的比值

| $t$ | $\tau$ | $2\tau$ | $3\tau$ | $4\tau$ | $5\tau$ | $6\tau$ | … |
|---|---|---|---|---|---|---|---|
| $u_C(t)/u_C(0_+)$ | 36.8% | 13.5% | 5% | 1.8% | 0.67% | 0.25% | … |

从理论上讲，电路的过渡过程需经历无限长的时间($t \to \infty$)才能结束。但实际上，从表中可见，只要经过 $5\tau$ 的时间之后，电压降为初始值的 0.67%，可以认为电路已经进入了新的稳定状态。例如，若设 $R = 100\ \Omega$，$C = 1\ \mu F$，则 $\tau = RC = 100 \times 10^{-6}$ s $= 10^{-4}$ s，5 倍时间常数的时间尚不到 1 ms。可见，一般电路的过渡过程时间极其短暂。

还可以看出，$R$ 和 $C$ 的值越大，$\tau$ 也就越大，$u_C$ 衰减越慢。因为 $C$ 越大，则电场储能越多，维持电路工作的时间自然长一点；电阻 $R$ 越大，则放电电流越小，电阻消耗能量的速度就越慢，过渡过程也会越长。因此，改变 $R$ 或 $C$ 的值，也就改变电路的时间常数 $\tau$，就可以改变电容元件放电的快慢，见图 3-8。

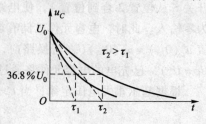

图 3-8　$\tau$ 值对 $u_C$ 的影响

当 $t \geqslant 0$ 时，电容元件放电电流

$$i = C\frac{\mathrm{d}u_C}{\mathrm{d}t} = -\frac{U_0}{R}\mathrm{e}^{-\frac{t}{\tau}} \tag{3.8}$$

电阻元件 $R$ 上电压

$$u_R = Ri = -U_0\mathrm{e}^{-\frac{t}{\tau}} \tag{3.9}$$

上两式中的负号表示电流、电压的实际方向与图 3-7中的参考方向相反。

**例3.2** 如图3-9所示电路，开关 S 闭合前电路已处于稳态。在 $t = 0$ 时，将开关 S 闭合，试求 $t \geqslant 0$ 时电压 $u_C$ 和电流 $i_C$、$i_1$ 及 $i_2$。

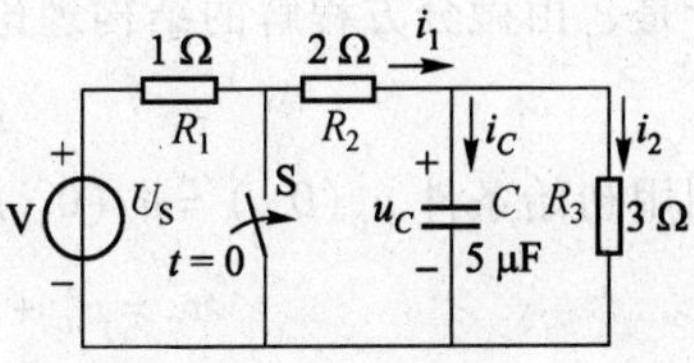

**解：** $t = 0_-$ 时，

图 3-9 例 3.2 电路

$$u_C(0_-) = \frac{U_s}{R_1 + R_2 + R_3}R_3 = \frac{6\text{ V}}{(1+2+3)\ \Omega} \times 3\ \Omega = 3\text{ V}$$

在 $t = 0$ 时，开关 S 被合上，6 V 电压源与 1 Ω 电阻串联的支路被开关短路，对右边电路不起作用，这时动态元件电容处于零输入状态，原储有的电能经两支路放电，时间常数为

$$\tau = RC = (R_2 /\!/ R_3)C = \frac{2 \times 3}{2+3}\ \Omega \times 5 \times 10^{-6}\text{ F} = 6 \times 10^{-6}\text{ s}$$

由式(3.7)得

$$u_C = U_0\mathrm{e}^{-\frac{t}{\tau}} = 3\mathrm{e}^{-\frac{t}{6 \times 10^{-6}}}\text{ V} \approx 3\mathrm{e}^{-1.7 \times 10^5 t}\text{ V}$$

由式(3.8)得

$$i_C = -\frac{U_0}{R}\mathrm{e}^{-\frac{t}{\tau}} = -\frac{3}{1.2}\mathrm{e}^{-1.7 \times 10^5 t}\text{ A} = -2.5\mathrm{e}^{-1.7 \times 10^5 t}\text{ A}$$

$$i_1 = -\frac{u_C}{R_2} = -\frac{u_C}{2} = -1.5\mathrm{e}^{-1.7 \times 10^5 t}\text{ A}$$

$$i_2 = \frac{u_C}{R_3} = \frac{u_C}{3} = \mathrm{e}^{-1.7 \times 10^5 t}\text{ A}$$

**2. *RC* 电路的零状态响应**

所谓 *RC* 电路的零状态，是指换路前电容元件没有储能，$u_C(0_-) = 0$。在此条件下，由电源激励所产生的电路的响应，称为零状态响应。

分析 *RC* 电路的零状态响应，实际上就是分析它的充电过程。

图 3-10 是 *RC* 串联电路。在 $t = 0$ 时，开关 S 合上，电路接通直流电源，对电容元件开始充电。根据基尔霍夫电压定律，当 $t \geqslant 0$ 时，可写出电路方程为 $u_R + u_C = U_s$，即

$$RC\frac{\mathrm{d}u_C}{\mathrm{d}t} + u_C = U_s \tag{3.10}$$

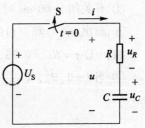

图 3-10 *RC* 充电电路

式(3.10)是一个一阶常系数线性非齐次微分方程。它的特解，即电路的稳态分量，可以很方便地写出

$$u'_C = U_S$$

而式(3.10)对应齐次方程的通解，即电路的暂态分量，与式(3.6)相同，为

$$u''_C = A e^{-\frac{t}{\tau}}$$

于是，由微分方程解的结构理论，可知方程(3.10)的解的形式为

$$u_C = u'_C + u''_C = U_S + A e^{-\frac{t}{\tau}} \tag{3.11}$$

利用初始条件 $u_C(0_+) = u_C(0_-) = 0$，可得 $A = -U_S$，所以电容元件的瞬变电压为

$$u_C = u'_C + u''_C = U_S - U_S e^{-\frac{t}{\tau}} = U_S(1 - e^{-\frac{1}{\tau}t}) \tag{3.12}$$

式中，$\tau = RC$，为充电电路的时间常数。

当 $t \geqslant 0$ 时，充电电流

$$i = C \frac{\mathrm{d}u_C}{\mathrm{d}t} = \frac{U_S}{R} e^{-\frac{t}{\tau}} \tag{3.13}$$

电阻元件 $R$ 上的电压

$$u_R = Ri = U_S e^{-\frac{t}{\tau}} \tag{3.14}$$

$u_C$、$u_R$ 及 $i$ 随时间变化的曲线如图 3–11 所示。

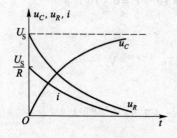

图 3–11　RC 电路充电曲线

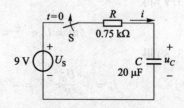

图 3–12　例 3.3 电路

**例 3.3**　在图 3–12 所示电路中，电容原先没有储能。$t = 0$ 时开关 S 闭合，要求计算：

① 电路的时间常数。

② 充电电流的最大值。

③ $u_C$ 和 $i$。

④ 开关闭合 60 ms 时的 $u_C$ 和 $i$。

⑤ 画出 $u_C(t)$ 和 $i(t)$ 的响应曲线。

**解：** ① $\tau = RC = 0.75 \times 10^3 \times 20 \times 10^{-6}$ s $= 15$ ms

② 当 $t = 0_+$ 时，$i = i_{\max}$，所以

$$i_{\max} = \frac{U_S}{R} e^0 = \frac{9 \text{ V}}{0.75 \times 10^3 \text{ }\Omega} = 12 \text{ mA}$$

③　　　$u_C = U_S(1 - e^{-\frac{1}{\tau}t}) = 9(1 - e^{-\frac{t}{15 \times 10^{-3}}})$ V $\approx 9(1 - e^{-66.7t})$ V

$$i = \frac{U_S}{R} e^{-\frac{t}{\tau}} = \frac{9}{0.75 \times 10^3} e^{-\frac{t}{15 \times 10^{-3}}} \text{ mA} \approx 12 e^{-66.7t} \text{ mA}$$

④ 当 $t = 60$ ms 时，$t = 4\tau$，所以此时

$$u_C = U_S (1 - e^{-\frac{1}{\tau}}) = 9(1 - e^{-4}) \text{ V} \approx 8.84 \text{ V}$$

$$i = \frac{U_S}{R} e^{-\frac{t}{\tau}} = 12 e^{-4} \text{ mA} \approx 0.22 \text{ mA}$$

⑤ 画出 $u_C(t)$ 及 $i(t)$ 响应曲线如图 3 - 13 所示。

### 3. RC 电路的全响应

所谓 $RC$ 电路的全响应，是指电源激励 $U_S$、电容元件的初始状态 $u_C(0_+)$ 均不为零时电路的响应，也就是零输入响应和零状态响应两者的叠加。

对于图 3 - 10 所示电路，如果电容元件有初始电压 $u_C(0_-) = U_0$。$t \geq 0$ 时，电路方程为

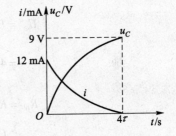

图 3 - 13　例 3.3 电路的响应曲线

$$RC \frac{du_C}{dt} + u_C = U_S$$

其解形式如下

$$u_C = U_S + A e^{-\frac{t}{\tau}}$$

根据换路定律，在 $t = 0_+$ 时，$u_C(0_+) = u_C(0_-) = U_0$，则得 $A = U_0 - U_S$，所以

$$u_C = U_S + (U_0 - U_S) e^{-\frac{t}{\tau}} \tag{3.15}$$

或

$$u_C = U_0 e^{-\frac{t}{\tau}} + U_S (1 - e^{-\frac{t}{\tau}}) \tag{3.16}$$

很明显，式（3.16）右边的第一项为式（3.7），是零输入响应；第二项为式（3.12），是零状态响应。因此

全响应 = 零输入响应 + 零状态响应

即在求全响应时，可把电容元件的初始状态 $u_C(0_+)$ 看作为一种电压源；把 $u_C(0_+)$ 和电压源 $U_S$ 激励分别单独作用时得出的零输入响应和零状态响应进行叠加，即得到全响应。这是叠加定理在电路过渡过程分析中的体现和运用。

对于式（3.15）也可以这样理解，右边第一项为稳态分量；第二项为暂态分量。因此

全响应 = 稳态分量 + 暂态分量

同前，$\tau = RC$ 为电路过渡过程的时间常数。根据 $u_C$，可求出电路中其他电流和电压。

**例 3.4**　在图 3 - 14 中，$I_S = 4$ mA，$R_1 = R_3 = 2$ kΩ，$R_2 = 4$ kΩ，$C = 1$ μF，$u_C(0_-) = 1$ V。在 $t = 0$ 时将开关 S 从位置 2 合向位置 1，求 $t \geq 0$ 后的 $u_C$ 和 $i_C$，并画出 $u_C$ 的响应曲线。

**解：**利用戴维宁定理，将电容 $C$ 支路之外的电路简化为等效电压源电路。为此，先求等效电压源和等效电阻，方法参见图 3 - 14(b)。

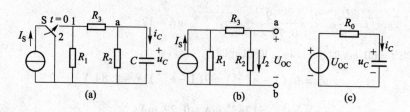

图 3 – 14　例 3.4 电路

（a）原电路　（b）求 $U_{OC}$ 与 $R_0$ 的电路　（c）等效电路

$$U_S = U_{OC} = R_2 I_2 = R_2 \times \frac{R_1 I_S}{R_1 + R_2 + R_3}$$

$$= 4 \times 10^3 \ \Omega \times \frac{2 \times 10^3 \times 4 \times 10^{-3}}{(2 + 4 + 2) \times 10^3} \ \text{A} = 4 \ \text{V}$$

$$R_0 = R_{ab} = (R_1 + R_3) \ // \ R_2 = \frac{(R_1 + R_3) R_2}{R_1 + R_2 + R_3}$$

$$= \frac{(2 + 2) \times 4}{2 + 4 + 2} \ \text{k}\Omega = 2 \ \text{k}\Omega$$

利用戴维宁定理后，原电路可等效为图 3 – 14（c）所示电路。

时间常数　　　　　　$\tau = R_0 C = 2 \ \times 10^3 \ \Omega \times 1 \times 10^{-6} \ \text{F} = 2 \ \text{ms}$

初始值　　　　　　　$U_0 = u_C(0_+) = u_C(0_-) = 1 \ \text{V}$

所以，$t \geqslant 0$ 后电容电压

$$u_C = U_S + (U_0 - U_S) e^{-t/\tau}$$

$$= 4 + (1 - 4) e^{-t/(2 \times 10^{-3})} \ \text{V}$$

$$= 4 - 3 e^{-500 t} \ \text{V}$$

电容电流

$$i_C = C \frac{\mathrm{d} u_C}{\mathrm{d} t} = - \frac{U_0 - U_S}{R_0} e^{-t/\tau}$$

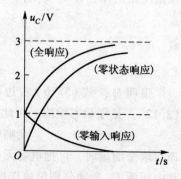

$$= - \frac{(1 - 4) \ \text{V}}{2 \times 10^3 \ \Omega} e^{-500t} = 1.5 \dot{e}^{-500t} \ \text{mA}$$

图 3 – 15　例 3.4 $u_C$ 的响应曲线

$u_C$ 的全响应曲线如图 3 – 15 所示。

## 3.2.2　*RL* 电路的过渡过程分析

### 1. *RL* 电路的零输入响应

图 3 – 16 是 *RL* 串联电路。换路前，开关 S 合在位置 2 上，电感元件通有电流。在 $t = 0$ 时刻，将开关 S 从位置 2 合到位置 1 上，使电路脱离电源，*RL* 电路被短路构成零输入电路。换路前电感元件已储有能量，其电流的初始值 $i(0_+) = i(0_-) = I_0$（若换路前电路已处于稳态，则 $I_0 = U_S/R$），在开关合到位置 1 电路闭合后有一个

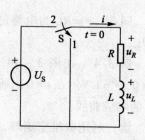

图 3 – 16　*RL* 零输入响应电路

电感能量消耗的过程。下面分析它的过渡过程。

根据基尔霍夫电压定律，当 $t \geqslant 0$ 时，电路方程为 $u_L + u_R = 0$，即

$$L \frac{\mathrm{d}i}{\mathrm{d}t} + Ri = 0 \tag{3.17}$$

其特征方程

$$Lp + R = 0$$

特征根

$$p = -\frac{R}{L}$$

从而方程(3.17)的解，即放电电流的形式为

$$i = A\mathrm{e}^{pt} = A\mathrm{e}^{-\frac{R}{L}t} \tag{3.18}$$

利用初始条件，并由换路定律得 $A = I_0$，所以有

$$i = I_0 \mathrm{e}^{-\frac{R}{L}t} = I_0 \mathrm{e}^{-\frac{t}{\tau}} \tag{3.19}$$

式中，$\tau = \dfrac{L}{R}$，称为 $RL$ 电路的时间常数。$R$ 的单位取欧($\Omega$)，$L$ 的单位取亨(H)，则 $\tau$ 的单位为秒(s)。

由式(3.19)，可求出电阻元件和电感元件上的电压分别为

$$u_R = Ri = RI_0 \mathrm{e}^{-t/\tau} \tag{3.20}$$

$$u_L = L \frac{\mathrm{d}i}{\mathrm{d}t} = -RI_0 \mathrm{e}^{-t/\tau} \tag{3.21}$$

$i$、$u_R$、$u_L$ 随时间变化的曲线如图 3–17 所示。

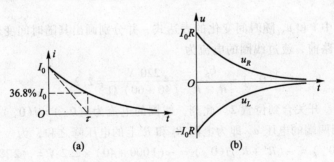

图 3–17　$RL$ 电路的响应曲线

(a) 电流响应曲线　(b) 电压响应曲线

实际线圈的电路模型可认为是 $RL$ 串联电路。如果在图 3–16 中，用开关 S 将线圈从电源断开而未加以短接，则由于这时电流变化率($\mathrm{d}i/\mathrm{d}t$)很大，导致自感电动势也很大，使线圈两端产生过电压，可能使开关两触点之间的空气击穿，产生电弧而延缓电流的中断，此时不仅开关触点会被电弧烧坏，对人身也可能会带来伤害。因此，在具有较大电感的 $RL$ 串联电路中，如变压器电路、电动机电路就不能随便拉闸，而应采取一些防止拉闸时产生电弧的措施。一般有：

① $RL$ 电路与电源断开的同时接通一个低值泄放电阻 $R'$，如图 3–18 所示。通常取 $R' < R$，这样线圈两端不会产生过电压，同时也有利于线圈加速放电。

② 将 $R'$ 改成二极管,如图 3-19 所示。利用二极管正向导通、反向截止的特点。在开关 S 合上时,二极管处于截止状态,电流由电源流向线圈;在开关断开时,电感线圈中的电流通过二极管(称为续流二极管)构成放电回路,用来防止线圈断电后在电感两端产生过高的电压。

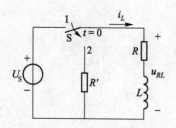

图 3-18 线圈连接泄放电阻

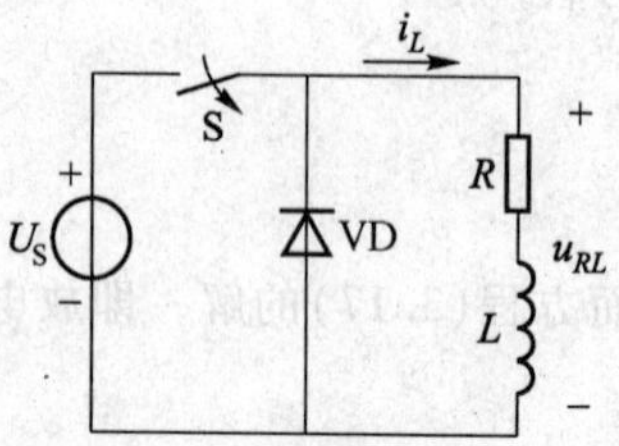

图 3-19 线圈连接续流二极管

**例 3.5** 在图 3-20 中,$R$、$L$ 是发电机的励磁线圈的电阻和电感,其电感较大。$R_f$ 是调节励磁电流用的。当将电源开关断开时,为了不让电弧烧坏开关触点,接通 $R'$ 泄放电阻。已知电源电压 $U_S = 220$ V,$L = 5$ H,$R = 60$ Ω,$R_f = 40$ Ω。

① 设 $R' = 1000$ Ω,试求当开关接通 $R'$ 的瞬间,线圈两端的电压 $u_{RL}$;

② 为了不使①中 $u_{RL}$ 的绝对值超过 220 V,则电阻 $R'$ 应选多少欧?

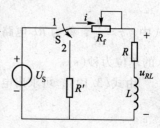

图 3-20 例 3.5 电路

③ 写出②中 $i$ 和 $u_{RL}$ 随时间变化的表达式,并分别画出其随时间变化的曲线。

**解:** ① 换路前,流过线圈的电流为

$$i(0_-) = \frac{U_S}{R_f + R} = \frac{220 \text{ V}}{(40+60) \text{ Ω}} = 2.2 \text{ A}$$

在 $t = 0$ 时,开关合到位置 2。此刻,线圈的电流为 $i(0_+) = i(0_-) = 2.2$ A(换路定律);而线圈两端的电压 $u_{RL}$ 即为电阻 $R_f$ 和 $R'$ 上的电压降之和,为

$$u_{RL}(0_+) = -(R' + R_f)i(0_+) = -(1000+40) \times 2.2 \text{ V} = -2288 \text{ V}$$

可见 $u_{RL}$ 的绝对值很大。

② 要使 $u_{RL}$ 绝对值小于 220 V,只要 $|u_{RL}(0_+)| \leqslant 220$ V 即可。

由 $(R'+40) \times 2.2 \leqslant 220$,得 $R' \leqslant 60$ Ω。

③ 若接 $R' = 60$ Ω,则

$$i = I_0 e^{-\frac{t}{\tau}} = i(0_+)e^{-\frac{R+R_f+R'}{L}t} = 2.2e^{-32t} \text{ A}$$

$$u_{RL} = -(R'+R_f)i = -(60+40) \text{ Ω} \times 2.2 \text{ } e^{-32t} \text{ A} = -220e^{-32t} \text{ V}$$

电流、电压随时间变化的曲线如图 3-21 所示。

**2. $RL$ 电路的零状态响应**

图 3-22 所示 $RL$ 电路,换路前,线圈没有储能,$i(0_-) = 0$。在 $t = 0$ 时将开关 S 合上,电路与一直流电源 $U_S$ 接通。这是一个零状态响应的电路。

根据基尔霍夫电压定律，列出 $t \geqslant 0$ 时的电路方程

$$Ri + L\frac{\mathrm{d}i}{\mathrm{d}t} = U_{\mathrm{S}} \qquad (3.22)$$

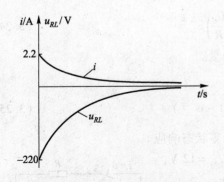

图 3 - 21 电流、电压变化曲线

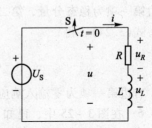

图 3 - 22 *RL* 零状态响应电路

式(3.22)与式(3.10)类似，其解有两个部分：特解 $i'$（稳态分量）和齐次方程通解 $i''$（暂态分量），分别为

$$i' = \frac{U_{\mathrm{S}}}{R}, \quad i'' = Ae^{-\frac{t}{\tau}}$$

所以

$$i = i' + i'' = \frac{U_{\mathrm{S}}}{R} + Ae^{-\frac{t}{\tau}}$$

利用初始条件，可确定常数 $A = -U_{\mathrm{S}}/R$。因此，$t \geqslant 0$ 后，电路电流的解为

$$i = \frac{U_{\mathrm{S}}}{R} - \frac{U_{\mathrm{S}}}{R}e^{-\frac{t}{\tau}} = \frac{U_{\mathrm{S}}}{R}(1 - e^{-\frac{t}{\tau}}) \qquad (3.23)$$

电流 $i$ 随时间变化的曲线如图 3 - 23 所示。

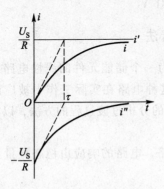

图 3 - 23 电流 *i* 变化曲线

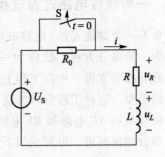

图 3 - 24 *RL* 全响应电路

**3. *RL* 电路的全响应**

在图 3 - 24 所示的电路中，电源电压为 $U_{\mathrm{S}}$，$i(0_+) = i(0_-) = I_0 = \frac{U_{\mathrm{S}}}{R_0 + R}$，这是一个全响应电路。

$t \geqslant 0$ 时，电路的电流响应形式为

$$i = i' + i'' = \frac{U_s}{R} + Be^{-\frac{t}{\tau}}$$

利用初始条件，可得常数 $B = I_0 - U_s/R$，所以

$$i = \frac{U_s}{R} + \left(I_0 - \frac{U_s}{R}\right)e^{-\frac{t}{\tau}} \tag{3.24}$$

上式右边第一项为稳态分量，第二项为暂态分量。

改写式(3.24)，得

$$i = I_0 e^{-\frac{t}{\tau}} + \frac{U_s}{R}(1 - e^{-\frac{t}{\tau}}) \tag{3.25}$$

上式中，右边第一项为零输入响应；第二项为零状态响应。

**例3.6** 在图3-25中，已知 $U_{S1} = 6$ V，$U_{S2} = 12$ V，$R = 3$ Ω，$L = 0.6$ H，试求 $t = 0.4$ s 时的 $i_L$ 与 $u_L$。

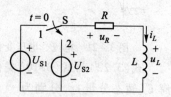

图3-25　例3.6电路

**解：** $t \geqslant 0$ 时，$\tau = \dfrac{L}{R} = \dfrac{0.6 \text{ H}}{3 \text{ Ω}} = 0.2$ s

$i_L$ 的初值 $I_0 = i_L(0_+) = i_L(0_-) = \dfrac{U_{S1}}{R} = \dfrac{6 \text{ V}}{3 \text{ Ω}} = 2$ A

$i_L$ 的稳态分量 $i_L(\infty) = \dfrac{U_{S2}}{R} = \dfrac{12 \text{ V}}{3 \text{ Ω}} = 4$ A

对照式(3.24)　$i_L(t) = I + (I_0 - I)e^{-\frac{t}{\tau}} = (4 - 2e^{-5t})$ A

$u_L(t) = L\dfrac{di_L}{dt} = 0.6 \text{ H}\dfrac{d}{dt}(4 - 2e^{-5t}) \text{ A/s} = 6e^{-5t}$ V

当 $t = 0.4$ s 时

$$i_L(0.4) = 4 \text{ A} - 2e^{-5 \times 0.4} \text{ A} \approx 3.73 \text{ A}$$

$$u_L(0.4) = 6e^{-5 \times 0.4} \text{ V} \approx 0.81 \text{ V}$$

### 3.2.3　一阶线性电路过渡过程分析的三要素法

只含有一个储能元件(电容或电感)或可等效为一个储能元件的线性电路，电路方程均为一阶微分方程，统称为一阶线性电路。这种电路在实际工作中被广泛地应用，因此有必要掌握一种在工程上更实用、更快捷的分析过渡过程的方法，以满足实际工作的需要，这种工程分析方法就是三要素法。

前面分析的 RC 电路和 RL 电路是一阶线性电路，电路的响应由稳态分量和暂态分量两部分相加而得，可写成如下的一般式

$$f(t) = f_1(t) + f_2(t) = f(\infty) + Ae^{-t/\tau}$$

式中，$f(t)$ 是电压或电流；$f(\infty)$ 是稳态分量；$Ae^{-t/\tau}$ 是暂态分量。设初始值为 $f(0_+)$，则得 $A = f(0_+) - f(\infty)$。因此

$$f(t) = f(\infty) + [f(0_+) - f(\infty)]e^{-t/\tau} \tag{3.26}$$

式(3.26)是分析一阶线性电路过渡过程的一般公式，也称三要素公式。这里 $f(0_+)$、$f(\infty)$、$f(t)$ 均指一阶过渡过程电路中所表示的同一元件(或支路)上的电压或电流。

利用式(3.26)，只需求得 $f(0_+)$、$f(\infty)$ 和 $\tau$ 这三个"要素"，就能直接写出电路的响应(电压或电流)。

**例 3.7**　设图 3 − 26(a)所示电路已进入稳态，$t=0$ 时闭合开关 S。使用"三要素"法求出 $t \geqslant 0$ 后 $i$ 的表达式。

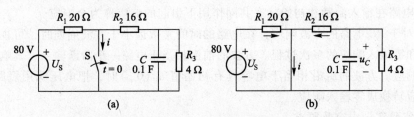

图 3 − 26　例 3.7 电路
(a) 原电路　(b) 换路后的等效电路

**解：**换路后的等效电路如图 3 − 26(b)所示，则电流 $i$ 的三要素为：

电流稳态值

$$i(\infty) = \frac{U_S}{R_1} = \frac{80\ \text{V}}{20\ \Omega} = 4\ \text{A}$$

因为电容上的电压初始值

$$u_C(0_+) = u_C(0_-) = \frac{R_3}{R_1 + R_2 + R_3} \times U_S = \frac{4\ \Omega}{40\ \Omega} \times 80\ \text{V} = 8\ \text{V}$$

所以电流初始值为

$$i(0_+) = \frac{U_S}{R_1} + \frac{u_C(0_+)}{R_2} = \frac{80\ \text{V}}{20\ \Omega} + \frac{8\ \text{V}}{16\ \Omega} = 4.5\ \text{A}$$

电路的时间常数

$$\tau = R_0 C = \frac{R_2 R_3}{R_2 + R_3} C = \frac{16 \times 4}{16 + 4}\ \Omega \times 0.1\ \text{F} = 0.32\ \text{s}$$

所以按三要素公式，可求得电流响应表达式为

$$\begin{aligned}
i(t) &= i(\infty) + [i(0_+) - i(\infty)]\,e^{-t/\tau} \\
&= 4 + (4.5 - 4)e^{-t/0.32}\ \text{A} \\
&= 4 + 0.5 e^{-3.125t}\ \text{A} \qquad (t \geqslant 0)
\end{aligned}$$

# 3.3　过渡过程实验实训——一阶动态电路测试与分析

1. 实验实训目的
① 学习用示波器观察和分析 $RC$ 电路的响应。
② 研究 $RC$ 电路在零状态和零输入及方波脉冲激励情况下，响应的基本规律和特点。

2. 实验实训知识要点
① 含有 $L$ 或 $C$ 储能元件的电路，其响应可由微分方程求解。凡是可用一阶微分

方程描述的电路，称为一阶电路。一阶电路的暂态响应曲线按指数规律变化。

② 储能元件初始值为零的电路，由外输入电源的激励引起的响应称为零状态响应。

③ 电路在无激励情况下，由储能元件初始状态引起的响应称为零输入响应。

④ 电路在输入激励和初始状态共同作用下引起的响应称为全响应。

⑤ 对于 RC 电路的方波响应，在电路的时间常数远小于方波周期时，可视为零状态响应和零输入响应的多次过程。方波的前沿相当于电路一个阶跃输入，其响应就是零状态响应。方波的后沿相当于电容具有初始值 $u_C(0_+)$ 时，把电压源用短路置换，电路相应转换成零输入响应。

3. 实验实训内容及要求

（1）研究 RC 电路的零状态响应和零输入响应

① 按图 3 – 27 进行接线。$U_S$ 取 6 V 为直流电源，$R = 1$ kΩ、$r = 500$ Ω、$C = 1$ μF。

② 在 $Y_1$ 与接地端之间接入示波器通道 1，开关 S 先合到位置 2，使 $u_C(0_-) = 0$；然后将开关 S 迅速合到位置 1。在示波器上观察电容元件 C 两端电压的变化，即观察电路的零状态响应，并绘下 $u_C(t)$ 的波形。

③ 待电路稳定后，在 $Y_2$ 与接地端之间接入示波器通道 2，开关 S 再由位置 1 转换到位置 2，在示波器上观察取样电阻 r 和电容 C 两端电压的变化，即观察电路的零输入响应，并绘下 $u_r(t)$ 和 $u_C(t)$ 的波形。

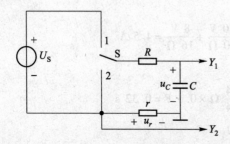

图 3 – 27　零状态和零输入响应实验线路图　　　　图 3 – 28　方波激励实验线路图

（2）研究 RC 电路的方波脉冲响应

① 按图 3 – 28 进行实验接线，$r = 500$ Ω，R 和 C 的取值可参考表 3 – 2 中所列数据。图中 $u(t)$ 为可调脉冲源的输出电压，调节其频率及脉冲输出幅度至适当值，并适当调节脉冲的宽度，直至在示波器上观察到上、下脉宽相同为止，并以此作为方波脉冲信号输出。

② 观察并描绘出在不同 R 值时的 $u_r(t)$ 和 $u_C(t)$ 的波形，并记录于表 3 – 2 中。

③ 实验时应先调节好示波器无信号时的水平扫描线位置，一般可使其位于屏幕中心线。信号源输出方波信号时，适当调节示波器 Y 轴灵敏度开关和扫描速度开关，使相应信号位于屏幕中间位置；调节"电平"旋钮，使图形稳定。

④ 为了比较清楚地观察到响应的全过程，可使方波的半周期与电路时间常数 $\tau$ 的比值保持在大致为 5:1 关系。

表 3-2    方波激励实测曲线($r = 500\ \Omega$)

| $R$ | 0 | 500 Ω | 4.5 kΩ | 19.5 kΩ |
|---|---|---|---|---|
| $C$ | 0.1 μF | 0.1 μF | 0.1 μF | 0.1 μF |
| $\tau = (R+r)C$ | 0.05 ms($\ll T/2$) | 0.1 ms($=T/10$) | 0.5 ms($=T/2$) | 2 ms($\gg T/2$) |
| $u_C(t)$波形 | | | | |
| $u_r(t)$波形 | | | | |

4. 实验实训器材设备

① 直流稳压电源(1 台)。

② 可调脉冲源(1 台)。

③ 图 3-27、图 3-28 用电阻和电容器件(若干)。

④ 双踪示波器(1 台)。

5. 实验实训报告要求

(1) 实验图表整理

① 绘出实验测得的零状态响应和零输入响应的 $u_r(t)$ 和 $u_C(t)$ 的波形。

② 在表 3-2 中绘出 $RC$ 电路方波激励的实测曲线。

(2) 实验结果分析讨论

① 分析、比较两个电路实测响应波形的特点。

② 在 $RC$ 电路的方波脉冲响应现象中,时间常数 $\tau$ 变化对于 $u_r(t)$ 和 $u_C(t)$ 的波形有何影响,为什么会有这种影响?

# 本 章 小 结

1. 电路由一个稳态(包括接电源前的零状态)变化到另一个稳态的过程称为过渡过程,又称暂态。电路稳态的改变是由电源条件或电路参数的改变(通常叫换路)引起的。含有 $C$、$L$ 储能元件的电路,过渡过程是一个渐变过程,因为电容端电压和电感中电流不能跃变,通常用 $u_C(0_+) = u_C(0_-)$,$i_L(0_+) = i_L(0_-)$ 来表述,并称为换路定律。

2. 在整个过渡过程中,电路中电流、电压仍遵循电路基本定律,以此为根据,运用换路定律,可以确定它们的初始值;又以此为根据,可以列出它们的微分方程,解得在过渡过程期间响应的时间函数。

3. $RC$ 电路和 $RL$ 电路接通直流电源的过渡过程,也就是对阶跃激励的响应。可以先分别求零状态($u_C(0_-) = 0$,$i_L(0_-) = 0$)响应和零输入(激励为零)响应(由不为零的 $u_C(0_-)$ 和 $i_L(0_-)$ 引起),再求全响应。用的是解常系数微分方程的经典法,方程的解由稳态分量加暂态分量组成。稳态分量 $f_1(t)$ 就是稳态下直流电路的解 $f(\infty)$;暂态分量 $f_2(t)$ 在只含一个储能元件,用一阶微分方程描述的一阶电路中是一项衰减的指数函数，即 $f_2(t) = Ae^{-t/\tau}$。式中，$\tau = RC$ 或 $\tau = L/R$ 为电路的时间常数，由电路本身参数决定，标志过渡过程的长短，经过约 $5\tau$ 的时间，就可以认为 $f_2(t)$ 消失，达到新的稳态；$A$ 为暂态分量的幅值，零输入响应决定于初始状态，零状态响应决定于激励，全响应和两者都有关系，且

全相应 = 零输入响应 + 零状态响应

符合叠加定理。

4. 一阶电路也可不必解微分方程，而直接用三要素(时间常数 $\tau$，稳态值 $f(\infty)$ 和初始值 $f(0_+)$)法写出过渡过程的解，其一般表达式为

$$f(t) = f(\infty) + [f(0_+) - f(\infty)]e^{-t/\tau}$$

或者

$$f(t) = f(0_+) \cdot e^{-t/\tau} + f(\infty) \cdot (1 - e^{-t/\tau})$$

# 习 题 三

3.1 求题图 3-1 所示各电路换路后的电压、电流初始值。

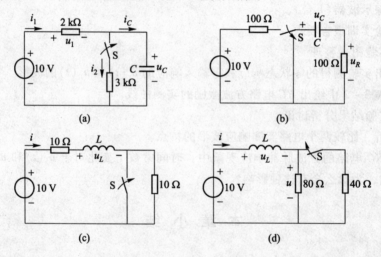

(a)　　　　　　　　(b)

(c)　　　　　　　　(d)

题图 3-1 习题 3.1 图

3.2 在题图 3-2 中，$U_S = 100$ V，$R_1 = 1$ Ω，$R_2 = 99$ Ω，$C = 10$ μF，试求：① S 闭合瞬间 ($t = 0_+$)，各支路电流及各元件两端电压的数值。② S 闭合后达到稳定状态时各电流和电压的数值。③ 当用电感元件替换电容元件后，重新计算①、②两种情况下的各个数值。(取各电压、电流关联参考方向。)

3.3 在题图 3-3 中，已知 $R = 2$ Ω，电压表内阻为 2500 Ω，电源电压 $U_S = 4$ V。试求开关 S

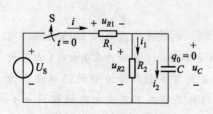

题图 3-2 习题 3.2 图

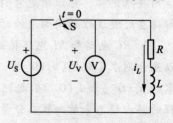

题图 3-3 习题 3.3 图

断开瞬间电压表两端的电压 $U_V(0_+)$。换路前电路已处于稳态。

3.4　题图 3-4 所示各电路在换路前都处于稳态，试求换路后其中电流 $i$ 的初始值 $i(0_+)$ 和稳态值 $i(\infty)$。

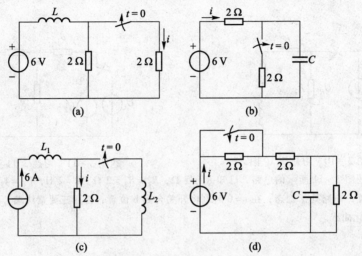

题图 3-4　习题 3.4 图

3.5　在题图 3-5 所示的 RC 充电电路中，电源电压 $U_s = 50\ V$，$R = 1\ k\Omega$，$C = 20\ \mu F$。若闭合开关 S 前电容没有充电，求闭合 S 后的 $u_C$ 何时充电到 $u_C = U_s/2$？

3.6　在题图 3-6 中，$U_s = 20\ V$，$R_1 = 12\ k\Omega$，$R_2 = 6\ k\Omega$，$C_1 = 10\ \mu F$，$C_2 = 20\ \mu F$。电容元件原先均未储能。当开关闭合后，试求电容元件两端电压 $u_C$。

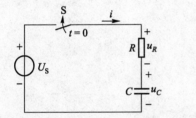

题图 3-5　习题 3.5 图

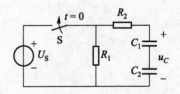

题图 3-6　习题 3.6 图

3.7　题图 3-7 所示的 RC 放电电路，$u_C(0_-) = U_0$，$C = 20\ \mu F$，若要求放电后 15 ms，电容电压下降到初始值的 5%，求电阻 $R$，时间常数 $\tau$，并求出放电电流 $i$ 的表达式。

3.8　习题 3.5 中，若闭合开关 S 前电容已经充电，$u_C(0_-) = 20\ V$，求闭合 S 后，电容电压 $u_C$ 和电流 $i$ 的全响应。

3.9　在题图 3-9 所示的电路中，已知 $R_1 = R_2 = 10\ \Omega$，$U_s = 2\ V$，$L = 100\ mH$，在 $t = 0$ 时刻将

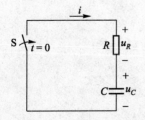

题图 3-7　习题 3.7 图

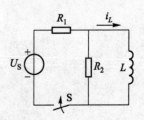

题图 3-9　习题 3.9 图

开关 S 合上，求 $i_L$ 随时间变化规律，并作出 $i_L$ 的变化曲线。

3.10　在题图 3-10 所示的电路中，已知 $U_S = 12$ V，$R_1 = 200$ Ω，$R_2 = 50$ Ω，$L = 0.5$ H，原电路处于稳定状态，在 $t = 0$ 时刻将开关 S 打开，求电流 $i_L$ 及电阻 $R_1$ 两端电压 $u_{R1}$ 的变化规律。

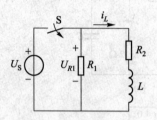 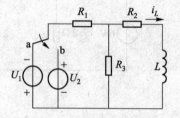

题图 3-10　习题 3.10 图　　　　　　　　题图 3-11　习题 3.11 图

3.11　如题图 3-11 所示的电路，已知 $R_1 = 1$ Ω，$R_2 = R_3 = 2$ Ω，$L = 2$ H，$U_1 = 4$ V，$U_2 = 4$ V，开关原在 a 位置，电路处于稳态；在 $t = 0$ 时刻将开关合到 b 位置，使用三要素法求 $i_L$ 的变化规律，并作出 $i_L$ 的变化曲线。

# 第四章  磁路与变压器

引例  在输配电系统中，为了将电厂发出的电能经济传输、合理分配及安全使用，都要用到电力变压器。发电厂发出的电能的电压等级一般为 $10 \sim 20$ kV，而输电时，当输送电功率及功率因数一定时，由 $P = \sqrt{3} UI\cos \varphi$ 可知，电压 $U$ 越高，则线路电流 $I$ 越小。这样，不仅可以减小输电线的截面积，节省材料，而且可以减小线路的功率损耗。因此，高压输电比低压输电经济。一般来说，输电距离越远，输送功率越大，要求输电电压越高。例如，输电距离在 $200 \sim 400$ km，输送容量为 20 万 $\sim$ 40 万千瓦(kW)的输电线，输电电压需要 220 kV。从葛洲坝电站和三峡电站向上海的输电线路电压都达到 500 kV，从向家坝电站到上海的输电更是达到高压 800 kV。

用电时，为保证用电的安全和用电设备的电压等级要求，要经过降压变压器将高电压降低到用户需要的电压等级供用户使用。用户使用的电压对大型动力设备多采用 6 kV 或 10 kV，对小型动力设备和照明用电则为 380 V/220 V，特殊地方的照明或信号用电，还有用 36 V 或 12 V 等。

实现变压功能的设备是变压器。

在电气工程中，广泛使用各种低压电器和变压器设备，这些电工设备的基本结构均是在铁磁材料上绕有线圈。在这些电工设备中，不仅有电路问题，同时还有磁路问题。本章将在介绍磁路基本概念的基础上，着重介绍变压器的原理、功能及其使用。

## 4.1  磁路的基本概念

### 4.1.1  磁场的基本物理量

1. 磁感应强度

电流会产生磁场，而位于磁场中的载流导体会受到力的作用，磁与电一样是物质世界的客观存在。磁感应强度 $\boldsymbol{B}$ 是表达磁场内某点磁场强弱及方向的一个矢量物理量。磁场中，不同点的磁感应强度一般是不相同的，可用磁感线的分布来形象地描绘磁场的强弱及方向，磁感线上任意点的切线方向就是该点磁感应强度 $\boldsymbol{B}$ 的方向。图 4-1 为几种不同形状的导体通入电流后产生磁感线的分布情况。磁感线方向与电流方向满足右手螺旋定则。

磁感应强度的数值 $B$ 可用垂直于磁场的通电导体所受的力的大小来衡量，公

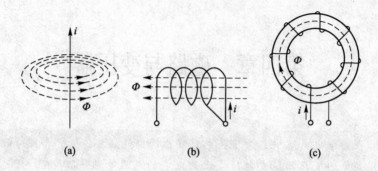

图 4 - 1　磁感线图

(a) 直导线　(b) 螺线管　(c) 环型线圈

式为

$$B = \frac{F}{lI} \tag{4.1}$$

式中，$l$ 为磁场中通电导体的长度，单位米（m）；$I$ 为导体中流过的电流，单位安（A）；$F$ 为导体所受的磁场力的大小，单位牛（N）；$B$ 为磁感应强度，单位特［斯拉］（T）；$B$ 在电磁单位制中用高斯（Gs），$1\ T = 10^4\ Gs$。

2. 磁通

在均匀磁场（磁场各点的磁感应强度大小相等、方向相同）中，磁感应强度 $B$ 与垂直于 $B$ 的某一截面积 $S(m^2)$ 的乘积，称为通过该截面的磁通 $\varPhi$，即

$$\varPhi = BS \quad 或 \quad B = \frac{\varPhi}{S} \tag{4.2}$$

（如果是不均匀磁场，则上式应该用矢量微分式表示）。

磁通反映穿过截面 $S$ 的磁感线总数，因此，常把磁通称为磁通量。而磁感应强度在数值上可以看成与磁场方向相垂直的单位面积所通过的磁通，故又称磁通密度，简称磁密。

磁通 $\varPhi$ 的单位是韦（Wb），即伏·秒，在电磁单位制中用麦克斯韦（Mx），$1\ Wb = 10^8\ Mx$。

3. 磁场强度

磁场强度 $H$ 是表征磁场的另一个矢量物理量，单位是安/米（A/m）。它表示励磁电流 $I$ 在空间产生的磁化力，$H$ 与 $I$ 的关系参见后面表达式（4.5）。

4. 磁导率

磁导率 $\mu$ 是表示介质导磁能力的物理量，在国际单位制中，$\mu$ 的单位是亨/米（H/m）。$\mu$ 与磁场强度 $H$ 的乘积就是磁感应强度 $B$，即

$$B = \mu H \tag{4.3}$$

式（4.3）是反映介质磁性能的一个重要关系式。

各种物质都有自己的磁导率，真空的磁导率为 $\mu_0 = 4\pi \times 10^{-7}\ H/m$，是个常数。空气的磁导率与之接近。任意一种物质的磁导率 $\mu$ 和真空的磁导率 $\mu_0$ 的比值，称为该物质的相对磁导率 $\mu_r$，即

$$\mu_{\mathrm{r}} = \frac{\mu}{\mu_0} \tag{4.4}$$

对非磁性材料,如铜、铝、纸张、空气等,其 $\mu_{\mathrm{r}}$ 略小于1;而磁性材料,$\mu_{\mathrm{r}} \gg 1$。

### 4.1.2 磁性材料的磁性能

磁性材料主要是指铁、镍、钴及其合金等材料,它们是制造电机、变压器和各种电器元件铁心的主要材料。从工程应用的观点出发,磁性材料的磁性能可以用磁化曲线及其磁饱和性、高导磁性、磁滞回线及其磁滞性来表征。

1. 磁化曲线及其磁饱和性

如图4-2,当铁心线圈的励磁电流 $I$ 从零增大时,磁性材料被磁化力(磁场强度 $H$)磁化产生磁感应强度 $B$,$B$ 值随 $H$ 值变化符合关系式(4.3),其曲线如图4-3所示,此曲线称为磁性材料的 $B-H$ 磁化曲线。

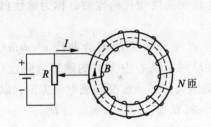

图4-2 研究磁化的实验装置

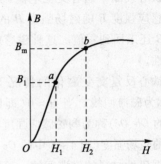

图4-3 磁化曲线

磁化曲线分为三段:$Oa$ 段,$B$ 基本上随 $H$ 正比增加;$ab$ 段,$B$ 值增加幅度随 $H$ 的增加缓慢下来,此段称为磁化曲线的膝部,常为电机、电气设备的磁密工作范围;$b$ 点以后,随着 $H$ 的增加,$B$ 几乎不增加,达到了磁饱和。磁性材料具有磁饱和性。

由磁化曲线可知,磁性材料的 $B$ 与 $H$ 不成正比,因此磁导率 $\mu$ 不是常数,$\mu$ 随 $H$ 变化而变化。

2. 高导磁性

磁性材料具有很强的导磁能力,即在外磁场的作用下很容易被磁化。这是因为磁性材料内部由于电子绕原子核运动而产生分子电流,分子电流产生磁场,形成了许多具有磁性的小区域,这些小区域称为磁畴。

在没有外磁场的作用时,各个磁畴排列混乱,磁场互相抵消,对外就显示不出磁性来,如图4-4(a)所示。在外磁场作用下(如在铁心线圈中的励磁电流作用下),其中的磁畴就顺外磁场方向转向。随着外磁场的增强,磁畴取向与外磁场方向趋于一致,如图4-4(b)所示。这样,便产生了一个很强的与外磁场同方向的磁化磁场,从而使磁性物质内部的磁感应强度大大增加。因此,在一定的磁场强度范围内,磁性材料的相对磁导率 $\mu_{\mathrm{r}} \gg 1$,其值可达数百至数万。

非磁性材料没有磁畴的结构,所以不具有磁化的特性。

由于磁性材料具有高导磁性,所以各种电机、变压器和电气设备的电磁系统的铁

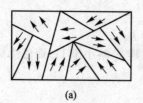 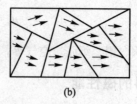

(a)                    (b)

图4-4 磁畴示意图

(a) 无外磁场时磁畴取向杂    (b) 外磁场作用下磁畴取向趋于一致

心都由磁性材料构成。与空心线圈相比，铁心线圈达到一定的磁通或磁感应强度所需的磁化力(励磁电流)会大大降低。因此，利用优质的磁性材料，可使同一容量的电机、变压器的重量和体积大大减轻和减小。

3. 磁滞回线及其磁滞性

当铁心线圈中通有交变电流(大小和方向都随时间变化)时，铁心就受到交变磁化，磁感应强度 $B$ 随磁场强度 $H$ 的变化关系如图4-5所示。由图可见，当 $H$ 回到零值时，$B$ 还未回到零值。这种磁感应强度滞后于磁场强度变化的性质，称为磁性材料的磁滞性。

在铁心反复交变磁化的情况下，表示 $B$ 和 $H$ 变化关系的闭合曲线 $abcdefa$(图4-5)称为磁滞回线。当 $H=0$(即励磁电流 $i=0$)时，铁心中保留的磁感应强度(图4-5中的 $Ob$、$Oe$)称为剩磁感应强度 $B_r$。欲使剩磁消失，必须改变励磁电流方向，以得到反向的磁场强度(图4-5中的 $Oc$、$Of$)。使 $B=0$ 的 $H$ 值，称为矫顽磁力 $H_c$。

根据磁性材料的磁滞回线，可将磁性材料分为三种类型：

(1) 软磁材料

磁滞回线较窄，矫顽磁力较小，磁滞损耗较小，如图4-6所示。常用的软磁材料有铸铁、硅钢、坡莫合金和软磁铁氧体等。一般用来制造电机、变压器及电器等的铁心；铁氧体在电子技术中的应用也很广泛，如可做计算机的磁心、磁盘以及录音机的磁带、磁头。

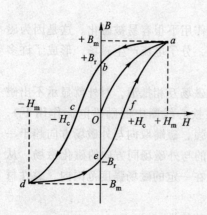

图4-5 磁滞回线

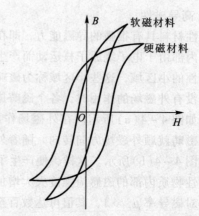

图4-6 软磁和硬磁材料的磁滞回线

（2）硬磁材料

磁滞回线较宽，矫顽磁力较大，磁滞损耗较大，如图 4 - 6 所示。常用的有碳钢及铁镍铝钴合金等。一般用来制造永久磁铁。

（3）矩磁材料

磁滞回线接近矩形，剩磁大，矫顽磁力小，稳定性良好，如图 4 - 7 所示。即去掉外磁场后，与饱和磁化时方向相同的剩磁能稳定地保持下去，所以具有记忆性。因此在数字信息存储系统中，可用作记忆元件和逻辑元件。常用的有镁锰铁氧体及 1J51 型铁镍合金等。

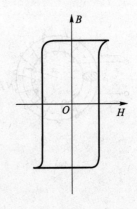

图 4 - 7　矩磁材料的磁滞回线

磁性材料不同，磁化曲线也不同，实验测得的几种软磁性材料的磁化曲线如图 4 - 8 所示。

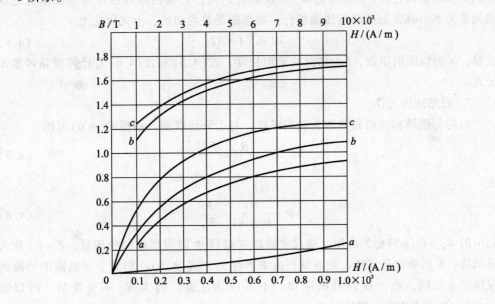

图 4 - 8　磁化曲线

*a*—铸铁　*b*—铸钢　*c*—硅钢片

## 4.1.3　磁路及其基本定律

1. 磁路

由磁性材料（可能含少量气隙）构成，并能使绝大部分磁感线通过的闭合路径称为磁路，各种常见磁路形式如图 4 - 9 所示。

2. 安培环路定律（全电流定律）

安培环路定律：在磁路中，沿任一闭合路径，磁场强度的线积分等于与该闭合路径交链的电流的代数和。用公式表示为

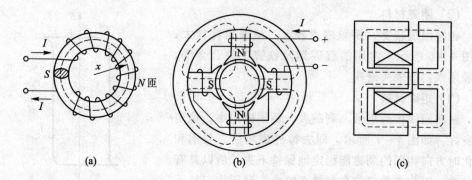

图 4 – 9  磁路

(a) 环形线圈电流的磁路  (b) 直流电机的磁路  (c) 交流接触器的磁路

$$\oint \boldsymbol{H} \mathrm{d} l = \sum \boldsymbol{I} \tag{4.5}$$

上式是安培环路定律(全电流定律)的数学表达式,它反映磁场强度与励磁电流之间的矢量关系。在常见的环形线圈场合,如果磁场是均匀的,上式可化为

$$Hl = \sum I = NI \tag{4.6}$$

这里,$N$ 为线圈的匝数,$l$ 为磁路的平均长度,式(4.5)和式(4.6)是计算磁路的基本公式。

3. 磁路欧姆定律

由均匀磁场构成的磁路称为均匀磁路,对于环形线圈,根据式(4.6)可得

$$NI = Hl = \frac{B}{\mu} l = \frac{\Phi / S}{\mu} l \tag{4.7}$$

或

$$\Phi = \frac{NI}{l / (\mu S)} = \frac{F}{R_{\mathrm{m}}} \tag{4.8}$$

式中的 $R_{\mathrm{m}} = l / (\mu S)$ 称为磁阻,是反映磁路对磁通 $\Phi$ 阻碍作用的物理量;$F = NI$ 称为磁动势,$F$ 的单位是安匝,磁通就是由 $F$ 产生的。式(4.8)在形式上与电路中的欧姆定律完全相同,称为磁路欧姆定律。不过应该注意,因为 $R_{\mathrm{m}}$ 不是常数,所以式(4.8)主要用于磁路的定性分析。

**例 4.1**  一个由硅钢片制成的铁心线圈,磁路平均长度 $l$ 为 500 mm,其中含有 5 mm 的空气隙,若使铁心中的磁感应强度 $B$ 为 1.17 T,问需要多大的磁动势?若线圈匝数 $N$ 为 1500,励磁电流 $I$ 应为多少 A?

**解**:查图 4 – 8 所示的硅钢片磁化曲线,当 $B = 1.17$ T 时,$H = 600$ A/m。

气隙磁导率近似取 $\mu_0$,则气隙磁场强度为

$$H_0 = \frac{B_0}{\mu_0} = \frac{1.17}{4\pi \times 10^{-7}} \text{ A/m} \approx 0.93 \times 10^6 \text{ A/m}$$

总磁动势为

$$F = NI = Hl + H_0 l_0$$

$$= 600 \times (500 - 5) \times 10^{-3} \text{ A} + 0.93 \times 10^6 \times 5 \times 10^{-3} \text{ A}$$

$$= (297 + 4650) \text{ A} = 4947 \text{ A}$$

线圈的励磁电流为

$$I = \frac{Hl + H_0 l_0}{N} = \frac{4947}{1500} \text{ A} \approx 3.3 \text{ A}$$

由此例可看出，气隙仅占磁路全长的 1%，但它的磁压降($H_0 l_0$)却占了磁动势的 94%。因此，在保持磁感应强度不变的情况下，减少气隙长度可以大大降低磁动势，也就是说可以大大降低励磁电流。

# 4.2 变压器

变压器是一种常见的电气设备，它的基本作用是将一种电压等级的交流电能变换成另一种电压等级的交流电能。在电力系统和电子线路中，变压器都有广泛应用。

在本章开头的应用实例中，已提及在电力系统中使用电力变压器；在电子线路中，变压器不仅用来变换电压，供给设备电能，还用来耦合电路，传递信号，实现阻抗匹配。此外，调节电压时，可用自耦变压器；测量交流高电压大电流时，可用互感器；在电焊、整流、电炉等方面使用各种专用变压器。

虽然变压器的种类很多，且结构和性能各有特点，但是基本工作原理是相同的，即都是以电磁感应原理为基础的。本节以单相变压器为例加以说明。

## 4.2.1 变压器的结构原理与功能

1. 变压器的结构与工作原理

变压器的一般结构如图 4-10 所示，主要部件是闭合铁心和线圈绕组。

变压器铁心的作用是构成磁路。通常铁心用 0.35 mm 或 0.5 mm 厚的绝缘硅钢片叠成。

变压器绕组的作用是构成电路。绕组一般由漆包铜线绕制而成。一般变压器有两个绕组，与电源相连的绕组称为一次绕组(或称原绕组、初级绕组)，与负载相连的绕组称为二次绕组(或称副绕组、次级绕组)，匝数分别为 $N_1$ 和 $N_2$，一次、二次绕组套装在同一铁心柱上。有时为了得到多组输出电压，二次侧就接成多组绕组。

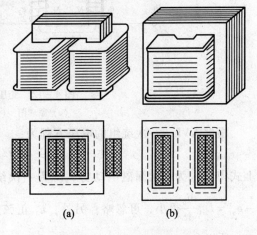

图 4-10 变压器结构示意图
(a) 心式变压器 (b) 壳式变压器

图 4-11 为变压器工作原理图。下面说明变压器的工作原理。

当一次绕组接上交流电压 $u_1$ 时，一次绕组中便有电流 $i_1$ 通过，一次绕组的磁动势 $N_1 i_1$ 产生的磁通绝大部分通过铁心而闭合，从而在二次绕组中产生感应电动势。

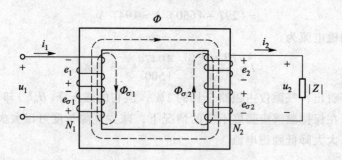

图 4-11　变压器的原理图

如果二次绕组中接有负载，那么二次绕组中就有电流 $i_2$ 通过，二次绕组的磁动势 $N_2 i_2$ 也产生磁通，其绝大部分也通过铁心而闭合。因此，铁心中的磁通是两者的合成，称为主磁通 $\varPhi$，它交链一次、二次绕组并在其中分别感应出电动势为 $e_1$ 和 $e_2$。此外，一次、二次绕组的磁动势还分别产生与本绕组相交链的漏磁通 $\varPhi_{\sigma 1}$ 和 $\varPhi_{\sigma 2}$。它们分别在各自绕组中感应出漏磁电动势 $e_{\sigma 1}$ 和 $e_{\sigma 2}$。变压器提供给负载的电压就是 $e_2$ 和 $e_{\sigma 2}$ 的叠加量 $u_2$。

2. 变压器的变压、变流、变阻抗作用

（1）空载运行与电压变换

变压器一次绕组接电源，二次绕组开路，这种情况称为变压器的空载运行，如图 4-12(a) 所示，其等效原理图如图 4-12(b) 所示。此时，二次电流 $i_2 = 0$，一次电流 $i_1 = i_0$（很小），称为空载电流（又称励磁电流）。

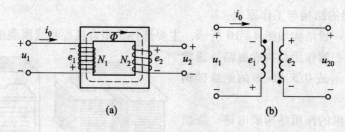

图 4-12　变压器空载运行

（a）原理图　（b）等效电路

根据 KVL，一次绕组的电压方程为

$$u_1 = -e_1 - e_{\sigma 1} + r_1 i_0 \tag{4.9}$$

上式中，$e_{\sigma 1}$ 为一次漏磁电动势，$r_1$ 为一次绕组线圈电阻。通常，与 $e_1$ 相比，$r_1 i_0$ 和 $-e_{\sigma 1} = L_{\sigma 1} \dfrac{\mathrm{d} i_0}{\mathrm{d} t}$ 很小，可忽略；另外，$u_1$ 正弦交变时，$\varPhi$ 也为正弦变化，即 $\varPhi = \varPhi_m \sin \omega t$，所以

$$
\begin{aligned}
u_1 \approx -e_1 &= N_1 \frac{\mathrm{d}\varPhi}{\mathrm{d}t} \\
&= -N_1 \omega \varPhi_m \cos \omega t \\
&= 2\pi f N_1 \varPhi_m \sin(\omega t - 90°)
\end{aligned}
$$

$$= E_{1m}\sin(\omega t - 90°) \tag{4.10}$$

同理，对二次绕组，有

$$u_2 \approx e_2 = -N_2\frac{\mathrm{d}\Phi}{\mathrm{d}t}$$

$$= N_2\omega\Phi_m\cos\omega t$$

$$= 2\pi f N_2\Phi_m\sin(\omega t + 90°)$$

$$= E_{2m}\sin(\omega t + 90°) \tag{4.11}$$

式中 $E_{1m}$、$E_{2m}$ 分别是 $e_1$、$e_2$ 的最大值，而一次、二次电压有效值 $U_1$、$U_{20}$ 分别为

$$U_1 \approx E_1 = \frac{E_{1m}}{\sqrt{2}} = 4.44fN_1\Phi_m \tag{4.12}$$

$$U_{20} \approx E_2 = \frac{E_{2m}}{\sqrt{2}} = 4.44fN_2\Phi_m \tag{4.13}$$

所以，一次、二次电压之比为

$$\frac{U_1}{U_{20}} \approx \frac{E_1}{E_2} = \frac{N_1}{N_2} = k \tag{4.14}$$

上式中，$k$ 称为变压器的变比，亦即一次、二次绕组的匝数比。可见，当电源电压 $U_1$ 一定时，只要改变匝数比，就可得出不同的输出电压 $U_2$。若 $k > 1$，称降压变压器；而 $k < 1$，称升压变压器。

一次绕组加额定电压（$U_1 = U_{1N}$）时的二次绕组空载电压 $U_{20}$ 规定为二次绕组的额定电压 $U_{2N}$。变压器铭牌上标有 $U_{1N}/U_{2N}$，既表示额定电压，也表明变比。如 "6 000 V/400 V"，这表示一次绕组的额定电压为 6 000 V，二次绕组的额定电压为 400 V，变比 $k = 15$。

二次绕组的额定电压与额定电流的乘积称为变压器（单相）的容量，即视在功率

$$S_N = U_{2N} \cdot I_{2N} \approx U_{1N} \cdot I_{1N} \tag{4.15}$$

要变换三相电压可采用三相变压器。

（2）负载运行与电流变换

当变压器一次绕组加额定电压，二次绕组接负载，变压器就处于负载运行状态。

前已分析，$U_1 \approx E_1 = 4.44fN_1\Phi_m$，可见，当电压 $U_1$ 和电源频率 $f$ 不变时，主磁通的最大值 $\Phi_m$ 应基本保持不变。就是说，铁心中的主磁通的最大值 $\Phi_m$ 在变压器空载或有负载时差不多是不变的。而空载时的 $\Phi_m$ 由一次绕组磁动势 $N_1i_0$ 产生，负载时的 $\Phi_m$ 由一次、二次绕组磁动势 $N_1i_1 + N_2i_2$ 产生，所以

$$N_1i_1 + N_2i_2 = N_1i_0 \tag{4.16}$$

变压器的空载电流 $i_0$ 是励磁用的。由于变压器铁心磁导率高，所以空载电流是很小的。通常它的有效值 $I_0$ 为 $I_{1N}$ 的 3% ~ 8%，在变压器接近满载时，$N_1I_0$ 远小于 $N_1I_1$ 和 $N_2I_2$，$N_1I_0$ 常可忽略。因此，有效值关系为 $N_1I_1 \approx N_2I_2$，即

$$\frac{I_1}{I_2} \approx \frac{N_2}{N_1} = \frac{1}{k} \tag{4.17}$$

式(4.17)表明，变压器一次、二次电流之比近似等于它们的匝数比的倒数。必须指

出，变压器的一次电流 $I_1$ 是由二次电流 $I_2$ 的大小来决定的。式（4.17）只有在 $I_2$ 较大（因而 $I_1 \gg I_0$）时才能成立。空载时 $I_2 = 0$，式（4.17）不成立。

（3）阻抗变换

由上述可知，变压器能起变换电压和变换电流的作用。实际上，变压器还有变换负载阻抗的作用，即所谓的实现"阻抗匹配"。

在图 4-13（a）中，负载阻抗 $Z_L$ 接在变压器的二次侧，$Z_L$ 与变压器一起作为电源的负载，如图中的点画线框所示。图中的点画线框部分的总阻抗可以用一个直接接于电源的等效阻抗 $Z'_L$ 来代替，如图 4-13（b）所示。所谓等效就是输入电路的电压、电流和功率不变，即从电源的角度看，直接接在电源的阻抗 $Z'_L$ 和接在变压器二次侧的负载阻抗 $Z$ 是等效的。

由式（4.14）和式（4.17）可得出

$$\frac{U_1}{I_1} = \frac{kU_2}{I_2/k} = k^2 \frac{U_2}{I_2}$$

而
$$\frac{U_1}{I_1} = |Z'_L|, \quad \frac{U_2}{I_2} = |Z_L|$$

$|Z'_L|$、$|Z_L|$ 是阻抗的模，所以

$$|Z'_L| = k^2 |Z_L| \tag{4.18}$$

上述各式如用相量表示，不难证明

$$Z'_L = k^2 Z_L \tag{4.19}$$

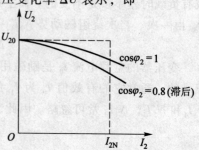

图 4-13　负载阻抗的等效变换
（a）原电路　（b）等效电路

由式（4.19）可见，负载阻抗通过变压器变换后的等效阻抗由变比 $k$ 决定。因此，适当选择变比 $k$ 可获得所需的阻抗。

## 4.2.2　变压器的外特性与效率

### 1. 变压器的外特性

当电源电压 $U_1$ 和负载功率因数 $\cos \varphi_2$ 为常数时，$U_2$ 和 $I_2$ 的变化关系曲线 $U_2 = f(I_2)$ 称为变压器的外特性曲线，如图 4-14 所示。对电阻性和电感性负载而言，电压 $U_2$ 随电流 $I_2$ 的增加而下降。

从空载到额定负载，二次电压的变化程度用电压变化率 $\Delta U$ 表示，即

$$\Delta U = \frac{U_{20} - U_2}{U_{20}} \times 100\% = \frac{U_{2N} - U_2}{U_{2N}} \times 100\% \tag{4.20}$$

一般变压器 $\Delta U$ 约为 5%。

### 2. 变压器的效率

变压器工作时是有损耗的，损耗由两部分组成，即导线电阻产生的铜损耗以及铁心发热产生的铁损耗。

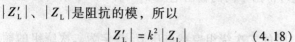

图 4-14　变压器的外特性曲线

（1）铜损耗 $P_{Cu}$

变压器一次、二次绕组的线圈有电阻，有电流时就会有损耗，这部分损耗称为铜损耗 $P_{Cu}$。

$$P_{Cu} = I_1^2 r_1 + I_2^2 r_2 \tag{4.21}$$

式中 $r_1$、$r_2$ 分别为一次、二次绕组的线圈电阻。由式（4.21）可知，$P_{Cu}$ 随 $I_1$、$I_2$ 的变化而变化，故称可变损耗。

（2）铁损耗 $P_{Fe}$

铁损耗是由交变磁通在铁心中产生的，包括磁滞损耗和涡流损耗。$P_{Fe}$ 的大小与铁心内磁感应强度的最大值 $B_m$ 有关，与负载大小无关，当电源电压 $U_1$ 和电源频率 $f$ 一定时，主磁通 $\Phi_m$ 及磁感应强度 $B_m$ 基本不变，故铁损耗又称为不变损耗。

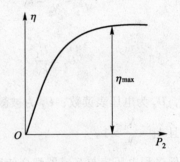

（3）效率 $\eta$

变压器的输出功率 $P_2$ 和输入功率 $P_1$ 之比称为变压器的效率，通常用百分比表示。

$$\eta = \frac{P_2}{P_1} \times 100\% = \frac{P_2}{P_2 + P_{Fe} + P_{Cu}} \times 100\% \tag{4.22}$$

图 4 - 15　变压器的效率曲线

$\eta = f(P_2)$ 的变化曲线如图 4 - 15 所示。变压器额定运行时功率损耗很小，通常额定效率在 95% 以上。

### 4.2.3　特殊用途变压器

1. 自耦变压器

一次、二次绕组共用同一个绕组的变压器称为自耦变压器。其原理如图 4 - 16 所示。图中电压、电流为正弦量的相量。对自耦变压器，同样有

$$\frac{U_1}{U_{20}} \approx \frac{E_1}{E_2} = \frac{N_1}{N_2} = k$$

$$\frac{I_1}{I_2} \approx \frac{N_2}{N_1} = \frac{1}{k}$$

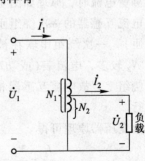

实验室中使用的调压器就是一种可改变二次绕组匝数的自耦变压器。

2. 仪用互感器

仪用互感器是用来扩大交流电表量程及将高电

图 4 - 16　自耦变压器原理图

压、大电流变成低电压、小电流后作为控制信号使用的一种特殊变压器。

用于测量交流高电压的互感器称为电压互感器，用来测量大电流的互感器称为电流互感器，使用互感器不但能扩大交流电表的量程，而且将高电压或大电流回路与测量回路或控制回路通过变压器隔离开，因而保证了使用者的安全。

（1）电压互感器

电压互感器的示意图如图 4 - 17 所示。电压互感器的二次额定电压通常低于
100 V，电压互感器的一次侧并接在待测的电路上，
二次侧接电压表（或功率表电压线圈）。由于电压表
（或功率表电压线圈）的阻抗很大，所以电压互感器
的工作状况相当于单相降压变压器的开路运行。

对电压互感器，一次绕组匝数 $N_1$ 多，二次绕
组匝数 $N_2$ 少。由变压器原理可得

$$\frac{U_1}{U_2} = \frac{N_1}{N_2} = k_V$$

或

$$U_2 = \frac{U_1}{k_V} \qquad (4.23)$$

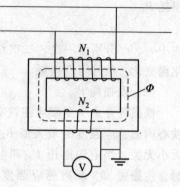

图 4 - 17　电压互感器原理图

式中，$U_2$ 为电压表读数；$U_1$ 为被测的高电压有效值；$k_V$ 为电压互感器的电压变换系
数，且 $k_V = \frac{N_1}{N_2} > 1$。

低量程电压表与互感器配合使用，接在互感器二次侧的电压表的读数 $U_2$ 扩大 $k_V$
倍就是待测的电压互感器一次侧的电压 $U_1$。所以，通常电压表刻度值是按扩大了量
程的值给出的，可直接读出被测电压 $U_1$ 的数值。这样，读数方便又保证了测量安全。

在使用电压互感器时，为安全起见，电压互感器的铁心及二次绕组的一端应可靠
接地，且二次绕组不允许短路。

（2）电流互感器

电流互感器是扩大交流电流测量电表的专用互
感器，在电工测量中，也称为钳形表或简称钳表，
用于测量电流时，原理如图 4 - 18 所示。

电流互感器的一次绕组匝数 $N_1$ 很少（只有一匝
或几匝），一次绕组串联在被测线路中。二次绕组
匝数 $N_2$ 较多，电流表（或功率表电流线圈）连接在
二次绕组上。故电流互感器相当于升压变压器的短
路运行。

由变压器原理可得

$$\frac{I_1}{I_2} = \frac{N_2}{N_1} = \frac{1}{k_I}$$

或

$$I_2 = k_I I_1 \qquad (4.24)$$

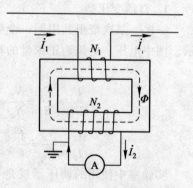

图 4 - 18　电流互感器原理图

式中，$I_2$ 为电流表读数；$I_1$ 为被测的大电流有效值；$k_I$ 为电流互感器的电流变换系
数，且 $k_I = \frac{N_1}{N_2} < 1$。

由式(4.24)可见，利用电流互感器可将大电流变换为小电流来进行测量。电流表的读数 $I_2$ 除以变换系数 $k_1$，即为被测的大电流 $I_1$。也可在专用的电流表的刻度上直接标出被测电流值 $I_1$。通常电流互感器二次额定电流都规定为 5 A 或 1 A。

使用时，电流互感器二次绕组绝对不允许开路。否则将使主磁通急剧增加，铁心过热烧坏线圈；另外，二次侧会感应出高电压，危及人身安全。电流互感器的铁心和二次绕组一端必须可靠接地。

**例 4.2** 一台降压变压器，一次额定电压 $U_{1N} = 220$ V，二次额定电压 $U_{2N} = 36$ V，铁心内磁通最大值 $\Phi_m = 10 \times 10^{-4}$ Wb，电源频率 $f = 50$ Hz。求：① 变压器一次、二次绕组的匝数 $N_1$ 和 $N_2$；② 如果二次侧负载电阻 $R_2 = 30$ Ω，变压器一次、二次电流各是多少 A（励磁电流 $I_{10}$ 忽略不计）。

**解：** ① 变压器一次、二次绕组的匝数分别为

$$N_1 \approx \frac{U_1}{4.44 f \Phi_m} = \frac{220}{4.44 \times 50 \times 10 \times 10^{-4}} \approx 991$$

$$N_2 = \frac{U_2}{U_1} N_1 = \frac{36}{220} \times 991 \approx 162$$

② 载电阻 $R_2 = 30$ Ω，所以二次电流

$$I_2 = \frac{U_2}{R} = \frac{36}{30} \text{ A} = 1.2 \text{ A}$$

一次电流

$$I_1 = \frac{I_2}{U_1 / U_2} = \frac{1.2}{220/36} \text{ A} \approx 0.196 \text{ A}$$

**例 4.3** 一只 8 Ω 的扬声器，经匝数比为 $k = 6.5$ 的输出变压器接入晶体管功率放大电路时，等效负载电阻 $R'_L$ 为何值？

**解：**
$$R'_L = k^2 R_L = 6.5^2 \times 8 \text{ Ω} = 338 \text{ Ω}$$

# 本 章 小 结

1. **磁场的基本物理量**

**磁感应强度 $B$**：表示磁场内某点磁场强弱与方向的矢量物理量。其方向由右手螺旋定则来确定（电流产生磁场），其大小用 $B = F/(lI)$ 来衡量。

**磁通 $\Phi$**：磁场中垂直穿过某截面 $S$ 的磁感线总数，$\Phi$ 与 $B$ 的关系为 $\Phi = BS$。

**磁导率 $\mu$**：表示物质的导磁能力的物理量。非铁磁物质和空气的磁导率非常接近真空磁导率 $\mu_0 = 4\pi \times 10^{-7}$ H/m，为常数。铁磁物质的磁导率很大，且不是常数。相对磁导率为 $\mu_r = \mu/\mu_0$。

**磁场强度 $H$**：表示励磁电流在空间产生的磁化力的矢量物理量。它与磁感应强度之间的关系为 $B = \mu H$，这是反映磁性材料的磁化性能的基本公式。

2. **磁性材料具有高导磁性、磁饱和性、磁滞性。**

3. **磁路的基本定律**

安培环路定律：$\oint \boldsymbol{H} \mathrm{d}l = \sum I$ 或 $Hl = \sum I = NI$，它是计算磁路的基本定律。

磁路欧姆定律：$\Phi = \dfrac{NI}{l/(\mu S)} = \dfrac{F}{R_\mathrm{m}}$，它用来对磁路作定性分析，一般不用来计算磁路。

4. 变压器由铁心、一次绕组、二次绕组构成，其一次、二次电压及磁势平衡方程为

$$U_1 \approx E_1 = \frac{E_{1\mathrm{m}}}{\sqrt{2}} = 4.44 f N_1 \Phi_\mathrm{m}$$

$$U_{20} \approx E_2 = \frac{E_{2\mathrm{m}}}{\sqrt{2}} = 4.44 f N_2 \Phi_\mathrm{m}$$

$$N_1 i_1 + N_2 i_2 = N_1 i_0$$

5. 变压器的三种变换功能

$$\frac{U_1}{U_2} = \frac{N_1}{N_2} = k \ (\text{变压})$$

$$\frac{I_1}{I_2} = \frac{N_2}{N_1} = \frac{1}{k} \ (\text{变流})$$

$$Z'_\mathrm{L} = k^2 Z_\mathrm{L} \ (\text{变阻抗})$$

6. 变压器的外特性与效率

外特性：由于内阻抗的存在，$U_2$ 随 $I_2$ 的增加而变化，其变化程度用电压变化率来衡量。

$$\Delta U = \frac{U_{20} - U_2}{U_{20}} \times 100\%$$

效率 $\eta$：由于变压器运行有损耗（铜损耗和铁损耗），所以变压器输出功率 $P_2$ 总是小于输入功率 $P_1$。$P_2$ 与 $P_1$ 之比称为变压器的效率 $\eta$，则

$$\eta = \frac{P_2}{P_1} \times 100\% = \frac{P_2}{P_2 + P_\mathrm{Fe} + P_\mathrm{Cu}} \times 100\%$$

# 习　题　四

4.1　有一线圈，其匝数 $N = 1000$，绕在由铸钢制成的闭合铁心上，铁心的截面积 $S_\mathrm{Fe} = 20 \ \mathrm{cm}^2$，铁心的平均长度 $l_\mathrm{Fe} = 50 \ \mathrm{cm}$。如果要在铁心中产生磁通 $\Phi = 0.002 \ \mathrm{Wb}$，试问线圈中应通入多大的直流电流？

4.2　如果上题的铁心中含有一长度为 $\delta = 0.2 \ \mathrm{cm}$ 的气隙（与铁心柱垂直），由于气隙很短，磁通的边缘扩散可忽略不计，试问线圈中的电流必须多大才可以使铁心中的磁感应强度保持上题中的数值？

4.3　变压器的铁心起什么作用？为什么铁心要用绝缘硅钢片叠成？

4.4　有一台空载运行的单相变压器，一次侧施加额定电压为 220 V 的交流电压，如测得一次绕组电阻为 10 Ω，问一次电流是否等于 22 A，为什么？

4.5　有一台额定电压为 220 V/110 V 的单相变压器,匝数为 $N_1 = 1\,000$, $N_2 = 500$。为了节省铜线,将匝数减为 $N_1 = 10$, $N_2 = 5$,问是否可行?

4.6　有一台额定电压为 220 V/110 V 的单相变压器,如不慎将低压侧误接到 220 V 的交流电源上,励磁电流将会发生什么变化,为什么?

4.7　额定容量 $S_N = 2$ kV·A 的单相变压器,一次绕组、二次绕组的额定电压分别为 $U_{1N} = 220$ V, $U_{2N} = 110$ V,求一次、二次绕组的额定电流各为多少?

4.8　有一单相照明用变压器,容量为 10 kV·A,额定电压为 3 300 V/220 V。今欲在二次绕组接上 60 W、220 V 的白炽灯,如果要变压器在额定情况下运行,这种电灯可接多少个? 并求一次、二次绕组的额定电流。

4.9　有一电源变压器,一次绕组有 550 匝,接 220 V 交流电源。二次绕组有两个:一个电压为 36 V,负载为 36 W;一个电压为 12 V,负载为 24 W。两个都是纯电阻负载。试求一次电流 $I_1$ 和两个二次绕组的匝数。

4.10　如题图 4 - 10 所示,将 $R_L = 8$ Ω 的扬声器接在输出变压器的二次绕组,已知 $N_1 = 300$, $N_2 = 100$,信号源电动势 $E = 6$ V,内阻 $R_0 = 100$ Ω,试求信号源输出的功率。

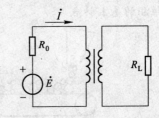

题图 4 - 10　习题 4.10 图

4.11　SJL 型三相变压器的铭牌数据为:额定容量 $S_N = 18$ kV·A,一次、二次额定电压 $U_{1N} = 10$ kV、$U_{2N} = 400$ V,额定频率 $f = 50$ Hz。已知每匝线圈感应电动势为 5.133 V,铁心截面积为 160 cm$^2$。试求:① 一次、二次绕组每相匝数;② 变压比;③ 一次、二次额定电流 $I_{1N}$、$I_{2N}$;④ 铁心中磁感应强度的最大值 $B_m$。(提示:对三相变压器,额定电压 $U_{1N}$、$U_{2N}$,额定电流 $I_{1N}$、$I_{2N}$ 均为线电压、线电流值;额定容量 $S_N = \sqrt{3}\,U_{1N}I_{1N} \approx \sqrt{3}\,U_{2N}I_{2N}$)

# 第五章 异步电动机及其控制线路

引例 某三级皮带运输机,其装置结构如图5-1所示,采用电动机拖动,三条皮带 S1、S2、S3 的起动、停止顺序,要求满足在停车后皮带工作面上没有物料堆积的基本特点。

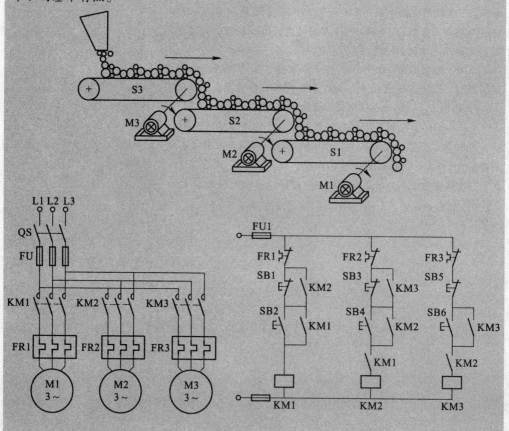

图 5-1  三级皮带运输机结构及控制线路

显然,作为一种电气拖动控制系统的设计,需要考虑的问题有如下几点:

① 拖动方案:三条皮带考虑用三台电动机 M1、M2、M3 分别独立拖动。

② 电动机选择:电动机额定功率的确定和电动机类型选择。

③ 控制电路:M1、M2、M3 三台电动机的起停控制电路的设计。

首先,考虑到传输带的要求不高,因笼型异步电动机具有简单、坚固、可靠、价廉、易维护等特点,使用三台电动机分别拖动,是一个合理的方案。

其次，在确定电动机的额定功率时，首先考虑的应该是每条皮带的负载转矩，通过力学的分析方法计算出每条皮带满载时产生的阻转矩，电动机的输出转矩选择由此确定，结合所需的运输速度，再确定电动机的额定功率。

最后，M1、M2、M3 的起动顺序按要求可设计为 M1→M2→M3，而停车顺序则可设计为 M3→M2→M1，也就解决了问题，实际上这是一个顺序控制的问题，线路如图 5-1 所示。当然也可按时间原则设计成自动的。

电动机的作用是将电能转化为机械能。现代各种生产机械广泛应用电动机来驱动。电动机可分为交流电动机和直流电动机两大类。

交流电动机又分为同步电动机和异步电动机两种。异步电动机又称为感应电动机，具有结构简单、坚固耐用、工作可靠、价格便宜和维护方便等一系列优点。随着电力电子技术的发展，交流调速有了飞跃的进步，使异步电动机得到了更好地运用。

异步电动机还分为单相和三相。单相异步电动机因容量小，在实验室和家用电气设备中用得较多，而三相异步电动机主要用于生产上。

本章主要阐述与三相异步电动机应用有关的问题，并简要介绍其他工业用电动机。

# 5.1 三相异步电动机的结构与特性

## 5.1.1 三相异步电动机的结构与工作原理

图 5-2 所示为三相笼型异步电动机的结构及其外形，它包括定子（固定部分）和转子（转动部分）两个基本组成部分。

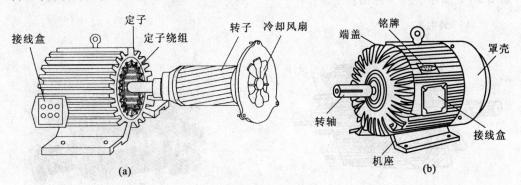

图 5-2 三相笼型异步电动机的结构及其外形
（a）定子、转子结构 （b）外形

1. 定子

异步电动机的定子是由机座和装在机座内的定子铁心和定子绕组所组成的。机座用铸铁或铸钢制成，定子铁心由相互绝缘的硅钢片叠制而成。铁心的内圆周表面开有定子槽，用来放置三相定子绕组。未装绕组的异步电动机的定子和转子铁心，如

图 5 - 3 所示。

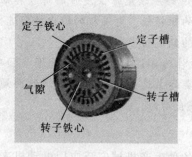

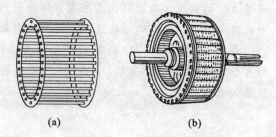

图 5 - 3　未装绕组的定子和转子铁心　　　　图 5 - 4　笼型转子

（a）笼型绕组　（b）转子外形

定子的三相绕组是对称分布的，分别嵌在定子铁心槽中。三相绕组有的采用星形联结，有的采用三角形联结。定子的作用是产生旋转磁场。

2. 转子

异步电动机的转子由转子铁心、转子绕组和转轴等部件组成。转子铁心是圆柱形的，也是由硅钢片叠成的，外圆周上冲有转子槽，用来放置转子绕组，铁心装在转轴上。转子的作用是驱动机械设备。根据转子绕组构造的不同，异步电动机的转子分为笼型转子和绕线型转子两种。

（1）笼型转子

笼型转子绕组在形式上与定子绕组完全不同，在转子铁心的每个槽中放置一根铜条。在铁心两端的槽口处，用两个导电的铜环分别把所有槽内的铜条短接成一个回路。如果去掉铁心，绕组的形状就像一个笼子，如图 5 - 4 所示。

目前中小型笼型异步电动机的转子绕组以及作冷却用的风扇常用铝液铸成一体，如图 5 - 5 所示，称为铸铝转子。

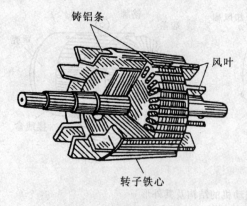

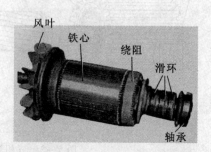

图 5 - 5　铸铝的笼型转子　　　　　　图 5 - 6　绕线型异步电动机转子

（2）绕线型转子

绕线型异步电动机的转子绕组与定子绕组相似，也是对称的三相绕组，连成星形。星形绕组的三根端线接到装在转轴的三个滑环上，通过一组电刷引出与外电阻相连。将外电阻串入转子绕组的回路中，是为改善电动机的运行特性。图 5 - 6 所示为绕线型异步电动机的转子。

3. 异步电动机的转动原理

异步电动机是依靠电磁感应作用运行的。三相异步电动机的磁场是由三相对称交流电流通入静止的三相对称绕组而产生的空间旋转的磁场。那么，三相异步电动机是如何转起来的呢，定子中旋转的磁场又是如何产生和作用的呢?

（1）转子的转动原理

如图5-7所示，假设转子每相为单匝铜条组成，如果将其放在磁极中，并使得
N-S极以$n_0$的速度顺时针旋转时，这旋转的定子磁极同转子之间形成转速差$\Delta n$，转子的转动原理叙述如下:

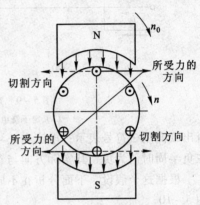

转速差$\Delta n \rightarrow$铜条（绕组）切割磁感线（方向如虚线所示）$\rightarrow$感应出电动势（右手定则，方向如图5-7）$\rightarrow$若转子铜条闭合则形成感应电流$\rightarrow$铜条受电磁力作用（左手定则）$\rightarrow$形成电磁转矩$\rightarrow$转子以$n$（异步转速）速度转动。

重要结论：① 若存在能旋转的磁场，闭合的转子绕组会跟着转动。

② 转子转速永远小于定子旋转磁场转速。

图5-7 转动原理

（2）旋转磁场的产生

在图5-8中，在定子圆周上由三个空间彼此相隔120°分布的单匝线圈所组成的三相绕组中，U1、V1、W1是三个线圈的首端（头），U2、V2、W2是三个线圈的末端（尾）。三个绕组形成星形联结，接到三相电源上，绕组中通入三相对称电流

$$i_1 = I_m \sin \omega t$$
$$i_2 = I_m \sin (\omega t - 120°)$$
$$i_3 = I_m \sin (\omega t + 120°)$$

其波形如图5-9所示。

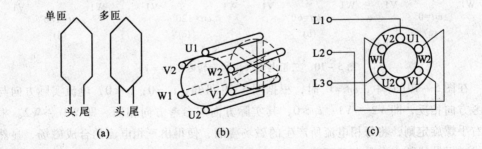

图5-8 简化的三相定子绕组

（a）每相绕组结构 （b）空间对称布置 （c）定子绕组的Y形联结

假设：电流参考方向从绕组的首端流入，从末端流出；流入纸面用⊗符号表示，

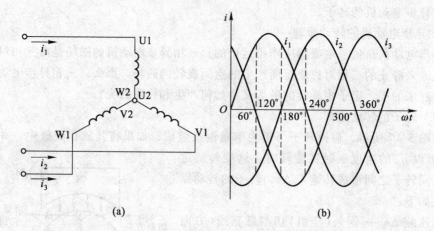

(a)　　　　　　　　　　　　　(b)

图 5-9　定子绕组中的三相对称电流

(a) 定子绕组的星形联结　(b) 三相对称电流

流出纸面用⊙符号表示；电流在正半周时值为正，其实际方向与参考方向一致，电流在负半周时值为负，其实际方向与参考方向相反。

根据这个假设，下面分析在不同瞬间由定子绕组中三相电流产生的磁场情况，见图 5-10。

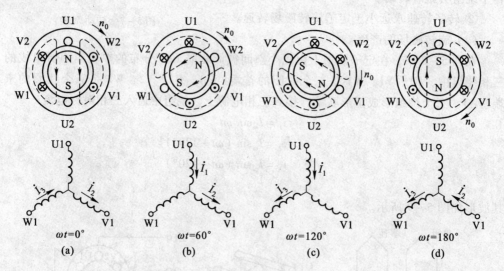

图 5-10　三相电流产生的旋转磁场（$p=1$）

在图 5-10(a)中，$\omega t = 0°$时，根据图 5-9 可知，$i_1 = 0$；$i_2 < 0$，电流实际方向与参考方向相反，即 V2→V1；$i_3 > 0$，其实际方向与参考方向相同，即 W1→W2。根据右手螺旋定则，将每相电流所产生的磁场叠加，便得出三相电流的合成磁场，显然合成磁场轴线的方向是自上而下。

在图 5-10(b)中，$\omega t = 60°$时，根据图 5-9 可知，$i_1 > 0$，$i_2 < 0$，$i_3 = 0$，将每相电流所产生的磁场叠加，得出合成磁场。显然，三相电流的合成磁场的方向也同时转过了 60°。

在图 5-10(c)和(d)中，结合图 5-9，同理可得在 $\omega t = 120°$，$\omega t = 180°$时，合

成磁场的方向也分别比前一位置转过了 60°。

分析可见，当三相电流的相位从 0°连续变化到 180°时，这个合成磁场的方向在空间就连续转过 180°，所以当电流变化一周时，磁场就转过一周。即三相电流随时间作周期变化时，定子三绕组共同产生的合成磁场在空间就不停地旋转，这就是旋转磁场。

上述旋转磁场的转向是顺时针的，如果将电源任意两相对调再接入三相定子绕组，即相序为逆序，则合成磁场的方向为逆时针。因此，得出又一个重要结论：旋转磁场的旋转方向是与通入三相绕组的三相电流的相序是一致的。

（3）异步电动机的旋转方向

根据转动原理可知，三相异步电动机转子的转动方向和旋转磁场的转向一致。而旋转磁场的旋转方向与通入三相定子绕组的三相电流的相序有关。因此，若要改变异步电动机的旋转方向，必须改变通入三相定子绕组中三相电流的相序，即将异步电动机同电源连接的三根导线中的任意两根的一端对调位置，则旋转磁场反转，异步电动机也就跟着反向旋转了。

4. 异步电动机的转速

（1）极对数

三相异步电动机的极对数就是旋转磁场的极对数。在图 5-10 的情况下，每相绕组只有一个线圈，三相绕组的首端之间相差 120°，由前面的分析可知，所产生的旋转磁场只有一对磁极（二极），即极对数 $p = 1$。

如果三相异步电动机的定子每相绕组用两个线圈串联，并使每相绕组的首端之间相差 60°，使 6 个线圈在 360°内均匀分布，则产生的旋转磁场具有两对磁极（四极），即极对数 $p = 2$。

（2）转速

三相异步电动机的转速与旋转磁场的转速有关，而旋转磁场的转速取决于磁场的极对数和电源频率。在 $p = 1$ 时，由图 5-10 可知，电流每交变一个周期，旋转磁场在空间就旋转一周。若电源的频率为 $f_1$，则电源每秒变化 $f_1$ 周，磁场每秒就转过 $f_1$ 周。显然，旋转磁场的转速为 $n_0 = 60 f_1$ 转/分（r/min）。

在 $p = 2$ 时，电流每交变一周，磁场在空间只旋转了半周，显然，旋转磁场的转速为 $n_0 = 60 f_1/2$ r/min。这样，具有 $p$ 对磁极的旋转磁场的转速 $n_0$ 表示为

$$n_0 = \frac{60 f_1}{p} \tag{5.1}$$

其中，$n_0$ 为旋转磁场的转速，也称同步转速，单位 r/min；$f_1$ 为定子电流频率，单位 Hz；$p$ 为旋转磁场的极对数。

在我国，工频 $f_1 = 50$ Hz，由式（5.1）可得出对应于不同极对数 $p$ 时的旋转磁场转速如表 5-1 所示。

表 5-1　极对数与同步转速的关系

| $p$ | 1 | 2 | 3 | 4 | 5 | 6 |
|---|---|---|---|---|---|---|
| $n_0/(\text{r/min})$ | 3 000 | 1 500 | 1 000 | 750 | 600 | 500 |

（3）转差率

由转动原理可知，转子转速异于旋转磁场的转速是保证转子旋转的必要条件。现将转子的转速 $n$ 与旋转磁场的转速 $n_0$ 相差的程度用转差率 $s$ 表示，即

$$s = \frac{n_0 - n}{n_0} \qquad (5.2)$$

或

$$n = n_0(1 - s) \qquad (5.3)$$

当转子转速 $n = 0$ 时（起动瞬间），$s = 1$；当 $n = n_0$ 时，$s = 0$。一般三相异步电动机在额定负载时的转差率 $s$ 为 0.01 ~ 0.09。

转差率 $s$ 的大小反映了电动机的运行状态。对转子而言，旋转磁场是以 $(n_0 - n)$ 的速度相对于转子旋转。如果旋转磁场的极对数为 $p$，则转子感应电动势的频率 $f_2$ 为

$$f_2 = \frac{p(n_0 - n)}{60} = \frac{n_0 - n}{n_0} \cdot \frac{pn_0}{60} = sf_1 \qquad (5.4)$$

例如，在电动机开始起动的瞬间，$n = 0$，即 $s = 1$，此时，旋转磁场与转子间的相对转速最快，$f_2$ 最高，为 $f_2 = f_1$；转子电流 $I_2$ 也最大，为起动电流 $I_{st}$，即 $I_2 = I_{st}$。当转速升高后，$s$ 下降，$f_2$ 和 $I_2$ 都随之减小。当电动机到达额定工作点时，转速也到达额定转速 $n_N$，转子电流为额定电流，此时 $s = s_N$，$f_2 = s_N \cdot f_1 = (0.01 ~ 0.09) \times 50\ \text{Hz} = 0.5 ~ 4.5\ \text{Hz}$，$I_2 = I_{2N}$。可见，在额定转速时，$f_2$ 是很低的。

**例 5.1**　一台三相异步电动机，额定转速 $n_N = 1\ 425\ \text{r/min}$，电源频率 $f_1 = 50\ \text{Hz}$。求电动机的极对数和额定转差率。

**解**：① 求极对数 $p$

由于电动机的额定转速略小于旋转磁场的同步转速 $n_0$，因此根据 $n_N = 1\ 425\ \text{r/min}$，可判断其同步转速 $n_0 = 1\ 500\ \text{r/min}$，故得

$$p = 60f_1/n_0 = 60 \times 50/1\ 500 = 2$$

② 求额定转差率 $s_N$

$$s_N = (n_0 - n_N)/n_0 = (1\ 500 - 1\ 425)/1\ 500 = 0.05$$

## 5.1.2　三相异步电动机的电磁转矩与机械特性

### 1. 电磁转矩

异步电动机的电磁转矩 $T$ 是由转子电流 $I_2$ 在旋转磁场中受到电磁力作用而产生的，它与磁通 $\Phi$ 和转子电流 $I_2$ 的有功分量 $I_2\cos\varphi_2$ 成正比，即

$$T = k_T \Phi I_2 \cos\varphi_2 \qquad (5.5)$$

式中，$k_T$ 是与电动机结构有关的常数。

异步电动机中的电磁关系与变压器相似，定子绕组相当于变压器的一次线圈接电源；转子绕组相当于变压器的二次线圈，其中的电动势 $E_2$ 和电流 $I_2$ 都是靠电磁感应产生的。故 $\Phi$ 越大，$E_2 = U_2$ 越大，而 $I_2$ 正比于 $U_2$，即也正比于 $U_1$。所以，在某一个 $s$ 值下，$T$ 与定子每相电压 $U_1$ 的平方成正比，即

$$T \propto U_1^2 \qquad (5.6)$$

### 2. 机械特性曲线

当电动机定子外加电压 $U_1$ 及其频率 $f_1$ 一定时，转矩与转差率的关系曲线 $T = f(s)$ 如图 5-11 所示，转速与转矩的关系曲线 $n = f(T)$，如图 5-12 所示，统称为电动机的机械特性曲线。

机械特性是异步电动机的主要特性，4 个特征点，分析如下。

(1) 理想空载与硬特性

由图 5-11 可见，当 $n = n_0$，即 $s = 0$ 时，$T = 0$ ($d$ 点)，这种运行情况，称为电动机的理想空载。当电动机的负载转矩从理想空载增加到额定转矩 $T_N$ 时，它的转速相应地从 $n_0$ 下降到额定转速 $n_N$。这时相应的转差率为 $s_N = 0.01 \sim 0.09$。显然 $n_N$ 略低于 $n_0$。电动机转速 $n$ 随着转矩的增加而稍微下降的这种特性，称为硬特性 ($d-b$ 段)，为稳定工作区，而在 $b-a$ 段电动机不能稳定工作。

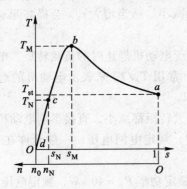

图 5-11　三相异步电动机的 $T = f(s)$ 曲线　　图 5-12　三相异步电动机的 $n = f(T)$ 曲线

(2) 额定转矩 $T_N$

额定转矩 $T_N$ 表示电动机在额定工作状态时的转矩。电动机的额定转矩可根据电动机铭牌上给出的额定输出功率 $P_N$ 和额定转速 $n_N$ 计算出来。

在图 5-11 中，$T = T_N$，$n = n_N$ 时对应的 $c$ 点为额定工作状态。如果忽略电动机本身的空载损耗，可以近似地认为，额定转矩 $T_N$ 等于额定输出转矩 $T_{2N}$。根据动力学分析，旋转体功率 $P$ 等于旋转体转矩 $T$ 乘以角速度 $\omega$，可得

$$P_2 = T_2 \cdot \omega$$

$$T \approx T_2 = \frac{P_2}{\omega} = \frac{P_2 \times 10^3}{\frac{2\pi n}{60}} = 9\,550 \frac{P_2}{n}$$

额定时

$$T_N \approx T_{2N} = 9\,550 \frac{P_{2N}}{n_N} \tag{5.7}$$

式中，$P_{2N}$ 为电动机轴上的额定输出功率，也用 $P_N$ 表示，单位 kW，$n_N$ 的单位是 r/min，$T_N$ 单位是 N·m。

(3) 最大转矩 $T_M$

$T_M$ 表示电动机产生的最大电磁转矩，又称临界转矩，如图 5-12 中的 $b$ 点 ($T = T_M$，$n = n_M$)。对应于 $T_M$ 的转差率 $s_M$ 称为临界转差率，如图 5-11 所示。

电源电压的下降，将使最大转矩减小，影响电动机过载能力。

电动机的最大过载，可以接近最大转矩，如果时间较短，电动机的发热不超过允许温升，这样的过载是允许的。当负载转矩超过最大转矩时，电动机将带不动负载，会发生"闷车"停转现象（又称"堵转"），这时应立即切断电源，并卸除过重负载。而最大转矩也表示电动机允许的短时的过载能力。

最大转矩 $T_M$ 与额定转矩 $T_N$ 的比值，即

$$\lambda = T_M / T_N \tag{5.8}$$

称为电动机的过载系数，代表电动机的过载能力。$\lambda$ 一般为 1.8～2.2。

（4）起动转矩 $T_{st}$

$T_{st}$ 是表示电动机的转子起动瞬间，即 $n = 0$，$s = 1$ 时的电磁转矩。$T_{st}$ 与转子电阻 $r_2$ 和电源电压 $U_1$ 等参数有关。当 $U_1$ 降低时，$T_{st}$ 减小。适当增大 $r_2$，会提高起动转矩 $T_{st}$。

为了保证电动机能够起动，起动转矩必须大于电动机静止时的负载转矩。电动机一旦起动，会迅速进入机械特性的稳定区运行。常用 $T_{st}/T_N$ 来表示电动机的起动能力。一般，电动机的起动能力 $T_{st}/T_N$ 为 1.1～2.2。

显然，电源电压的下降，将使起动转矩和最大转矩都减小，直接影响电动机的起动性能和过载能力。通常在电动机的运行过程中，规定电网电压，一般允许在 ±5% 范围内波动。

**例 5.2**    有一台异步电动机的技术数据为：额定功率 $P_N = 40$ kW，额定电压 $U_N = 380$ V，额定转速 $n_N = 1\ 470$ r/min，额定工作时的效率 $\eta_N = 90\%$，定子功率因数 0.9，起动能力 $T_{st}/T_N = 1.2$，过载系数 $\lambda = 2.0$。试求：① 额定电流 $I_N$、额定输入功率 $P_{1N}$；② 额定转矩 $T_N$、起动转矩 $T_{st}$、最大转矩 $T_M$。

**解：**① 求 $I_N$、$P_{1N}$

$$P_{1N} = \frac{P_N}{\eta_N} = \frac{40}{0.9} \text{kW} \approx 44.4 \text{ kW}$$

由于对称三相负载的额定功率为        $P_{1N} = \sqrt{3} U_N I_N \cos \varphi_N$

所以

$$I_N = \frac{P_{1N}}{\sqrt{3} U_N \cos \varphi_N} = \frac{44.4 \times 10^3}{\sqrt{3} \times 380 \times 0.9} \text{A} \approx 74.9 \text{ A}$$

② 求 $T_N$、$T_{st}$、$T_M$

$$T_N = 9\ 550 \frac{P_N}{n_N} = 9\ 550 \times \frac{40}{1\ 470} \text{N} \cdot \text{m} \approx 259.8 \text{ N} \cdot \text{m}$$

$$T_{st} = 1.2 T_N = 1.2 \times 259.8 \text{ N} \cdot \text{m} \approx 311.8 \text{ N} \cdot \text{m}$$

$$T_M = 2 T_N = 2 \times 259.8 \text{ N} \cdot \text{m} = 519.6 \text{ N} \cdot \text{m}$$

3. 电动机负载能力自适应分析

电动机拖动负载工作时，所产生的电磁转矩 $T$ 的大小在一定范围内能根据负载的变化而自动调整。当负载转矩 $T_2$ 增大时，电动机产生的电磁转矩自动增大；相反，负载转矩 $T_2$ 减小时，电动机产生的电磁转矩自动降低。电磁转矩能自动适应负载的需要而自动地增减，这个特性称为电动机负载能力的自适应性。

根据三相异步电动机的特性曲线 $n = f(T)$，如图 5-13 所示，电动机的起动过程及负载变动时，它的电磁转矩自动适应负载情况分析如下。

当合上起动开关后：

① 若 $T_{st} >$ 负载转矩 $T_2$，电动机就转动起来，转速沿 $n = f(T)$ 曲线的 $a-b$ 段开始上升，并且随着 $n$ 的增大，电动机的电磁转矩 $T$ 也在沿 $a-b$ 段上升。

② 当工作点到达曲线的 $b$ 点时，$T = T_M$，随着 $n$ 继续上升，$T$ 开始减小。

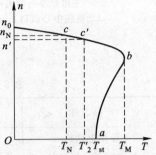

图 5-13 负载能力自适应分析图

③ 只要 $T$ 仍然大于 $T_2$，电动机的转速 $n$ 仍然继续上升，直到电磁转矩 $T$ 与负载转矩 $T_2$ 相等后，电动机转速不再升高，电动机稳定运行在 $n = f(T)$ 曲线上的某个工作点 $c$（假定 $T_2 = T_N$）。

当电动机稳定运行（$T = T_N$）时：

① 如果负载转矩 $T_2$ 增加了变为 $T'_2$，则 $T < T'_2$，使转速 $n$ 开始下降。

② 由于 $n$ 的下降，使转差率 $s$ 增加，电动机转子电流 $I_2$ 也相应增大。

③ 转矩 $T$ 随 $I_2$ 上升而增加，这个过程要一直进行到 $T = T'_2$ 时为止，此时电动机重新在一个新的转速 $n'$ 下稳定运行。

实际上，电动机的负载转矩 $T_2$ 增大到 $T'_2$ 时，随着转子电流 $I_2$ 增加，电动机的定子电流 $I_1$ 也将增大，使输送给电动机的电功率 $P_1$ 也随之增大，电动机取用的电能就增加了。上述过程是自动进行的，不需要人为控制。而当负载转矩变小时，也是如此自动适应的。

### 5.1.3 三相异步电动机技术数据及选择

**1. 电动机的铭牌数据**

每台电动机的机座上都有一块铭牌，上面标有电动机的主要额定技术数据。现以 Y112M-4 型三相异步电动机的铭牌为例，说明有关技术数据的含义。

电动机铭牌示例

| 三相异步电动机 | | | | | |
|---|---|---|---|---|---|
| 型 号 | Y112M-4 | 功 率 | 4 kW | 频 率 | 50 Hz |
| 电 压 | 380 V | 电 流 | 8.8 A | 接 法 | △ |
| 转 速 | 1440 r/min | 绝缘等级 | E | 工作方式 | S1 |
| 温 升 | 80℃ | 防护等级 | IP44 | 重 量 | 45 kg |
| | | ××电机厂 | | ××年××月 | |

（1）型号

型号反映电动机的类型和规格。国产异步电动机的型号由汉语拼音字母以及国际通用符号和阿拉伯数字组成，如图 5-14 所示。

三相异步电动机的类型（代号）的含义和适用场合如表 5-2 所示。

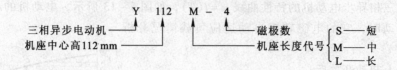

图 5 - 14　电动机的型号

**表 5 - 2　异步电动机的代号意义和适用场合**

| 产品名称 | 新代号（老代号） | 汉字意义 | 适用场合 |
|---|---|---|---|
| 异步电动机 | Y（J，JO） | 异 | 一般用途 |
| 绕线型异步电动机 | YR（JR，JRO） | 异绕 | 小容量电源场合 |
| 防爆型异步电动机 | YB（JB，JBX） | 异爆 | 石油、化工、煤矿井下 |
| 高起动转矩异步电动机 | YQ（JQ，JQO） | 异起 | 静负荷、惯性较大的机械 |

（2）定子绕组接法

一般笼型电动机的接线盒中有六个定子绕组引出线端子，标有：

U1、U2：第一相绕组的头尾两端；

V1、V2：第二相绕组的头尾两端；

W1、W2：第三相绕组的头尾两端。

这六个引出线端在接电源之前，相互间必须正确连接，连接方法有星形（Y 形）联结和三角形（Δ 形）联结两种（见图 5 - 15），通常三相异步电动机功率在 6 kW 以下者为星形联结；在 6 kW 以上者多为三角形联结。

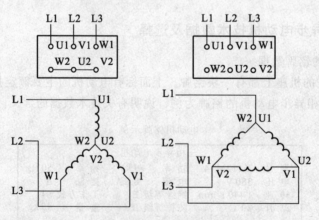

图 5 - 15　定子绕组的星形联结和三角形联结

（3）额定参数

电动机铭牌所标参数都是指额定参数。

额定电压 $U_N$：额定电压指电动机在正常运行时，定子绕组上应加的线电压。它是由定子每相绕组所能承受电压的大小而确定的。电压过高，励磁电流增大，铁心损耗也增大；电压过低，电动机的过载能力小，若带动额定负载，电流就会超过额定值，长期运行将导致电动机过热。一般规定，电动机的电压波动不超过额定电压值的

±5%。

额定电流 $I_N$：额定电流指电动机在规定状态运行时，定子电路的最大允许线电流。它是由定子绕组所用导线的尺寸和材质所确定的。电动机运行若超过额定电流值，将使电动机绕组过热，绝缘材料的寿命缩短，甚至烧坏电动机。

当电动机空载时，转子转速接近旋转磁场转速，定子电流很小，称为空载电流。主要是用以建立旋转磁场的励磁电流，当负载增加时，转子电流和定子电流都随之增加。

额定功率 $P_N$：是指规定的环境温度下，按规定的工作方式，在额定运行时电动机轴上输出的机械功率。

效率 $\eta_N$：铭牌或手册给出的效率，是指电动机在额定运行状态下，轴上输出的机械功率 $P_N$ 与定子输入电功率 $P_{1N}$ 的比值，即

$$\eta_N = P_N / P_{1N}$$

值得提醒的是，异步电动机是三相对称负载，根据三相对称负载的功率计算方法，不管电动机是星形联结还是三角形联结，三相功率即为三相异步电动机的输入功率

$$P_{1N} = \sqrt{3} U_N I_N \cos \varphi_N$$

一般额定运行时，效率为 75% ~ 92%。而当输出功率较小时，如空载或半载时效率很低，因此使用电动机时尽量避免"大马拉小车"的情况。

功率因数 $\cos \varphi_N$：铭牌或手册给出的额定功率因数，是指在额定运行状态下，电动机定子相电压与相电流相位差的余弦，电动机空载运行时，功率因数很低(0.2 ~ 0.3)，随着输出功率的增加，$\cos \varphi$ 有所上升，一般额定负载时 $\cos \varphi_N$ 为 0.7 ~ 0.9。

额定转速 $n_N$：在额定电压下，输出额定功率时的转速。$n_N$ 略低于相应极对数的同步转速，例如，Y112M - 4 型电动机的 $n_N$ 为 1 440 r/min，它是最常用的四极异步电动机，其同步转速为 1 500 r/min。

定子电流 $I_1$、功率因数 $\cos \varphi$、效率 $\eta$ 与输出功率之间的关系如图 5 - 16 所示。

（4）温升

温升是指电动机在运行中定子绕组发热而升高的温度。电动机在使用时容许的极限温度与绕组的绝缘材料耐热性能有关，常见耐热绝缘等级与温升允许值关系见表 5 - 3 所示。

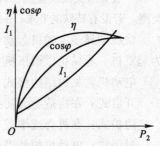

图 5 - 16 异步电动机的
运行特性

表 5 - 3 绝缘等级与温升允许值关系

| 绝缘等级 | 环境温度40℃时的容许温升 | 最大允许温度 |
| --- | --- | --- |
| A | 65 ℃ | 105 ℃ |
| E | 80 ℃ | 120 ℃ |
| B | 90 ℃ | 130 ℃ |

如电动机用的是 E 级绝缘，定子绕组的允许温度不能超过 40 ℃ + 80 ℃ = 120 ℃ 的极限值。

（5）工作方式及防护等级

异步电动机有三种工作方式：

连续工作方式：用 S1 表示；

短时工作方式：用 S2 表示；

断续工作方式：用 S3 表示。

防护等级是指外壳防护型电机的分级，如图 5 - 17 所示。

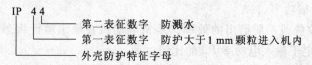

图 5 - 17　电动机防护等级

2. 三相异步电动机的选择

（1）功率的选择

对于连续运行的电动机，先计算出生产机械的功率，所选电动机的额定功率等于或稍大于生产机械的功率即可。

对于短时运行电动机，如机床中的夹紧电机、刀架电机、快速进给电机等都是短时运行的电动机。它们共同的特点是工作时间短，要求有一定的短时过载能力。通常要根据过载系数 λ 来选择短时运行电动机的功率。电动机的功率可以是生产机械要求的功率的 1/λ。

（2）种类和型式的选择

一般要从交流或直流、机械特性、调速与起动性能、维护和价格等方面来考虑电动机类型。若没有特殊的要求，一般都应选用交流电动机，并尽可能选用笼型异步电动机。

绕线型异步电动机起动性能、调速性能较好，但价格贵，维护不方便，常用来作为起重机、卷扬机、锻压机等不能用笼型电动机驱动的场合。

电动机常见的结构型式如下，根据生产现场需要选用。

开启式：在构造上无防护装置，用于干燥、无灰尘的场所，特点是通风良好。

防护式：在机壳或端盖下有通风罩，或将外壳做成挡板状，以防止杂物掉入。

封闭式：电动机的外壳严密封闭。电动机靠自身风扇或外部风扇冷却，并带有散热片。在灰尘多、潮湿或酸性气体的场合，可选用该种电动机。

防爆式：整个电动机严密封闭，用于有爆炸性气体的场所，如矿井等。

在选择电动机时，还应该考虑电动机安装的结构型式，如是否带底座，端盖是否要有凸缘等。

（3）电压和转速的选择

电动机电压等级的选择，要根据电动机运行场所提供的电网电压和电动机的功率来决定。我国工厂内提供的交流电压，低压一般为 380 V，高压一般为 3 000 V 和 6 000 V。Y 系列笼型异步电动机的额定电压为 380 V 一个等级。只有 100 kW 以上大功率交流电动机才用 3 000 V 或 6 000 V。

电动机的转速应根据生产机械的速度要求来选定。但通常转速不应低于 500 r/min。因为在功率一定的条件下，转速愈低，尺寸愈大，价格也愈贵，而效率却较低。一般数控机床要求多级变速或无级变速，此时往往用一台高速电动机加配减速器来满足速度要求。或者，现在数控机床大多采用异步电动机加配变频器调速。

# 5.2 三相异步电动机的运行控制

三相异步电动机的运行控制，主要涉及两个方面的问题，一是如何选用电动机和控制电器，另一个就是如何实现电动机的控制。本章开头的应用实例正是涉及了这两个方面。对电动机的控制主要是通过控制电器，实现对它的起动、停止及运行方式的控制。本节介绍常用低压控制电器和典型的继电-接触器控制系统。

## 5.2.1 常用低压控制电器介绍

在电路中起通断、保护、控制或调节作用的用电器件，称为控制电器，简称电器。在继电-接触器控制系统中主要使用额定电压低于 500 V 的低压电器。

低压电器的种类繁多，可分为手动和自动两大类。如刀开关、组合开关、按钮等属于手动电器，而各种按指令、信号或某个物理量的变化而自动动作的电器，如低压断路器、接触器、继电器、行程开关等则属于自动电器。

1. 刀开关和转换开关

刀开关和转换开关(QS)是常见的手动低压配电电器，用于接通或分断电路。

刀开关基本的结构和符号如图 5-18 所示，由手柄、触刀、静插座和底板等组成。按极数分为单极、双极、三极，按刀开关的转换方向分为单投和双投。

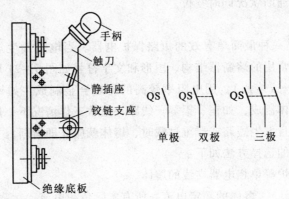

图 5-18 刀开关结构、图形和文字符号

刀开关的额定电压通常为 250 V、500 V，额定电流为 10~500 A。用于控制电动机时，考虑到电动机较大的起动电流，其额定电流值应大于异步电机额定电流的 3 倍。使用时应注意安全，只能手握绝缘手柄操作。

转换开关又称组合开关，它有多组成对的动触片和静触片，通过左右转动操作手柄，改变动触片和静触片的相应通断位置，实现电路的"通"与"断"。

转换开关是一种多极开关，组合性强，常用的有单极、双极、三极和四极等多种，额定电压通常为交流 380 V、直流 250 V 或 500 V，额定电流为 10～500 A。其图形和文字符号如图 5-19 所示。

2. 按钮

按钮(SB)是一种主令电器，其结构、图形和文字符号如图 5-20 所示。按钮常用于接通、断开控制电路。它与开关不同，开关接通电路后，若要断开电路，则需要人工去断开；而按钮被按下去接通电路后，只要手松开，按钮的触点就会在弹簧的作用下会恢复原来的状态。因此，按钮只起发出"接通"和"断开"信号的作用。

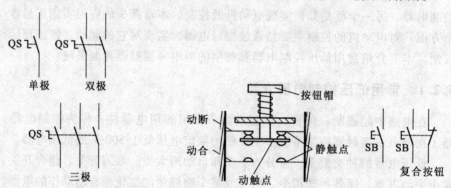

图 5-19 转换开关图形、文字符号

图 5-20 按钮的结构、图形和文字符号

图 5-20 中，上面一对原来就由触桥(动触点)接通的静触点，称为动断触点(也称常闭触点)，而下面原来处于断开的一对静触点，称为动合触点(也称常开触点)。当按下按钮时，触桥随着推杆一起向下运动，从而使动断触点断开，动合触点闭合，松开按钮后，触点通断状况同时复位。

3. 熔断器

熔断器(FU)是一种最简单有效的短路保护电器。当电路发生短路故障时能自动迅速的切断电源。常用的熔断器结构、图形和文字符号如图 5-21 所示。熔断器的核心部分是熔体(熔丝或熔片)，用电阻率较高的易熔合金制成，如铅锡合金等；或用截面积很小的良导体制成，如铜、银等。线路在正常工作情况下，熔断器中的熔体是线路的一部分，一旦发生短路或严重过载时，熔体就应立即熔断。

熔体额定电流的选择方法如下：

(1) 电灯、电炉等单相电器支线的熔体

$$熔体的额定电流 \geq 所有实际负载电流$$

(2) 电动机负载线路的熔体

由于电动机起动电流较大，为了避免起动瞬间无谓的烧断熔体，对不是频繁起动的单台电动机，一般取

$$熔体的额定电流 \geq 电动机的起动电流/2.5$$

对频繁起动的单台电动机，则取

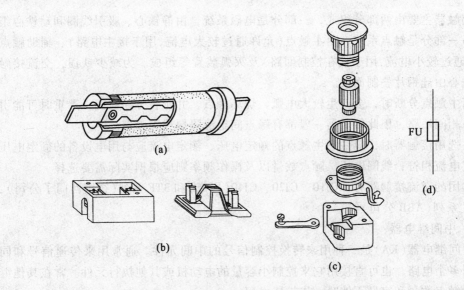

图 5 – 21 熔断器的结构、图形、文字符号

（a）管式 （b）插式 （c）螺旋式 （d）图形、文字符号

$$熔体的额定电流 \geqslant 电动机的起动电流 / (1.6 \sim 2)$$

对多台电动机合用的熔体，则可按下式估算

$$熔体的额定电流 \geqslant (1.5 \sim 2.5) \times 容量最大的电动机的额定电流$$
$$+ 其余电动机的额定电流之和$$

### 4. 交流接触器

交流接触器(KM)是利用电磁铁的电磁吸力来操作的电磁开关，属于自动电器。常用来接通和断开电动机或其他设备的主电路及有关控制电路。其结构、图形和文字符号如图 5 – 22 所示。

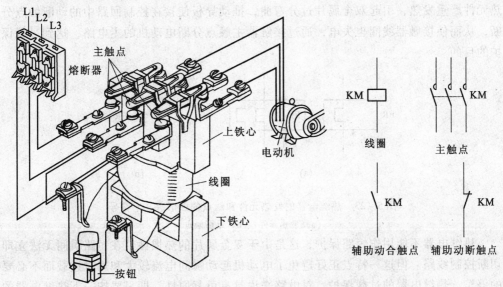

图 5 – 22 接触器的结构、图形和文字符号

接触器主要由两部分组成，一部分是电磁系统，由静铁心、吸引线圈和动铁心组成；另一部分是触点系统，由主触点(允许通过较大电流,用于接主电路)、辅助触点(允许通过较小电流,用于接在控制回路)及灭弧装置等组成。为减少铁损，交流接触器的铁心由硅钢片叠制而成。

当主触点分断时，会产生较大电弧，烧坏触点，并延长分断时间，严重时可能引起电源相间短路，因此接触器一般都有触点间绝缘隔层或灭弧罩。

在选用接触器时，应注意主触点的额定电压、额定电流应与用电设备的额定电压和额定电流相符；线圈电压、触点数量以及操作频率则应根据实际需要选择。

常用的交流接触器有：CJ10、CJ20、CJ40(国产)和 3TF 系列(德国西门子公司)，以及 B 系列(ABB 公司)等。

5. 中间继电器

中间继电器(KA)是一种用来转换控制信号的中间元件。通常用来传递信号和同时控制多个电路，也可直接用它来控制小容量的电动机或其他执行元件。常在其他继电器的触点数量和容量不够时，作扩展之用。

中间继电器的结构和交流接触器基本相同，只是电磁系统较小，触点多些。常用的中间继电器有 JZ7 系列(交流)和 JZ8 系列(交、直流两用)，触点的数量为 4 对动合触点、4 对动断触点，触点的额定电流均为 5 A。选用时还应考虑它们的线圈电压等级。

6. 热继电器

热继电器(FR)是一种具有过载保护特性的过电流继电器，它利用电流的热效应而动作的，用于电动机运行时的过载保护。其图形文字符号参见图 5 - 23 中所示。使用时将发热元件接入电动机的主电路中，由于发热元件是本身阻值不大的电阻丝，并且一段绕制在具有不同膨胀系数的双金属片上，当电动机过载时，过大的电流会使发热元件严重发热，引起双金属片过分弯曲，推动导板使接在控制回路中的动断触点分断，从而使接触器线圈也失电，通过接触器主触点分断电动机的主电路，达到过载保护的目的。

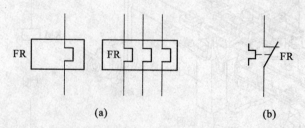

图 5 - 23　热继电器的发热元件和触点的图形、文字符号
(a) 发热元件　(b) 动断触点

热继电器不能用作短路保护，这是由于双金属片的热惯性，在短路瞬间无法立即切断控制线路。但这一特点正好避免了电动机起动瞬间电流较大和短时过载而不必要的停车。热继电器的过载保护，对电路来说具有可复原性，即只要按一下热继电器的复位按钮，就可使热继电器恢复原来的工作状态。

常用的热继电器有 JR16、JR20 等系列。选用时主要考虑热继电器的整定电流应与电动机的额定电流基本一致，整定电流在一定范围内是可以设定的。

熔断器可用作短路保护；接触器可用作欠压保护，但接触器的触点通断电流较大，电弧造成的设备损伤严重；热继电器可用作过载保护，但由于双金属片接入主电路，功耗很大。从安全可靠及环保与节能考虑，我国从 1997 年底开始逐步推广采用以电子技术为基础的综合保护器。这类综合保护器对电动机等电气设备的保护功能全、能耗低、使用方便可靠，如 JRD22 型电动机综合保护器，具有过流（过载）、断相、三相电压不平衡、漏电等保护功能。

## 5.2.2 三相异步电动机的起动与调速分析

### 1. 起动特性分析

电动机的起动就是将电动机接通电源后，转速由零上升到某一稳定速度。在起动过程中电动机的起动性能，主要是指起动电流和起动转矩两方面的问题。

（1）起动电流

起动初始瞬间，转速 $n = 0$，即转差率 $s = 1$，在转子绕组中感应产生的电动势和电流都很大，因此定子电流也随之增大。一般笼型电动机的起动电流 $I_{st} = (5 \sim 7) I_N$。

如此大的起动电流对不频繁起动的电动机本身影响并不大。虽然起动电流很大，但是起动时间短（$1 \sim 3$ s），一旦起动，电流便很快减小，来不及使电动机本身过热。然而，过大的起动电流会引起电网电压的显著降低，因而影响接在同一电网上的其他电气设备的正常运行，如可能会使灯光闪烁或使其他电动机降速，甚至停运。

（2）起动转矩

刚起动时，虽然转子电流很大。但转子的漏电抗 $X_{20}$ 也很大，所以，转子功率因数 $\cos \varphi_2$ 很低，因而实际起动转矩并不大，通常 $T_{st}/T_N = 1.1 \sim 2.0$。

起动转矩如果太小，就不能带载起动，或者使起动时间延长；起动转矩过大，则会冲击负载，甚至造成机械负载设备的损坏。

显然，异步电动机的起动性能较差，即起动电流过大，起动转矩较小，这与生产实际要求有时不能适应，因此，为了限制起动电流并得到适当的起动转矩，对异步电动机的起动，要根据电网及电动机容量的大小、负载轻重等具体情况，采用不同的起动方法。

一般笼型异步电动机有直接起动和降压起动两种方法。而绕线型异步电动机的起动，只要在转子电路中接入大小适当的起动电阻，即可达到减小起动电流、提高起动转矩的目的，常用于起重机等要求起动转矩较大的生产机械上。

### 2. 异步电动机的调速

调速是在保持电动机电磁转矩（即负载转矩）一定的情况下改变电动机的转动速度。由式（5.1）和式（5.3）可得异步电动机转速的表达式为

$$n = n_0 (1 - s) = \frac{60 f_1}{p} (1 - s) \tag{5.9}$$

由式（5.9）可见，对异步电动机调速可以从以下几个方面进行：

（1）改变极对数 $p$ 调速

改变极对数 $p$ 调速（简称变极调速）只在笼型异步电动机中采用，称为多速异步电动机。它是采用改变定子绕组的连接方法，来改变电动机的极对数，达到改变电动机转速的目的，如图5-24所示。

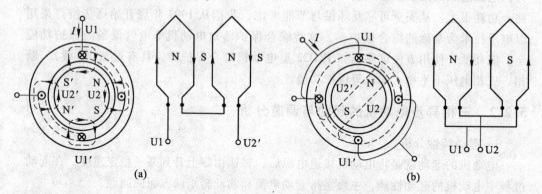

图 5-24　U 相绕组的改接方法

（a）四极电动机改接方法　（b）二极电动机改接方法

图中以 U 相绕组为例，图 5-24（a）为四极电动机，图 5-24（b）为二极电动机。这种调速方法，只能使电动机的转速成倍地变化，即有级调速，常见的双速电动机就是属于变极调速。双速电动机在经济型数控机床中用得较多，如镗床、磨床、车床等。

（2）改变转差率 $s$ 调速

对于绕线型异步电动机，可在转子电路中接入一个调速电阻，改变电阻大小，就改变了转子的电流和转矩，从而改变了转差率 $s$，可实现平滑调速（简称变转差率调速）。这种调速方法的优点是简单易行，常用在起重和运输等机械中。缺点是调速电阻能量损耗较大，机械特性软。

（3）改变供电电源的频率 $f_1$ 调速

随着变频技术的发展，改变供电电源的频率 $f_1$ 调速（简称变频调速）得到了越来越多的应用。常见的变频调速装置结构框图如图 5-25 所示。

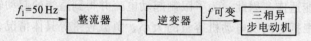

图 5-25　变频调速装置结构框图

由于电动机的转速与旋转磁场的转速接近，而旋转磁场的转速又与电源频率成正比，因此，改变电源频率即可改变电动机的转速，这是一种变频无级调速。

## 5.2.3　三相异步电动机的典型控制线路

1. 直接起动控制线路

直接起动即全压起动。起动时，把电动机的定子绕组直接接入电网，加上额定电压，这种起动方法简单、方便、经济。一般说来，电动机的容量不大于直接供电变压器容量的 20% ~ 30%，都可以直接起动。例如，变压器容量为 180 kV·A 的供电网络，额定功率≤7.5 kW 的笼型异步电动机都可以直接起动。

（1）点动控制线路

如图 5-26 所示。按下起动按钮 SB
时，接触器 KM 线圈得电，吸引动铁心
向左运动，使得接触器动合主触点动、
静触点闭合，从而，将三相电源加到电
动机三相定子绕组上，电动机起动。工
作原理符号法表示为：

SB$^{\pm}$→KM$^{\pm}$→M$^{\pm}$点动。（这里 ± 号
的含义：对于机械的动作，+ 代表压合动
作，- 代表松开动作;对于电磁线圈，+ 代
表得电吸合，- 代表失电松开。）

（2）直接起动控制线路

如图 5-27 所示。该线路实际上是
具有热继电器保护的长动控制线路，同

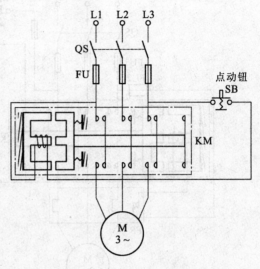

图 5-26 点动控制接线

时具有失压保护和过载保护，一旦起动，三相电源直接加在电动机三相定子绕组上起
动电动机。

起动时，按下起动按钮 SB2，接触器 KM 线圈得电，一方面使主触点闭合，电动
机得电运转，同时接触器的辅助动合触点 KM 闭合，使接触器自锁，这时即使按钮
SB2 释放，接触器的线圈仍然得电，使电动机保持运转。要停止时，只要按下停止按
钮 SB1 即可。工作原理符号法表示为

起动：SB2$^{\pm}$→KM$_{自}^{+}$→M$^{+}$长动；

停止：SB1$^{\pm}$→KM$^{-}$→M$^{-}$自由停车；

如果因电源暂时停电使处在运转状态的电动机停转，那么当电源电压恢复时，电
动机不会自动起动，仍然需要按下起动按钮 SB2 才能重新起动，避免了事故。这种
作用称为失压保护。

图 5-27 中的热继电器 FR 起过载保护的作用，当电动机过载时，串在控制电路
中的热继电器动断触点因发热元件的推动而断开，使接触器线圈失电，KM 的主触点
断开，切断电动机电源，保护了电动机。

2. 正反转控制线路

在实际的生产中，常常要求机械的运动部件具有正反两个方向的运动。例如，机
床主轴的正反转，升降台的上升与下降，运输带的前进与倒退等。

要使电动机实现正反转，由前述的内容可知，只要改变相序，即只要将电源的任
意两根连线互换，即可实现电动机转向的改变。图 5-28 所示，使用两个交流接触
器，当接触器 KM1 合上时，电动机正转；当接触器 KM2 合上时，电动机反转。

从主电路可以看出，若 KM1、KM2 两个接触器同时工作时，将引起电源短路。
所以对正反转控制线路的最基本要求是必须保证两个接触器不能同时工作。这种在同
一时间里两个接触器只允许一个工作的控制要求称为互锁。

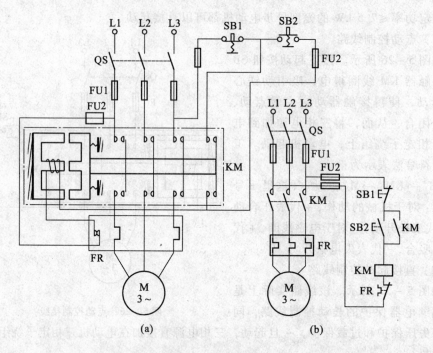

图 5 - 27 直接起动控制的接线图和电气原理图

(a) 接线图 (b) 原理图

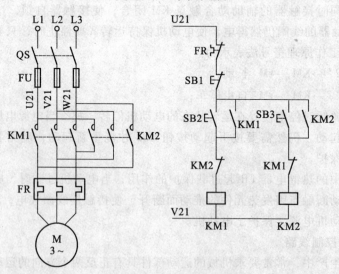

图 5 - 28 正反转控制线路

为实现互锁要求，只要将正转接触器的辅助动断触点（常闭触点）串入反转接触器的线圈电路中，而将反转接触器的辅助动断触点（常闭触点）串入正转接触器的线圈电路中。这两个动断触点称为联锁触点，而这种互锁称为电气联锁。结果，当起动电动机正转后，KM1 的辅助动断触点断开了反转线圈电路，即使误按反转起动按钮 SB3，反转接触器 KM2 也不可能得电，这就保证了电源不会短路。同样道理，若先起动了反转，则封锁了正转的线圈回路。

当然，这个电路的缺点是，每次切换转向，必须停车。正转起动的符号法工作原理描述如下(反转起动的过程基本相同)。

正转起动：$SB2^{\pm} \rightarrow KM1^{+}_{自} \rightarrow M^{+}$正转；

停止：$SB1^{\pm} \rightarrow KM1^{-} \rightarrow M^{-}$自由停车。

3. Y－Δ形降压起动控制线路

对于容量较大的笼型电动机，采用直接起动，会引起电网电压严重波动，在轻载起动的场合，可以采用降低定子绕组电压的方法起动(即降压起动)，以减小起动电流。起动后，待电动机转速接近额定值时，再换接额定电压。

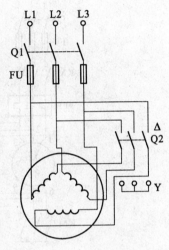

图 5 - 29   Y - Δ 形降压起动
原理示意图

降压起动可采用定子电路串联电阻、电抗或利用自耦变压器降压等方法。如果电动机要求在三角形联结方式下正常运行时，则常用 Y－Δ 形降压起动方法。

具体做法为，在起动时把定子绕组接成星形使每相绕组的电压为 $U_L/\sqrt{3}$，待转速接近额定值时，再改接成三角形，如图 5 - 29 所示。这种方法称为 Y - Δ 形降压起动法，是最为常用的降压起动方法。起动电流和起动转矩分析如下。

起动时，将开关 Q1 合上，开关 Q2 投向 Y 形，使定子绕组处于 Y 形联结方法下起动。每相绕组的电压、电流为

$$U_{YP} = \frac{U_L}{\sqrt{3}}$$
$$(5.10)$$
$$I_{YL} = I_{YP} = \frac{U_{YP}}{|Z_{st}|} = \frac{U_L}{\sqrt{3}|Z_{st}|}$$

当电动机转速接近额定值时，开关 Q2 转向 Δ 形，定子绕组进入三角形联结，每相绕组加上额定电压，电动机进入额定运行。

若直接采用 Δ 形联结进行起动，每相绕组的电压、电流为

$$U_{\Delta P} = U_L$$
$$(5.11)$$
$$I_{\Delta L} = \sqrt{3}I_{\Delta P} = \sqrt{3}\frac{U_{\Delta P}}{|Z_{st}|} = \sqrt{3}\frac{U_L}{|Z_{st}|}$$

显然，两种起动情况下的线电流的比值为

$$I_{YL}/I_{\Delta L} = 1/3$$
$$(5.12)$$

可见，采用 Y－Δ 形降压起动方法，起动电流为直接全压起动的 1/3。

对于起动转矩，由于转矩与电压的平方成正比。所以两种起动方法下转矩之比为

$$\frac{T_Y}{T_\Delta} = \frac{(U_{YP})^2}{(U_{\Delta P})^2} = \frac{(U_L/\sqrt{3})^2}{U_L^2} = \frac{1}{3}$$
$$(5.13)$$

可见，采用 Y - Δ 形降压起动方法，起动转矩也降低为直接全压起动的 1/3。这种起动方法适用于空载或轻载起动。

图 5 - 30 所示为实用 Y - Δ 形降压起动控制线路，为了能够实现自动转换，通常利用时间继电器来控制 Y - Δ 形降压起动的切换，被称为时间控制。

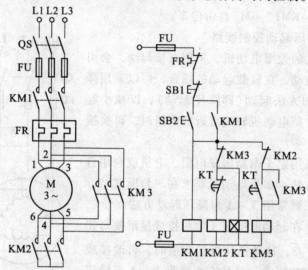

图 5 - 30   Y - Δ 形降压起动控制线路

图中，KM1 为主接触器，KM2 为 Y 形起动接触器，KM3 为 Δ 形运行接触器。Y - Δ 形降压起动的切换时间由通电延时继电器 KT 的一对延时断开动断触点、一对延时闭合动合触点控制实现。其工作原理说明如图 5 - 31 所示。

由控制原理看出，时间继电器 KT 和 Y 形起动接触器 KM2 仅起 Y - Δ 形降压起动的切换作用，不参加长期的运转工作。

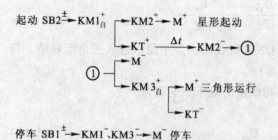

图 5 - 31   Y - Δ 形降压起动控制原理

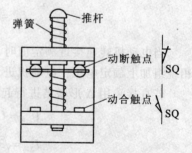

图 5 - 32   行程开关结构、符号

### 4. 行程控制线路

行程控制是指控制生产机械的运动行程、终端位置，实现自动停止或自动往返的控制目的。例如，数控车床的 X、Z 向进给运动的限位控制，数控铣床的 X、Y、Z 三个方向的回零点控制等，都要通过行程开关来控制实现。

行程开关（又称限位开关）的种类很多，有机械行程开关、电子接近开关、光电接近开关等。图 5 - 32 所示为常用的机械式行程开关的结构。它实际上和按钮没有很大的差别，唯一的区别就是，按钮是人工按合的，而行程开关的动作则由生产机械的运动部件压合而发出动作的。

图 5 − 33 所示为小车的自动往返行程控制电路。在图 5 − 33( b) 中，SB2、SB3 的动断触点串在 KM2、KM1 的线圈回路里，任何时候按下其中一个，小车都将改变运行方向，称为机械联锁，也即按钮互锁。显然，该电路具有双重联锁的功能。按下起动按钮 SB2 或 SB3，小车前进或后退，前进至行程开关 SQ2 或后退至行程开关 SQ1时，行程开关动断触点打开，使接触器线圈失电，电动机停转，小车停止前进或后退，起到限位停车的效果。

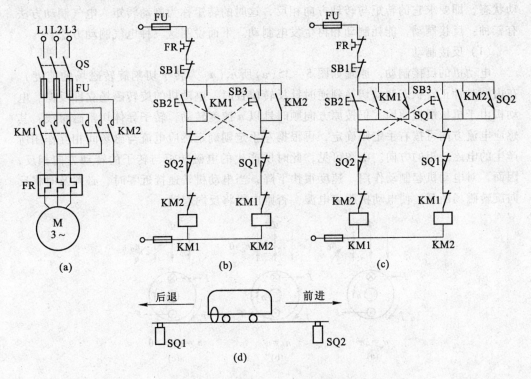

图 5 − 33  限位控制、自动往返控制线路

(a) 限位控制主电路  (b) 限位停车  (c) 自动往返  (d) 小车往返示意

在图 5 − 33( c) 中，同样按 SB2 或 SB3，小车前进或后退起动，到达限位时，在切断原来运行方向的同时，接通相反方向的线路，使小车自动往返。正转起动( SB2)的工作原理描述如图 5 − 34 所示。

$$SB2^{\pm} \rightarrow KM1_{自}^{+} \rightarrow M^{+}小车前进 \rightarrow SQ2^{+} \rightarrow KM1^{-} \rightarrow M^{-}$$
$$\rightarrow KM2_{自}^{+} \rightarrow M^{+}小车后退 \rightarrow SQ1^{+} \rightarrow KM2^{-} \rightarrow M^{-}$$

图 5 − 34  自动往返控制工作原理

需要停车时，按下 SB1 即可。反向起动循环往返的工作原理具有类似的过程。

5. 异步电动机的制动

当电动机断开电源后，由于电动机转动部分有惯性，将继续转动一定时间后才能停止。在实际生产中，为了提高生产率和生产安全，要求电动机能够迅速准确地停车或反转；有时要求限制电动机的速度，例如，在起重机下放重物或电气机车下坡时，都必须对电动机进行制动。制动的含义是在电动机轴上施加一个与电动机旋转方向相反的转矩。

对电动机进行制动的方法有两种：机械制动和电气制动。

机械制动常用电磁制动器通过摩擦来实现制动。电气制动是使电动机本身进入制动状态，即要求它的转矩与转动方向相反，这时的转矩称为制动转矩。电气制动方法有三种：反接制动，能耗制动和再生发电制动。下面说明这三种电气制动方法。

（1）反接制动

电动机的反接制动，原理如图 5 – 35(a) 所示（$n_q$ 为转子切割旋转磁场的速度）。在由顺时针正转状态制动切换到逆时针反转位置时，电动机的旋转磁场立即反向，电动机由于机械惯性原因，仍按原方向顺时针以 $n$ 速度转动，转子导体切割磁感线，其感应电流方向可按右手定则确定，再根据左手定则确定感应电流与磁场间相互作用所产生的电磁转矩的方向。由图可见，此时所产生的电磁转矩与转子的转动方向相反，因而，对电动机起制动作用。速度很快下降，当电动机转速接近零时，必须及时将反向旋转磁场断开，使电动机脱离电源，否则电机将反向起动。

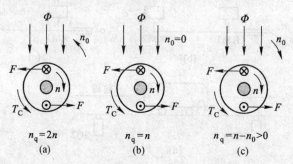

$$n_q=2n \qquad n_q=n \qquad n_q=n-n_0>0$$
(a)　　　　　　　(b)　　　　　　　(c)

图 5 – 35　三种制动方法
(a) 反接制动　(b) 能耗制动　(c) 回馈制动

在反接制动时，转子切割磁场的速度为 $n+n_0$，瞬时接近 $2n$，因此，转子电流和定子电流都会很大。为限制电流，必须在定子电路（笼型）或转子电路（绕线型）串接限流电阻。这种制动方法制动迅速，效果较好，但是，能量损耗较大，某些机床的主轴制动就采用这种方法。

常用的反接制动控制线路如图 5 – 36 所示。在图中，KS 为速度继电器，正转起动后，其动合触点闭合，为停车制动做好准备。当按下停车按钮 SB2 时，一方面切断 KM1 线圈回路，另一方面，接通制动接触器 KM2，进入反接状态，当转子速度接近于零时，速度继电器动合触点复位断开，使制动接触器 KM2 失电，有效防止了反向起动。主电路中的电阻 $R$ 为限流电阻。

（2）能耗制动

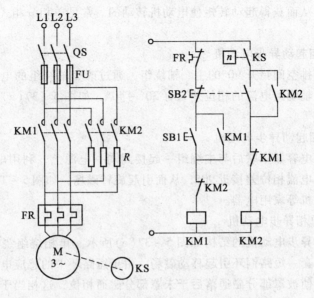

图 5-36　笼型电动机的反接制动

能耗制动是在切断电动机三相交流电源的同时向定子绕组加入直流电源，在定子内制造一个恒定磁场，如图 5-35(b) 所示。转子由于惯性仍继续按原方向以 $n$ 速度转动，同前，电磁转矩与转子转动的方向相反，因而起制动作用。这种制动方法消耗能，故称能耗制动。能耗制动的优点是制动平稳，停车准确，消耗能量小，其缺点是需要外加直流电源。在某些机床中采用这种制动方法。

（3）再生发电制动

再生发电制动又称回馈制动，其原理如图 5-35(c) 所示。当电动机的转速 $n$ 超过 $n_0$ 时，就进入了再生发电制动状态。

电动机在带动具有位能的负载时，如起重机快速下放重物或机车下坡时，其动力矩往往大于牵引力矩，此时，出现电动机转子转速将大于旋转磁场转速的情况。如图 5-35(c)，由于 $n > n_0(s < 0)$，转子导体感应出图示电流的方向，产生了与转子转向相反的力矩 $T_c$。这时，电动机进入发电制动状态，将电动机释放的位能转换为电能反馈到电网中去。又如，当双速电动机从高速调到低速的过程中，由于磁极对数的加倍，旋转磁场转速立即减半，但是，电动机转子的速度由于惯性只能逐渐减速，因而也出现 $n > n_0$ 的再生发电制动状态。

# *5.3　其他电动机简介

## 5.3.1　单相异步电动机

单相异步电动机是指由单相交流电源供电的异步电动机，一般为小功率电动机，常用于办公设备、电动工具和家用电器等诸多方面。

单相异步电动机是利用电感线圈和电容器的移相原理，在单相电源作用下，产生两相旋转磁场,从而获得起动转矩使电动机转动的。常见单相分相式异步电动机如图5-37所示。

1. 电阻分相起动异步电动机

在定子上安排空间错开90°的主、辅绕组,通过改变辅绕组的电阻来达到分相的目的。一般主、辅绕组电流的相位差只有30°~40°,如图5-37(a)所示。常见于鼓风机、医疗器械等。

2. 电容分相起动异步电动机

将辅绕组与电容器串联后与主绕组一起接到同一电源上,利用电容的分相作用,使两个绕组中的电流相位差接近90°,从而引起旋转磁场,如图5-37(b)所示。常见于电风扇、洗衣机等家用电器。

3. 罩极式单相异步电动机

罩极式单相异步电动机的结构如图5-37(c)所示。单相绕组绕在磁极上,在磁极的约1/3部分套一短路铜环引起移动磁场。由于短路环中的感应电流阻碍穿过短路环磁通的变化,使被罩部分磁通落后于未罩部分磁通相位,这相当于在电动机内形成一个向被罩部分移动的磁场,使转子产生转矩而起动。常使用于电吹风机等。

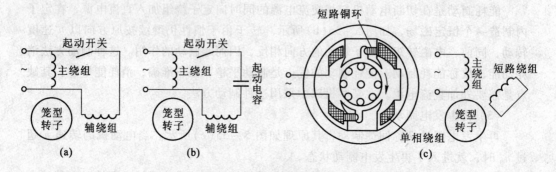

图 5 – 37　常见单相分相起动异步电动机

(a)电阻起动　(b)电容起动　(c)罩极式

## 5.3.2　直流电动机

直流电动机是由直流电驱动将电能转换为机械能的电动机。构造较复杂,价格相对贵,但具有良好的起动和调速性能。

1. 直流电动机的构造

直流电动机由固定的定子和旋转的转子两大部分组成。定子主要由磁极和机座构成,其作用是产生磁场和作为电动机的支架。转子也称电枢,主要包括电枢铁心、电枢绕组和换向器等。其结构示意如图5-38所示。

磁极上装有励磁绕组,当通以直流励磁电流时,产生固定的N-S磁场,并与机座、转子形成磁场回路。当转子电枢绕组通以直流电时,即会形成电磁转矩,使转子旋转。在小型直流电动机中,常用永久磁铁作为磁极。

2. 直流电动机基本工作原理

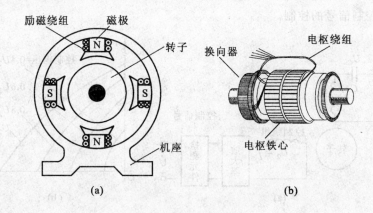

图 5 - 38 直流电动机结构示意图

(a) 结构简图 (b) 转子(电枢)

图 5 - 39 所示为一台两极直流电动机简化结构，电动机简化为一对磁极和一个电枢绕组线圈，线圈的两端分别连在两个半圆形换向片上，两个换向片的组合称为换向器。换向器上压着电刷 A 和 B。

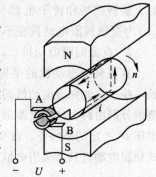

电动机运行时，将直流电源接在两电刷之间而使电流通入电枢线圈。显然，在图示磁场极性下，根据左手定则，形成电磁转矩，电枢因此而顺时针转动。当线圈的有效边从 N(S)极下转到 S(N)极下时，其中电流的方向通过换向器同时改变，从而使电磁力的方向不变，使电机能沿顺时针方向连续的旋转。

同样的，如果使 A 刷接正极性，B 刷接负极性，那么就会产生逆时针的电磁转矩，转子就会逆时针连续转动。

图 5 - 39 直流电动机

工作原理示意图

直流电动机按励磁方式不同，分为他励、并励、串励和复励四种。

### 5.3.3 控制电机

1. 交流伺服电动机

在自动控制系统中，伺服电动机用来驱动控制对象，它的转矩和转速受信号电压控制。当信号电压的大小和极性(或相位)发生变化时，电动机的转速和转动方向将非常灵敏和准确地跟着变化。

交流伺服电动机就是两相异步电动机。它的定子上装有两个绕组，一个是励磁绕组，另一个是控制绕组。它们在空间相隔 90°。转了有笼型和杯型两种类型。

图 5 - 40(a)是电容分相的交流伺服电动机的接线原理图。励磁绕组回路中串入电容 $C$ 后接到交流电源上。控制绕组接在电子放大器的输出端，控制电压就是放大器的输出电压 $\dot{U}_2$。显然，它与电容分相的单相异步电动机具有同样的两相旋转磁场，

只是 $\dot{U}_2$ 受控制信号的控制。

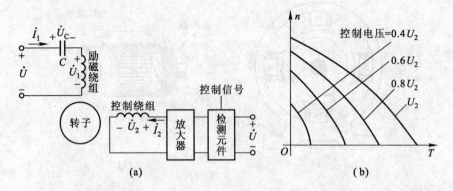

图 5 - 40　交流伺服电动机的接线原理图及其特性曲线

(a)接线原理图　(b)不同控制电压下的机械特性

在一定负载下,当控制电压 $\dot{U}_2$ 在控制信号作用下变化时,电机转子的转速作相应变化。控制电压大,电动机转得快;控制电压小,电动机转得慢。当控制电压反相时,旋转磁场和转子也都反转。如果控制电压变为零,电动机也就停转。图 5 - 40(b)为交流伺服电动机在不同控制电压下的机械特性曲线。

2. 直流伺服电动机

直流伺服电动机的结构和他励式直流电动机一样,但为了减小转动惯量而做得细长一些。直流伺服电动机的励磁方式分为电磁式和永磁式两种。工作时励磁绕组和电枢绕组分别由两个独立电源供电。直流伺服电动机通常采用电枢控制方式,即在保持励磁电压 $U_f$ 一定的条件下,改变电枢上的控制电压 $U_a$ 来改变电动机的转速和转向。而永磁式伺服电动机只能采用电枢控制。图 5 - 41(a)为直流伺服电动机的接线原理图。

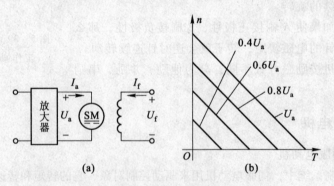

图 5 - 41　直流伺服电动机的接线图及其特性曲线

(a)接线原理图　(b)不同控制电压下的机械特性

在一定负载转矩下,当励磁电压不变时,如果升高电枢控制电压,电机的转速就升高;反之,降低电枢电压,转速就下降;当电枢控制电压为零时,电动机就立即停转。改变电枢电压的极性,电动机的转向就改变。图 5 - 41(b)为 $U_f$ 一定时,不同控制电压下的机械特性曲线。

3. 步进电动机

步进电动机是一种将电脉冲信号转换为直线位移或角位移的电动机，近年来在自控系统、数控机床领域应用较多。例如，在开环控制的数控机床中，在系统的控制下，脉冲分配器 CNC 每发一个进给脉冲，步进电动机便转过一定角度，带动进给工作台或刀架移动一个很小的距离（或转过一个很小的角度）。脉冲一个接着一个发来，步进电动机便一步一步地转动，实现自动机械加工。

步进电动机的定子具有均匀分布的六个磁极，磁极上绕有绕组，两个相对的磁极组成一相，构成三相定子绕组；它的转子具有均匀分布的四齿结构。图 5 – 42 是三相反应式步进电动机的结构示意图。

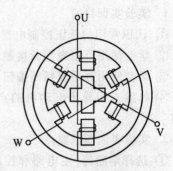

步进电动机是按脉冲节拍工作的。图 5 – 43 所示为单三拍工作方式的转动原理图。

设 U 相首先获得控制脉冲而通电，V、W 两相断电，产生 U – U′轴线方向的磁通，在这个磁场的作用下，转子总是力图转到磁阻最小的位

图 5 – 42　反应式步进电动机
结构示意图

置，也就是要转到转子的 1、3 齿对齐 U – U′极的位置，如图 5 – 43(a)所示。当 V 相通电，U、W 两相断电时，转子便顺时针方向转过 30°，它的 2、4 齿和 V、V′极对齐，如图 5 – 43(b)。当 W 相通电时，转子又顺时针方向转过 30°，它的齿 1、3 和 W、W′极对齐如图 5 – 43(c)所示。

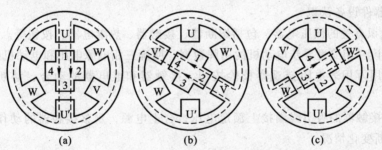

(a)　　　　　　　　　(b)　　　　　　　　　(c)

图 5 – 43　单三拍转动原理
(a) U 相通电　(b) V 相通电　(c) W 相通电

不难理解，当脉冲信号按 U→V→W→U 的顺序通电，则电机转子便顺时针转动。如果按 U→W→V→U 的顺序通电，则电机转子便逆时针方向转动。这种每次换相前后只有一相通电，电流换接三次完成一个通电周期，即通电状态只有 U、V、W 三种情况的通电方式称为单三拍方式。由于定子具有三相绕组，故又称为三相单三拍通电方式。

除了单三拍通电方式以外，常见的还有单双六拍、双三拍等。"双"是指每次同时有两相通电。限于篇幅，不再展开。

## 5.4　电机控制实验实训

### 5.4.1　低压控制电器的识别和电动机的点动、长动控制

1. 实验实训目的

① 认识常用的低压控制电器。

② 学会使用万用表判断接触器主、辅触点及其吸引线圈的通断。

③ 学会使用万用表判断按钮、热继电器触点的通断。

④ 熟悉三相异步电动机的点动、长动控制的线路原理和接线，加深对自锁的理解。

2. 实验实训知识要点

① 选择熔断器(主电路和控制线路)、接触器、按钮、热继电器的型号与规格，以及电动机的接线方式，主要是根据电动机的参数和电源电压及控制要求。

② 继电－接触器控制线路由两部分组成，包括主电路和控制电路，也称一次回路和二次回路。

③ 电机控制的自锁、互锁是通过利用接触器的辅助触点实现的。

④ 继电－接触器控制线路具有短路、过载和失压保护能力。

3. 实验实训内容及要求

(1) 器件设备认识

① 认识有关的低压电器，包括熔断器、接触器、热继电器、按钮等。

② 阅读三相笼型异步电动机的铭牌数据，明确三相电源电压和电动机的接法。

③ 利用万用表电阻挡观察校验按钮、接触器和继电器的动合、动断触点通断情况。

④ 将接触器的吸引线圈接上额定电压，合上电源，观察接触器的动作情况及其触点的通断变化情况。

(2) 点动控制线路

① 分析图 5 - 44 的工作原理，在明确控制原理和目的的前提下，按图接线。要求先接控制电路，接线顺序从上往下，接好的线用红笔做记号，养成良好的习惯。

② 检查无误后，在教师监督下，合上电源开关 QS。

③ 操作按钮，观察接触器的动作是否正常，是否按设计的逻辑动作，通不过时，断电排除故障，直到满足要求为止。

④ 将电源断开，按图 5 - 44 接主电路，将电动机接入。

⑤ 检查主电路和控制电路，无误后，合上 QS，分别按下、释放点动按钮 SB，观察电动机 M 的运行情况。

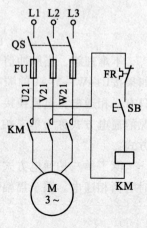

图 5 - 44

（3）具有热保的长动控制线路

① 分析图 5-45 的工作原理，在明确控制原理和目的的前提下，与（2）同样的要求和方法，按图接线。（注意：先拆去点动控制线路，操作时要断开电源。）

② 检查无误后，在教师监督下，合上 QS，分别按下起动按钮 SB2 和停止按钮 SB1，观察电动机 M 的运行情况。

（4）具有点动、长动双重功能的控制线路

① 实验实训之前预先设计好具有点动、长动的电动机控制线路。

② 经过教师的检查通过后方可接线。（其他要求同前。图 5-46 所示为控制电路部分。）

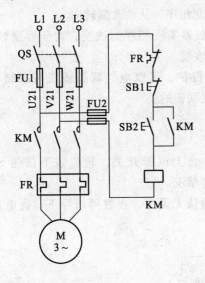

图 5-45

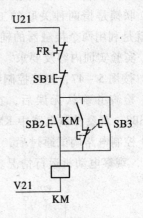

图 5-46

4. 实验实训器材设备

① 元器件：接触器、热继电器、按钮、中间继电器、三极刀熔开关。

② 工具：实验配线板、万用表、电笔、螺丝刀、剥线钳、导线若干。

③ 设备：三相笼型异步电动机、急停保护电源箱或继电-接触器控制实验台。

5. 实验实训报告要求

① 记录主要实验实训步骤。

② 分析实验实训电路的工作原理，对结果、故障现象作出分析。

③ 完成以下思考题：

（a）若按图 5-44 接好线，通电后，并无不正常现象发生，但一按按钮 SB 后，熔断器立即烧断，分析原因。

（b）若按图 5-45 接线后，按起动按钮 SB2，电动机正常起动，但松开 SB2 时，电动机 M 跟着停车，分析原因。

（c）具有点动、长动双重控制功能的线路，除图 5-46 给出的线路外，是否还有其他方法？

### 5.4.2　三相笼型异步电动机的正反转控制

1. 实验实训目的

① 掌握三相异步电动机的转向改变原理。

② 熟悉三相异步电动机的正、反转控制线路及其接法。

③ 懂得电气、机械联锁的原理和方法。

2. 实验实训知识要点

① 改变电源相序就能改变三相异步电动机的旋转方向。电源正序时电动机正转，逆序时反转。实际使用时，一般以某一相序接入，观察电动机转向。若要相反方向运转，只要将两根电源线的一端头子对调即可改变相序，从而改变转向。

② 常用的正反转实现方法是利用两只接触器实现相序的改变，对于容量较小，切换不频繁的情况，可用倒顺开关实现相序的改变。

③ 联锁是指两种关联的工作方式的互相保护，可以电气联锁或机械联锁，图 5-47 就是利用两个接触器的辅助触点实现电气联锁的。

3. 实验实训内容及要求

① 按图 5-47，先接控制线路。

② 检查并确认无误后，在教师指导下，合上电源开关，轮流按下按钮 SB1、SB2、SB3，观察控制电路中 KM1、KM2 的动作情况。

③ 控制电路调试通过后，再接主电路，确认无误后，在教师指导下，通电起动电动机，观察电动机运行情况。

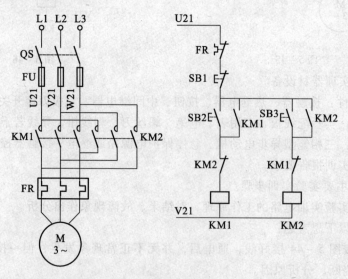

图 5-47　电气联锁正反转控制电路

4. 实验实训器材设备

① 元器件：接触器、热继电器、复合按钮、三极刀熔开关。

② 工具：实验配线板、万用表、电笔、螺丝刀、剥线钳、导线若干。

③ 设备：三相笼型异步电动机、急停保护电源箱或继电－接触器控制实验台。

5. 实验实训报告要求

① 记录主要实验实训步骤。

② 分析实验实训电路的工作原理，对结果、故障现象作出分析。

③ 完成以下思考题：

(a) 如何改变三相异步电动机旋转方向？

(b) 图 5－47 的正向接触器 KM1 和反向接触器 KM2 同时吸合，后果如何？

(c) 分析电气联锁、机械联锁的含义和特点。

(d) 用符号法描述本线路的工作原理。

# 本 章 小 结

1. 三相异步电动机的结构与原理

① 三相异步电动机由定子和转子两部分组成。定子三相绕组引出六个出线端，根据电网电压和电动机额定电压决定联结成 Y 形或 Δ 形。转子绕组可浇铸或嵌放在转子铁心的槽内，转子有笼型和绕线型两种。

② 定子三相对称绕组通入三相对称电流，产生旋转磁场。旋转磁场的转向取决于三相电流的相序。其转速(同步转速)与电源频率 $f_1$ 成正比，与磁极对数 $p$ 成反比，即 $n_0 = 60 f_1/p$。

③ 磁场切割转子导体，在转子绕组内产生感应电动势 $E_2$ 和电流 $I_2$，使转子受到电磁力的作用，从而使转子跟着旋转磁场转动，带动生产机械工作。

④ 异步电动机的转速 $n$ 永远小于 $n_0$，两者相差的程度常用转差率 $s$ 表示。

⑤ 要改变电动机的转向，只需将电动机接到电源上的三根导线中的任意两根互换(即改变相序)，就可以实现。

2. 三相异步电动机的电磁转矩和机械特性

① 电动机的转速 $n$ 和转矩 $T$ 之间的关系 $n = f(T)$ 称为电动机的机械特性曲线。机械特性曲线上有四个特征点：起动点 $a$、临界点 $b$、额定点 $c$ 和理想空载点 $d$。稳定运行区的近似直线段为硬特性区域。

② 对电动机起动的要求主要有两条：一是起动转矩 $T_{st}$ 应大于轴上机械负载转矩；二是起动电流 $I_{st}$ 要为电网的容量所允许。

3. 三相异步电动机的使用

① 控制电器是指在电路中起通断、保护、控制或调节作用的用电器件。继电－接触器控制系统通常使用额定电压 500 V 以下的低压控制电器。

② 电动机的铭牌数据用来标明电动机的额定值和主要技术规范，在使用电动机时应遵守铭牌的规定。

③ 笼型异步电动机有两种起动方法：直接起动和降压起动。直接起动简单、经济，应尽量采用，电网容量较小而电动机容量较大时，应采用降压起动以限制起动电流，但只适用于轻载起动的场合。常用的降压起动方法有 Y－Δ 形变换降压起动、定

子串电阻降压起动和自耦变压器降压起动等。

④ 笼型异步电动机的直接起动和正反转控制线路是控制的基本环节，应该掌握它们的工作原理和分析方法，明确自锁和联锁的含义和实现方法。

⑤ 电动机处于制动状态时，电磁转矩与电动机转动方向相反，常用的制动方法有反接制动、能耗制动和回馈制动。

**4. 其他电机**

本章还对单相异步电动机、直流电动机和控制电机作了简要介绍。

# 习 题 五

5.1 有一台四极三相异步电动机，电源电压的频率为 50 Hz，满载时电动机的转差率为 0.02。求满载时电动机的同步转速、转子转速和转子电流频率。

5.2 一台三相异步电动机的额定转速为 720 r/min，试问电动机的同步转速是多少，有几对磁极？

5.3 有的三相异步电动机有两种额定电压 380 V/220 V，定子绕组接法为 Y 形或 Δ 形。试问在什么情况下采用 Y 形或 Δ 形联结；两种情况下的额定功率、相电压、线电压、相电流、线电流、效率、功率因数、转速有无改变？

5.4 稳定运行的三相异步电动机，当负载转矩增加时，为什么电磁转矩相应增大；当负载转矩超过电动机的最大转矩时，会产生什么现象？

5.5 已知某三相异步电动机的技术数据为：$P_N = 2.8$ kW，$U_N = 220$ V/380 V，$I_N = 10$ A/5.8 A，$n_N = 2\,890$ r/min，$\cos \varphi_N = 0.89$，$f_1 = 50$ Hz。试求：① 电动机的磁极对数 $p$；② 额定转矩 $T_N$ 和额定效率 $\eta_N$。

5.6 一台三相异步电动机的铭牌数据如下：

| 额定功率 $P_N$/kW | 接线 | 额定电压 $U$/V | 额定转速 $n_N$/(r/min) | 额定效率 $\eta_N$/(%) | $\cos \varphi_N$ | $I_{st}/I_N$ | $T_{st}/T_N$ | $T_M/T_N$ |
|---|---|---|---|---|---|---|---|---|
| 10 | Δ | 380 | 1 450 | 0.86 | 0.88 | 6.5 | 1.4 | 2.0 |

求：① $I_N$、$T_N$、$T_{st}$、$T_M$；② 电动机直接起动、Y 形降压起动时的起动电流；③ 负载转矩 $T_2 = 0.5T_N$ 时，电动机的转速 $n$。

5.7 为什么说接触器控制的电动机具有失压保护作用？

5.8 试设计一台笼型异步电动机既能连续长动工作，又能点动工作的继电–接触器控制线路。

5.9 指出并改正题图 5–9 中的错误，说明电路的工作原理和功能。

5.10 试设计两台笼型电动机 M1、M2 的顺序控制电路，要求 M2 起动后，才能用按钮起动 M1。停止时要求先停止 M1 后，M2 才能用按钮停车。

5.11 分析题图 5–11 中各线路的操作结果，分别指出哪个是点动、长动、抖动、短路和无法停车。

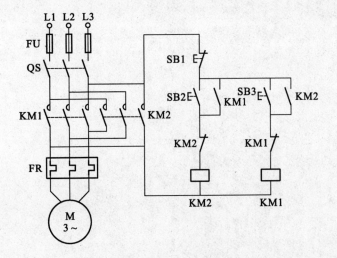

题图 5－9　习题 5.9 图

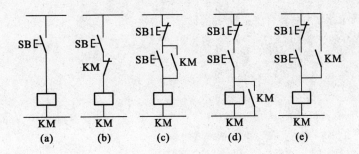

题图 5－11　习题 5.11 图

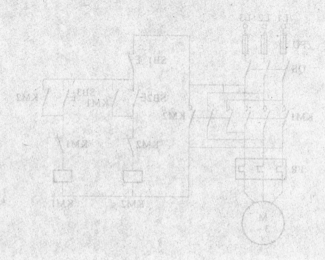

电子技术基础篇

# 第六章  晶体管及其应用电路

引例  晶体管电路是电子技术的基础，在学习本章之前，不妨先来了解图6-1所示的扩音机信号传输系统。

图中信号源是产生信号的设备或装置，如普通的话筒等，它靠某种声敏器件把声音转换成微弱的电压信号，由接收放大电路接收并放大成大功率的输出信号，驱动作为负载的扬声器发出很强的声音。这里的"放大"不是声音的简单扩大，而是利用电子线路，用弱小的输入信号，通过晶体管放大电路来控制电源提供的能量大小，使输出负载获得大的输出信号。

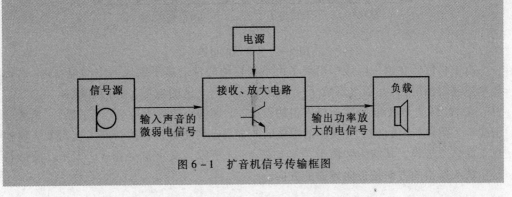

图6-1  扩音机信号传输框图

电子技术是研究用硅、锗等半导体材料制成的电子器件组成的电子线路对电信号进行各种处理的科学技术。在电子线路中，连续变化的信号是模拟信号，如上图中的电信号等，处理模拟信号的电子线路称为模拟电路(analog circuit)(本章讨论)；断续突变的信号是数字信号，如脉冲信号、方波信号等，处理数字信号的电子线路称为数字电路(digital circuit)(第七、第八章讨论)。一般模拟电路中的电子器件工作在线性状态，而数字电路中的电子器件工作在开关状态。

电子技术已飞速发展到了高度集成化、智能化的时代，作为电子技术基础的晶体管的作用，已远不能仅用"应用广泛"来形容了。本章介绍晶体管(二极管、三极管)的基本知识及其有关的基本应用电路，目的是为学好用好日新月异的电子技术打下必要的基础。

## 6.1  二极管及其应用

二极管是由一个 PN 结构成的半导体电子元件，它具有单向导电的特性，在电子线路中被广泛地应用于整流、检波、开关电路等场合。

### 6.1.1　二极管的单向导电特性

1. 二极管的结构特点

纯净的半导体材料(如硅、锗等材料)经过掺杂(掺入微量的其他元素,如三价元素硼、五价元素磷)可以形成两种不同类型的半导体。掺入三价元素形成以空穴为导电载流子的 P 型半导体,掺入五价元素形成以电子为导电载流子的 N 型半导体。通过特殊的生产工艺在一块半导体单晶材料上一部分形成 P 型半导体,另一部分形成 N 型半导体,在 P 型和 N 型半导体的交接处由于空穴和电子不同的区域浓度差引起扩散,就会形成一个具有特殊性质的区域——PN 结,如图 6-2 所示。

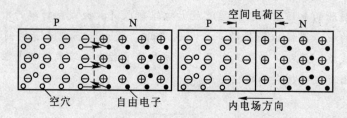

图 6-2　PN 结的形成

由于扩散后在这一区域中出现了由不能移动的带电离子组成的空间电荷区(又称耗尽层或阻挡层),并随之形成了一个由 N 区指向 P 区的电场,称内电场。

在 PN 结的 P 区和 N 区分别用引线引出,P 区的引线称为阳极(或正极),N 区的引线称为阴极(或负极),将 PN 结用玻璃、金属、树脂等材料按特殊工艺封装,便构成了晶体二极管,其结构和图形符号如图 6-3 所示,文字符号用 VD 表示。图形符号中箭头所指的方向是正向导通的方向。

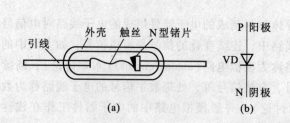

图 6-3　二极管的结构和符号
(a) 二极管结构　(b) 二极管符号

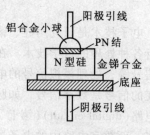

图 6-4　面接触型二极管

按照 PN 结接触面的大小,二极管可分为点接触型和面接触型两种类型。

点接触型二极管的结构见图 6-3(a)。它的特点是 PN 结的面积小,只能通过很小的电流,主要用于小电流整流、高频检波等场合或作为数字电路中的开关元件。

面接触型二极管的结构见图 6-4。它的特点是 PN 结的面积大,可以承受较大的电流,常用于整流电路,因为结的面积大,结电容就大,不能用于高频电路中。

2. 二极管的伏安特性

利用图 6-5 所示的二极管伏安特性测试电路,可以测得二极管的伏安特性,绘

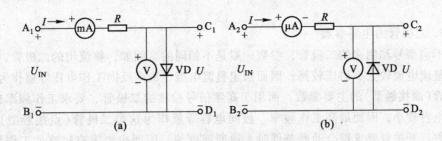

图 6-5 二极管伏安特性测试电路

(a) 正向特性测试电路 (b) 反向特性测试电路

成曲线如图 6-6 所示(如用示波器作测试设备可直接测得特性曲线)。该特性曲线反映了二极管两端的电压与流过管子电流的关系，注意图中坐标的单位标尺。

(1) 正向偏置时的特性

外加电压使 P 端电位高于 N 端电位称为正向偏置，也称为正向电压。从图 6-6 第一象限可以看到，当正向电压较小时，外电场还不足以克服内电场的阻挡作用，正向电流基本为零。只有当正向电压达到一定数值之后(这个数值称为死区电压)，内电场才被大大地削弱，二极管开始导通，并且随着电压的增大，电流按指数规律很快地增大。对于锗管和硅管来说，死区电压的大小是不同的，锗管大约是 0.2 V，硅管大约是 0.5 V，从特性曲

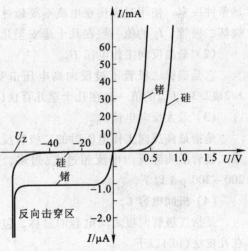

图 6-6 二极管的伏安特性

线还可以看出，二极管导通后，锗管的正向压降约为 0.3 V，硅管的正向压降约为 0.7 V。

(2) 反向偏置时的特性

外加电压使 P 端电位小于 N 端电位称为反向偏置，也称为反向电压。从图 6-6 第四象限可以看到，特性曲线分为两部分。第一部分：锗管的反向漏电流有一定的数值，其大小与管子的具体型号以及温度高低有关，图中所测到的漏电流约为 -1.0 μA。而硅管的漏电流几乎为零，一般可不予考虑。第二部分：当反向电压高于一定的数值时，特性曲线几乎直线下降，这就是说当电压超过一定的数值时，二极管的反向电流将会急剧地增大，二极管的反向也"导通"了，这种情况称为"击穿"。特性曲线拐弯处的电压称为"击穿电压"，图中用 $U_Z$ 表示。

应该说明的是，击穿并不意味着管子的损坏，管子是否损坏要看击穿后管子通过的反向电流的大小。如果在电路中采取限流措施，限制电流在一定的范围内使二极管不过热，二极管就不会烧坏，这种情况称为"电击穿"，后面讲到的稳压二极管就是利用击穿特性进行工作的；如果电流过大当然会烧坏二极管，这种情况称为"热击

穿"。

### 3. 二极管的主要参数

不同型号和用途的二极管，参数一般是不相同的。例如，整流用的二极管，要求额定整流电流较大、耐压较高，因而额定整流电流、最高反向工作电压等就作为这类二极管（面接触型）的主要参数；而用于高频信号检波的二极管，要求工作频率较高、极间电容较小，因而最高工作频率、极间电容等就作为这类二极管（点接触型）的主要参数；开关管要求符合通断条件时，通断速度快，因而也要求有较高的工作频率。下面列举主要的几项加以说明。

（1）最大平均整流电流 $I_F$

$I_F$ 是指二极管长期运行时允许通过的最大正向平均电流，它由 PN 结的面积和散热条件决定。使用时应注意电流不要超过这一数值，并满足规定的散热条件，否则将烧坏二极管。$I_F$ 的值一般在几十毫安至几百毫安（mA），大的可达到安（A）级。

（2）最高反向工作电压 $U_{RM}$

它是确保二极管不被反向高电压击穿的一个参数，$U_{RM}$ 通常取反向击穿电压的 1/2 或 2/3。$U_{RM}$ 的值一般在几十至几百伏（V）。

（3）最大反向电流 $I_{RM}$

是指最高反向工作电压时的二极管反向电流，它越小说明单向导电性能越好，如果二极管的实际反向电流超过 $I_{RM}$ 过多，就可能引起二极管的损坏。$I_{RM}$ 的值一般在 $200 \sim 300 \ \mu A$ 以下。

（4）极间电容 $C_P$

是指二极管两极之间电容的总称，包括 PN 结的结电容和引线电容。$C_P$ 的值一般在几皮法（pF）以下。

（5）最高工作频率 $f_M$

是指极间电容的频率效应不能忽略时的工作频率。由于被二极管检波的信号源或整流的交流电源一般为正弦波，在工作时，这些信号除通过 PN 结的正常通道外，还会被极间电容分流，且工作频率越高，分流越多。低频管的 $f_M$ 一般在几千赫至几十千赫（kHz），高频管的 $f_M$ 最高可达 $1 \sim 200$ MHz。

实际选用时，应根据应用要求，查阅二极管手册，或对所用的二极管特性曲线进行测定。

## 6.1.2　特殊二极管

### 1. 稳压二极管

（1）稳压二极管的符号和伏安特性

普通二极管在工作时所承受的反向电压应该小于管子的反向击穿电压。但是有一种二极管可以工作于击穿区，在一定的反向工作电流范围内这种二极管不会损坏，这种二极管就是稳压二极管。

稳压二极管是一种用特殊工艺制造的面接触型二极管，它有两个电极（正极和负极），外形和普通二极管没有什么区别。图 6－7 是稳压二极管的符号和伏安特性曲线。

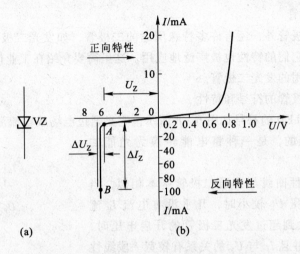

图 6 - 7　稳压二极管的符号和伏安特性曲线

(a) 符号　(b) 特性曲线

　　该特性曲线和普通二极管比较，二者正向特性一样。但普通二极管的反向电流随着反向电压的增加而逐渐增加。当达到击穿电压时，二极管将击穿损坏。而从稳压二极管的反向特性看出，当反向电压小于击穿电压 $U_Z$（又称稳压二极管的稳定电压，对应于曲线中 $A$ 点的电压）时，反向电流极小。但当反向电压增加到 $U_Z$ 后，反向电流急剧增加。此后，只要反向电压稍有增加，反向电流就增加很多，此时稳压二极管处于反向击穿状态，对应于曲线的 $AB$ 段，称为击穿区。因为采用了不同于普通二极管的制造工艺，稳压二极管的这种击穿是可逆的，即去掉外加电压之后，击穿即可恢复。当然其条件是功率损耗不能超过允许值，否则，稳压二极管也会造成不可逆击穿而损坏。为此，稳压二极管必须串联一个适当的限流电阻后再接入电源。稳压二极管正常工作时是在伏安特性的反向击穿区（$AB$ 段），利用这段电流在很大范围内变化而电压基本恒定的特性来进行稳压。

　　(2) 稳压二极管的主要参数

　　① 稳定电压 $U_Z$：$U_Z$ 是稳压二极管反向击穿后的稳定工作电压值，如稳压二极管 2CW1 的稳定电压是 7 ~ 8.5 V。由于制造工艺不易控制，同一型号的稳压二极管，稳定电压值也会有一定范围的差异。但对每一只管子来说，对应于一定的工作电流却有一个确定的稳定电压值。

　　② 稳定电流 $I_Z$：$I_Z$ 是工作电压等于稳定电压时的工作电流，是稳压二极管工作时的电流值。图 6 - 7 中 $A$、$B$ 间是 $I_Z$ 正常的工作范围 $\Delta I_Z$，$\Delta I_Z$ 不大，稳压作用有限。应用时不要超过最大耗散功率，$I_Z$ 偏大，稳定性可以高一些，但功率消耗也大一些。

　　③ 最大耗散功率 $P_M$：$P_M$ 定义为管子不致产生热击穿的最大功率损耗，即 $P_M = U_Z \cdot I_{ZM}$。根据 $P_M$ 和 $U_Z$ 可以推算出最大稳定电流 $I_{ZM} = P_M/U_Z$。例如，稳压二极管 2CW1 的额定耗散功率 $P_M = 280$ mW，$U_Z = 8.5$ V，则最大稳定电流 $I_{ZM} = 280/8.5$ mA $\approx 33$ mA。

　　稳压二极管在电子线路中主要用于稳压，这方面的应用将在后面介绍。

### 2. 发光二极管

除了稳压二极管外，还有许多特殊用途的二极管，如发光二极管、光敏二极管、变容二极管等，它们的特性也被广泛地应用。这里简要介绍在工业仪器设备和民用产品中得到大量应用的发光二极管。

（1）发光二极管的符号和特性

发光二极管 LED 的符号如图 6-8 所示。它是通过电场或电流激发固体发光材料并使之辐射发光的，是一种将电能转换为光能的器件。

它的伏安特性曲线与普通二极管基本相似，当其两端的正向电压 $U_F$ 较小时，几乎没有电流 $I_F$ 流过；但当 $U_F$ 加大到超过发光二极管的开启电压时，$I_F$ 会快速上升，并且 $I_F$ 与 $U_F$ 的关系有较宽一段线性区，此时发光二极管呈现欧姆导通特性。而这个导通电流 $I_F$ 就激发发光二极管发光。

图 6-8　发光二极管符号

目前使用的发光二极管型号、规格有多种，光显示颜色有绿光、红光、黄光等，管子的开启电压范围在 1.5~2.3 V，为使其稳定且可靠地工作，两端电压宜在 5 V 以下。小功率 LED 的光亮电流一般为几十毫安至几百毫安（mA）。对于在特殊场合使用的发光二极管，有时还有光强和频谱的指标要求，具体选用时应根据器件手册提供的数据进行选择。

（2）发光二极管的驱动电路及简单应用

发光二极管的发光是靠驱动电源的作用，将电能转化为光能，这种驱动电源可以是直流的也可以是交流的。但应注意，由于 LED 是电流控制器件，因此，驱动电源必须能提供足够而且安全的驱动电流，才能使 LED 安全可靠工作、正常发光。

图 6-9(a)、(b)分别给出了基本的直流驱动电路和交流驱动电路。两图中 LED 的工作电流由外部电源 $U_S$ 经限流电阻 $R$ 供给。为了使 LED 工作在额定状态，必须合理选择 $U_S$ 和 $R$。如果 $U_S$ 一定，若 $R$ 太大，会使驱动电流不足而使 LED 发光微弱，甚至不发光；而 $R$ 太小，又可能使驱动电流过大，造成 LED 损坏。

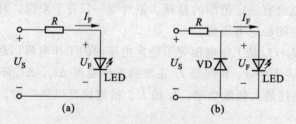

图 6-9　LED 驱动电路

(a) 直流驱动电路　(b) 交流驱动电路

对于图 6-9(a)所示的直流驱动电路，限流电阻 $R$ 值为

$$R = \frac{U_S - U_F}{I_F} \tag{6.1}$$

对于图 6 - 9(b)所示的交流驱动电路,限流电阻 $R$ 值为

$$R = \frac{U_S - U_F}{2I_F} \tag{6.2}$$

上两式中的 $U_F$、$I_F$ 可取 LED 的额定工作电压和额定工作电流。图 6 - 9(b)中 VD 对 LED 起反向保护作用,$U_S$ 为交流电压的有效值,由于交流电源驱动只有半周通过 LED,所以它的限流电阻值可取直流驱动时的 1/2。

实际应用电路的 LED 驱动电路常用晶体管驱动,在数字电路中更多使用 TTL 和 CMOS 集成电路驱动 LED。

由于发光二极管具有体积小、响应灵敏、工作稳定可靠、显示清晰、驱动简单、易与集成电路匹配等许多优点,因此其应用非常广泛,可作为系统工作的状态指示、电平指示、信息显示等。

图 6 - 10 所示为一个简单而实用的电源指示电路,当电源工作正常时,有电流

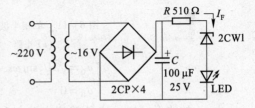

图 6 - 10 LED 电源指示电路

$I_F$ 流过发光二极管 LED,使其发亮;当电源断开或工作不正常无输出电压时,LED 因没有电流驱动而熄灭。有关电源电路的工作原理将在下面叙述。

### 6.1.3 整流、滤波及稳压二极管稳压电路

各种电子线路工作时均需要工作电源供电,绝大多数电路需要直流电源,除少数情况用化学电池外,这些直流电源一般都由交流电网供电,经"整流"、"滤波"、"稳压"后获得。二极管最广泛的应用之一是用于直流电源中的整流电路。

所谓"整流"就是利用二极管的单向导电特性,把交流电变成单向脉动的直流电;所谓"滤波"就是利用电容或电感的"充放"电特性,滤去脉动直流电中的交流成分,保留直流成分,使输出波形平滑;所谓"稳压"就是利用稳压二极管或电子稳压线路,使输出稳定在符合要求的直流电压范围内;为满足电压等级要求,往往还在整流之前加一变压器。

1. 常用的整流电路

(1) 单相半波整流电路

图 6 - 11 所示为纯电阻负载半波整流电路及其整流波形。图中 $u_1$ 表示交流电源电压,$u_2$ 表示变压器二次电压,$R_L$ 为负载电阻。

设 $u_2 = \sqrt{2} U_2 \sin \omega t$,由于二极管的单向导电作用,在电源电压一个周期内,只有正半周二极管才导通,若忽略二极管的正向管压降,则负载上的输出电压 $u_0$ 为

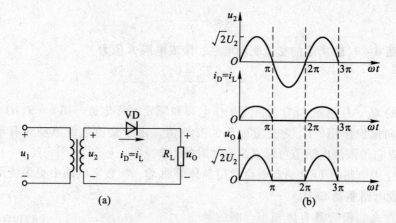

图 6 – 11   单相半波整流电路及其波形

(a) 电路    (b) 波形图

$$\begin{cases} u_0 = \sqrt{2}U_2\sin\omega t & 0 \leqslant \omega t \leqslant \pi \\ u_0 = 0 & \pi \leqslant \omega t \leqslant 2\pi \end{cases} \qquad (6.3)$$

由 $u_0$ 的波形可知，这种整流电路仅利用了电源电压 $u_2$ 的半个波，故称半波整流。这种单向脉动输出电压 $u_0$，常用一个周期的平均值来表示它的大小。单相半波整流电压的平均值为

$$U_0 = \frac{1}{2\pi}\int_0^\pi \sqrt{2}U_2\sin\omega t\, \mathrm{d}(\omega t) = \frac{\sqrt{2}}{\pi}U_2 \approx 0.45\,U_2 \qquad (6.4)$$

流过二极管的电流等于负载电流，其平均值为

$$I_D = I_L = 0.45\frac{U_2}{R_L} \qquad (6.5)$$

二极管截止时承受的最大反向电压为

$$U_{DRM} = \sqrt{2}U_2 \qquad (6.6)$$

这样，根据 $I_F \gg I_D$ 和 $U_{DRM}$ 就可以选择合适的整流器件 VD。

半波整流电源只有半个周期被利用，效率不高。如果在变压器的二次侧有中心抽头，将二次电压分为 $u_{21}$ 和 $u_{22}$ 两部分，且

$$u_{21} = u_{22} = \sqrt{2}U_2\sin\omega t \qquad (6.7)$$

$u_{21}$ 和 $u_{22}$ 分别经两个二极管送到负载，这样负载上就能整个周期得到供电，形成全波整流，全波脉动输出电压波形可参见图 6 – 13。此时输出电压的整流平均值（如忽略二极管管压降，即为负载所得电压）为

$$U_0 = \frac{1}{2\pi}\int_0^{2\pi} |u_2|\, \mathrm{d}(\omega t) = \frac{1}{\pi}\int_0^\pi \sqrt{2}U_2\sin\omega t\, \mathrm{d}(\omega t) = \frac{2\sqrt{2}}{\pi}U_2 \approx 0.9\,U_2 \qquad (6.8)$$

将式(6.8)与式(6.4)比较可知，当全波整流电路变压器二次电压 $u_{21}$（$u_{22}$）与半波整流变压器二次电压 $u_2$ 的有效值相等时，全波整流电路的输出电压整流平均值是半波整流电路的两倍。

（2）单相桥式整流电路

单相桥式整流电路及波形分别如图 6 - 12 和图 6 - 13 所示，四只整流二极管接成电桥形式。图 6 - 14 为单相桥式整流电路的两种常见画法。

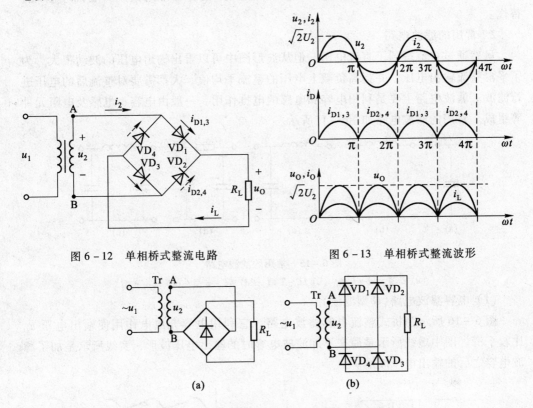

图 6 - 12 单相桥式整流电路　　　　　图 6 - 13 单相桥式整流波形

图 6 - 14 单相桥式整流电路的两种常见画法

设电源变压器的二次电压 $u_2 = \sqrt{2}U_2 \sin \omega t$，从图 6 - 12 可以看出当电源电压 $u_2$ 为正半周时，变压器二次侧 A 端为正，B 端为负，二极管 $VD_1$、$VD_3$ 导通，$VD_2$、$VD_4$ 截止；电流由 $A \rightarrow VD_1 \rightarrow R_L \rightarrow VD_3 \rightarrow B$；当电源电压为负半周时，B 端为正，A 端为负，二极管 $VD_1$、$VD_3$ 截止，$VD_2$、$VD_4$ 导通，电流由 $B \rightarrow VD_2 \rightarrow R_L \rightarrow VD_4 \rightarrow A$。

可见，在电源电压的整个周期内，二极管 $VD_1$、$VD_3$ 和 $VD_2$、$VD_4$ 两组管子轮流导通，但无论电源的正半周还是负半周都有电流通过负载，输出电压和电流的平均值都比半波整流电路增加一倍，但通过每只管子的电流和半波整流时一样。因此，桥式整流电路的输出电压的平均值 $U_O$ 和负载电流的平均值 $I_L$ 分别为

$$U_O = 2 \times 0.45\, U_2 = 0.9\, U_2 \tag{6.9}$$

$$I_L = 0.9\, \frac{U_2}{R_L} \tag{6.10}$$

由于每个二极管仅参与半周导通，因此，每个二极管中流过的平均电流只有总负载电流 $I_L$ 的一半，即

$$I_D = \frac{1}{2}I_L = 0.45\, \frac{U_2}{R_L} \tag{6.11}$$

由图 6 - 12 也可以看出，截止时二极管所承受的最大反向电压等于 $u_2$ 的最大值，

即 $U_{DRM} = \sqrt{2}U_2$，这与半波整流电路相同。

桥式整流是最常使用的一类整流电路，四个二极管也可用集成封装的"桥堆"替代。

**2. 常用的滤波电路**

虽然通过整流得到了直流电压，但从波形图中可以看出输出电压的波动很大。为了平滑整流输出电压，并提高负载上电压的整流平均值，大都需要对整流后的电压进行滤波。滤波电路主要是利用电容和电感的电抗作用，一般由电容、电感及电阻元件等组成。常用的滤波电路如图 6 – 15 所示。

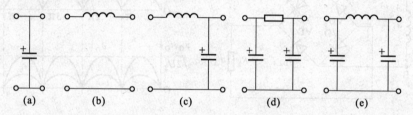

图 6 – 15　常用的滤波电路

(a) $C$ 型　(b) $L$ 型　(c) $LC$ – T 型　(d) $RC$ – π 型　(e) $LC$ – π 型

**（1）电容滤波电路（$C$ 型滤波）**

图 6 – 16 所示为桥式整流电容滤波电路，它利用电容充放电作用使输出电压 $u_O$ 比较平滑。图中虚线所示是原来不加滤波电容时的输出电压波形，实线所示是加了滤波电容之后的输出电压波形。

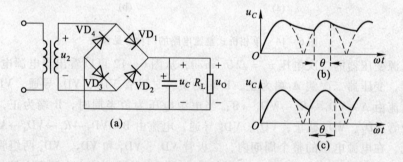

图 6 – 16　桥式整流电容滤波电路

（a）滤波电路　（b）$R_L C$ 较大时输出电压波形　（c）$R_L C$ 较小时输出电压波形

这里充电时间常数为

$$\tau_c = \frac{R_{int} \times R_L}{R_{int} + R_L} \times C \approx R_{int} C \qquad (6.12)$$

式中，$R_{int}$ 包括变压器二次绕组的直流电阻和整流二极管的正向电阻，一般 $R_{int} \ll R_L$。

放电时间常数为

$$\tau_d = R_L C \qquad (6.13)$$

显然 $\tau_d \gg \tau_c$，滤波效果主要与 $\tau_d$ 有关。$\tau_d$ 越大，放电越慢，电压 $u_O$ 越高，输出

电压中的纹波越小，滤波效果越好。通常取

$$\tau_d = R_L C \geqslant (3 \sim 5)\frac{T}{2} \tag{6.14}$$

或

$$C \geqslant (3 \sim 5)\frac{T}{2R_L} \tag{6.15}$$

就可以得到平滑的输出电压。式中，$T$ 为电源电压的周期，$T = 2\pi/\omega$。上式可用于确定电容 $C$ 的取值范围，电容 $C$ 取大些可以改善外特性，提高带负载能力。但电容 $C$ 取得过大，会使滤波电路体积增大。

当 $\omega C R_L > 10$ 及 $R_{int}/R_L \approx 5\%$ 时

$$U_0 \approx 1.2 U_2 \tag{6.16}$$

式(6.16)可作为估算桥式整流电容滤波电路输出电压的公式。

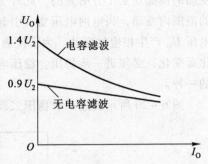

图 6-17  单相桥式整流电路
电容滤波的外特性曲线

当 $C$ 值一定时，负载变化对输出电压的影响较大，随着负载的增加（$R_L$ 减小，$I_L$ 增大），$\tau_d$ 减小而放电加快，输出平均电压 $U_0$ 将下降。就是说负载变大时，输出电压也随着变化，外特性变差。

图 6-17 为桥式整流带 $C$ 滤波和不带 $C$ 滤波时的外特性曲线（输出电压 $U_0$ 与输出电流 $I_0$ 的关系）。由图可见，与无电容滤波时比较，带 $C$ 滤波时的输出电压随负载变化而有较大的变化，如果放电时间常数极大（相当于负载开路），则电容只充电不放电，此时输出电压最高，为 $U_0 = 1.4 U_2$；如果时间常数很小，则几乎没有滤波效果，$U_0 = 0.9 U_2$。这也正说明电容滤波的外特性较差，或者说带负载能力较差。因此，电容滤波适用于负载电流较小且变化较小的场合。

此外，由于二极管导通时间极短，电容充电很快，故产生冲击电流较大，容易损坏二极管，所以，使用电容滤波时，必须选择有足够电流富余量的二极管，或者在二极管前面串一个 $(1/10 \sim 1/50)R_L$ 的限流电阻。

（2）电感电容滤波电路（$LC$ - T 型滤波）

它利用电感线圈对交流电具有较大的阻抗，而直流电阻很小的特点，使输出脉动电压中的交流分量几乎全部降落在电感上，再经电容滤波，再次滤掉交流分量。这样，可以得到较平滑的直流输出电压。$LC$ 滤波电路如图 6-18 所示。$LC$ 滤波器适用于电流较大，负载变化较大的场合。

（3）π 型滤波电路（$LC$ - π 型滤波）

它等效于先 $C$ 滤波后，再经过 $LC$ 滤波。因此，π 型滤波电路的滤波效果比 $LC$ 滤波器更好，输出电压也较高，但输出电流较小，带负载能力较差，其电路如图 6-19 所示。

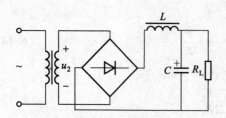

图 6-18　电感电容滤波电路

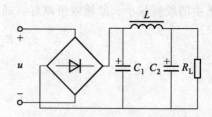

图 6-19　π 形 $LC$ 滤波电路

**3. 稳压二极管稳压电路**

经过滤波电路滤波之后，输出的直流电压已经较为平滑，但是作为一个直流电源来说还有一个缺点，那就是电源的外特性差，尤其是电容滤波电路，输出电压随负载变动的情况还是十分明显的。此外交流电网电压在运行时不可能完全稳定，会在一定的范围内变动，当电网电压变动引起交流电压 $u_2$ 变动时，显然也将使得输出的直流电压 $U_0$ 产生相应的变动。为了使输出电压保持稳定，使其不随输入电压或负载的变化而变化，必须进一步稳压。稳压电路种类很多，稳压二极管稳压电路是其中最简单的一种。

图 6-20 所示就是一个稳压二极管稳压电路原理图，下面说明其工作原理。

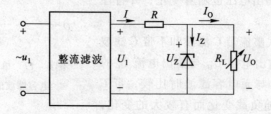

图 6-20　稳压二极管稳压电路原理图

稳压电路的输入就是整流滤波电路的输出，以符号 $U_1$ 表示。稳压电路在负载 $R_L$ 开路时，稳压二极管和限流电阻 $R$ 串联。在前面介绍稳压二极管特性时已经知道，稳压二极管是工作在反向击穿状态，只要流过稳压二极管的电流 $I_Z$ 在其工作范围内，其两端的电压 $U_0$ 是基本保持稳定的。接上负载后，负载 $R_L$ 上的电压即为 $U_0$。

电路稳压作用的物理过程如下：若交流电源上升引起 $U_1$ 增加时，它将引起 $U_0$ 上升。由稳压二极管特性可知，只要稳压二极管两端电压上升很小的数值，将引起流过稳压二极管电流 $I_Z$ 较大的增加，它又使 $I$ 增加，引起 $R$ 上压降增加，从而保持输出电压 $U_0$ 基本不变。另外，若交流电源电压不变，而负载增加，将使输出电压 $U_0$ 下降，但这又引起 $I_Z$ 减少，正好补偿 $I_0$ 变化，使总的 $I$ 值基本不变，而保证了输出电压 $U_0$ 的稳定。

如果稳压二极管电流小于最小稳定电流，则说明管子还没有工作于击穿状态，输出电压减小；如果大于最大稳定电流则管子烧坏，图 6-20 中限流电阻 $R$ 的作用就是为了限制稳压二极管电流不过大。

由此可见，稳压二极管之所以能稳压是由其本身的特性决定的，在电源电压或负载变化时，只要能保证稳压二极管电流在其工作范围之内，就能保证输出电压 $U_0$ 基本稳定。但要指出的是稳压二极管的这种稳压调节能力是极有限的，它只适用负载电流变化小(一般为几十毫安)、稳压要求不高的场合。

## 6.2 晶体管及其应用

晶体管是一种具有电流放大作用的半导体器件，在电子线路中应用得最为广泛。虽然半导体技术发展迅速，集成电路的使用已极为普遍，但有许多电子线路的工作原理仍然基于晶体管的作用。所以对晶体管的了解，无论对分立元件电路还是对集成电路的进一步研究与使用都是十分必要的。

### 6.2.1 晶体管的电流放大特性

1. 晶体管基本结构

晶体管的内部结构为两个 PN 结，根据 P 型和 N 型半导体组合方式的不同，晶体管可分为 NPN 型和 PNP 型两种类型。图 6 – 21 所示为其结构示意图和表示符号。

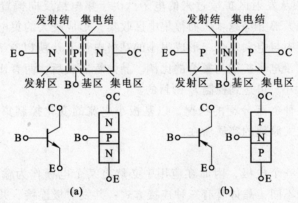

图 6 – 21　晶体管结构示意图和表示符号
(a) NPN 型晶体管　(b) PNP 型晶体管

图中两个 PN 结(发射结和集电结)把晶体管分为发射区、基区和集电区三个区，并分别引出发射极 E、基极 B、集电极 C 三个电极。NPN 型与 PNP 型两种图形符号是有区别的，发射极箭头方向表示发射结正向偏置时的电流方向，根据这个箭头方向可以判断管子的类型，即箭头向外为 NPN 型，反之为 PNP 型。

2. 晶体管的电流放大特性

晶体管的重要特性是具有电流放大的能力，要实现电流放大，必须在发射结上加正向电压(正偏)，集电结加反向电压(反偏)，如图 6 – 22 所示。对 NPN 管，必须 $U_C > U_B$。这样，在其内部就会因载流子的运动而形成发射极电流 $I_E$、基极电流 $I_B$、集电极电流 $I_C$。

晶体管内部载流子运动与电流形成过程简述如下：

① 发射区向基区注入电子。发射结加正向电压后，发射区电子就不断地扩散到

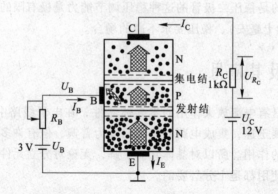

图 6 – 22    晶体管中载流子的运动

基区，由于发射区电子浓度远大于基区的空穴浓度，所以主要是发射区的电子不断越过发射结扩散到基区，并不断从电源 $U_B$ 补充电子，形成发射极电流 $I_E$。

② 电子在基区扩散与复合。由于基区很薄，发射区电子扩散到基区后，大部分电子很快扩散到集电结附近，只有少量的电子与基区中空穴复合形成电流 $I_B$。

③ 集电区收集从发射区扩散过来的电子。由于集电结反向偏置，从发射区扩散到基区的电子中绝大部分穿越基区而被集电区收集，形成较大的集电极电流，仅很小一部分电子在基区中与空穴复合，形成很小的基极电流 $I_B$。所以有 $I_C + I_B = I_E$，$I_C$ 与 $I_B$ 的分配比例取决于电子扩散与复合的比例。晶体管制成后，两者比例保持一定，因此通过改变 $I_B$ 的大小，可达到控制 $I_C$ 的目的。

晶体管内部这种电流分配的状况，以基极小电流的变化控制集电极大电流的变化，这就是电流放大原理的实质所在。

3. 特性曲线

由于晶体管有三个电极，因而在应用中必然有某个电极作为输入和输出的公共端。根据公共端的不同，晶体管有三种连接方式：共发射极连接、共基极连接和共集电极连接，如图 6 – 23 所示。

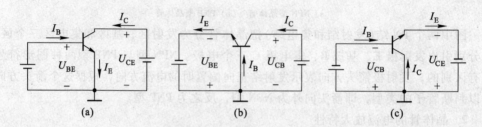

图 6 – 23    晶体管的三种连接方式
(a) 共发射极连接    (b) 共基极连接    (c) 共集电极连接

不论哪种连接方式，都有一对输入端和一对输出端，因此，要完整地描述晶体管的各极电压电流关系，就需要用伏安特性曲线来表示，根据特性曲线，可以确定管子的参数及性能，它是分析放大电路的重要依据。常用的特性曲线是共发射极接法的输入特性曲线和输出特性曲线。这些曲线可以通过实验方法逐点测绘出来或用晶体管特性图示仪直接观察。

（1）输入特性曲线

输入特性曲线是指当集－射极电压 $U_{CE}$ 为某一固定值时，基极电流 $I_B$ 与基－射电压 $U_{BE}$ 之间的关系，即 $I_B = f(U_{BE})\big|_{U_{CE} = 常数}$，如图6－24（a）所示。

由于输入特性要受 $U_{CE}$ 的影响，对于每给一个 $U_{CE}$ 值，将得到一条曲线，且随 $U_{CE}$ 增大，曲线左移，但当 $U_{CE} > 1$ V 以后，曲线基本重合，因此，只需画出 $U_{CE} \geqslant 1$ V 的一条曲线。

由图6－24（a）可见，与二极管的正向特性相似，晶体管的输入特性也是非线性的，也有一段死区。当 $U_{BE}$ 小于阈值电压时，管子不导通，$I_B \approx 0$。晶体管正常工作时，硅管的发射结电压降为 $U_{BE} = 0.6 \sim 0.7$ V，锗管的 $U_{BE} = 0.2 \sim 0.3$ V。

（2）输出特性曲线

输出特性曲线是指当基极电流 $I_B$ 为某一固定值时，集电极电流 $I_C$ 与集－射极电压 $U_{CE}$ 之间的关系曲线。即 $I_C = f(U_{CE})\big|_{I_B = 常数}$。当取不同的 $I_B$ 值时，可得到一组曲线，如图6－24（b）所示。

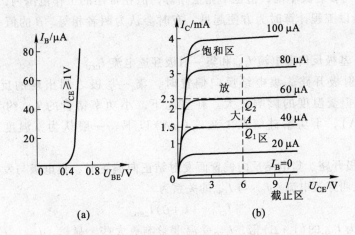

(a)　　　　　　　　　(b)

图6－24　晶体管3DG6的输入、输出特性曲线

(a) 输入特性曲线　(b) 输出特性曲线

输出特性曲线组可以分为三个区域：

① 放大区：晶体管处于放大区的条件是发射结正偏，集电结反偏，即 $I_B > 0$，$U_{CE} > 1$ V 的区域。由图6－24（b）可见，这时特性曲线是一组间距近似相等的平行线组。在放大区内，$I_C$ 由 $I_B$ 决定，而与 $U_{CE}$ 关系不大，即 $I_B$ 固定时，$I_C$ 基本不变，具有恒流特性。改变 $I_B$ 可以改变 $I_C$，且 $I_C$ 的变化远大于 $I_B$ 的变化。这表明 $I_C$ 受 $I_B$ 控制，体现出电流放大作用。

② 截止区：指 $I_B = 0$ 曲线以下的区域。截止时集电结和发射结都处于反偏。从图6－24（b）中可见，当 $I_B = 0$ 时，集电结存在一个很小的电流 $I_C = I_{CEO}$，叫穿透电流。硅管的 $I_{CEO}$ 值较小，锗管的 $I_{CEO}$ 较大。

③ 饱和区：对应于曲线组靠近纵坐标（即 $U_{CE}$ 较小）的部分。饱和时，发射结、

集电结均处于正向偏置，因此，$I_C$ 不受 $I_B$ 的控制，晶体管失去放大作用。

4. 主要参数

晶体管的参数是用来表示管子的性能，也是设计电路、合理选用晶体管的依据，这里仅介绍在近似分析中最主要的参数。

(1) 共发射极电流放大系数 $\bar{\beta}$ 和 $\beta$

这是表示晶体管电流放大能力的参数。$\bar{\beta}$ 为直流电流放大系数，是指无输入信号（静态）情况下，集电极电流 $I_C$ 与基极电流 $I_B$ 的比值，即

$$\bar{\beta} = \frac{I_C}{I_B} \tag{6.17}$$

$\beta$ 为交流电流放大系数，是指有输入信号（动态）情况下，集电极电流的变化量 $\Delta I_C$ 与相应的基极电流变化量 $\Delta I_B$ 的比值，即

$$\beta = \frac{\Delta I_C}{\Delta I_B} \tag{6.18}$$

$\beta$ 也可以由输出特性曲线求得。

显然，$\bar{\beta}$ 与 $\beta$ 含义不同，值也不完全相等，但在常用的工作范围内，$\bar{\beta}$ 和 $\beta$ 是比较接近的，所以工程计算时为方便起见，有时会认为两者相等。$\beta$ 的值一般在 40 ~ 200 之间。

(2) 集 – 基极反向漏电流 $I_{CBO}$ 和集 – 射极穿透电流 $I_{CEO}$

$I_{CBO}$ 是发射极开路、集电结反向偏置时，集 – 基极之间出现的反向漏电流。$I_{CBO}$ 值很小，但受温度的影响较大。在室温下，小功率锗管的 $I_{CBO}$ 约为几微安至几十微安（$\mu A$），小功率硅管在 1 微安（$\mu A$）以下。一般认为，温度升高 10℃，$I_{CBO}$ 增大 1 倍。

$I_{CEO}$ 是基极开路、集电结反向偏置而发射结正向偏置时，集电极与发射极之间的反向电流，又叫穿透电流。$I_{CEO}$ 与 $I_{CBO}$ 的关系为

$$I_{CEO} = (1 + \beta) I_{CBO} \tag{6.19}$$

因此，$I_{CEO}$ 约为 $I_{CBO}$ 的 $(1 + \beta)$ 倍，$I_{CEO}$ 受温度影响更大些。显然，$I_{CEO}$、$I_{CBO}$ 越小，管子的温度适应性越好。一般来说，硅管的温度适应性比锗管好。

(3) 极限参数

晶体管的极限参数是指晶体管正常工作时，电流、电压、功率等的极限值，是管子安全工作的主要依据。晶体管的主要极限参数有：

① 集电极最大允许电流 $I_{CM}$：集电极电流 $I_C$ 太大时，电流放大系数 $\beta$ 值要下降。当 $\beta$ 值下降到正常数值的 2/3 时的集电极电流，称为集电极最大允许电流 $I_{CM}$。在使用时，若 $I_C > I_{CM}$，晶体管也有可能不至损坏，但 $\beta$ 将显著下降。$I_{CM}$ 一般在几十毫安至几百毫安（mA），大功率管的 $I_{CM}$ 可达数安（A）。

② 集 – 射极反向击穿电压 $U_{(BR)CEO}$：它表示基极开路时，集电极和发射极之间允许加的最大反向电压，超过这个数值时，$I_C$ 将急剧上升，晶体管可能因击穿而损坏。手册中给出的 $U_{(BR)CEO}$，通常是常温（25℃）时的值，温度上升此值将要降低，使用时应特别注意。普通晶体管的 $U_{(BR)CEO}$ 一般在 10 ~ 30 V。

③ 集电极最大允许耗散功率 $P_{CM}$：集电极电流流经集电结时将产生热量，使结温升高，导致晶体管性能变坏，甚至烧毁管子。$P_{CM}$ 就是根据最高结温给出的，小功率晶体管的 $P_{CM}$ 一般在 $100 \sim 500$ mW。由 $P_{CM} = U_{CE} \cdot I_{CEO}$，在输出特性曲线上画出 $P_{CM}$ 曲线，称为功率损耗线。曲线左侧为安全工作区，右侧功率损耗值大于 $P_{CM}$，为过损耗区，如图 6 – 25 所示。

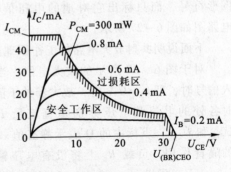

图 6 – 25　晶体管的安全工作区

## 6.2.2　共发射极放大电路

晶体管的主要用途就是利用其放大作用组成放大电路。所谓放大电路，就是把微弱的电信号（电压或电流）不失真地放大至所需要的数值。晶体管放大电路广泛地应用在通信、工业自动控制、测量等领域。

不同的负载对放大器的要求不同，有的要求放大电压，有的要求放大电流，有的则要求放大功率，本节主要通过共发射极交流电压放大电路，介绍交流电压放大电路的组成、工作原理及分析方法。

1. 共发射极基本放大电路的组成及工作原理

图 6 – 26 是共发射极接法的基本放大电路。各组成元件的作用如下：

晶体管 VT：晶体管具有电流放大作用，它的基极输入小电流 $i_B$，在集电极可获得较大的电流 $i_C$。

集电极电源 $U_{CC}$：这是整个放大电路的能源，一般为几伏到几十伏；同时它又保证集电结为反向偏置，使晶体管处于放大状态。

集电极负载电阻 $R_C$：它将集电极电流变化转换为集电极电压的变化，以获得输出电压。$R_C$ 的阻值一般为几千欧到几十千欧。

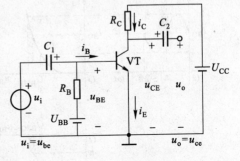

图 6 – 26　基本交流放大电路

基极电源 $U_{BB}$：通过偏置电阻 $R_B$ 保证晶体管发射结处于正向偏置。在 $U_{BB}$ 的大小确定后，调节 $R_B$ 可使晶体管基极获得合适的直流偏置电流（简称偏流）$I_B$，同时使晶体管有合适的静态工作点。

耦合电容 $C_1$ 和 $C_2$：它们分别接在放大电路的输入和输出端，利用电容对交、直流信号具有不同阻抗的特性，一方面隔断信号源与放大电路、放大电路与负载之间的直流通路，另一方面起到交流耦合作用，使输入输出交流信号畅通地传输。在低频放大电路中常采用电解电容，使用时应注意其极性。

在实际应用中，$U_{BB}$ 可省去，而把 $R_B$ 改接到 $U_{CC}$ 端，由 $U_{CC}$ 单独供电，节省一组电源。另外，通常把公共端接"地"，并设其电位为零，同时画图时往往省去电源的图形符号，而只标出它对地的电压值和极性。
电路图如图 6-27 所示。

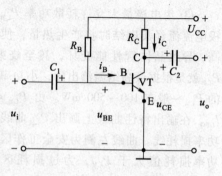

下面说明共射放大电路的工作原理。

对于图 6-27 所示的放大电路，当未加输入信号时，即 $u_i = 0$ V 时，放大器处于静态。此时各处的电流和电压分别是直流量 $I_{BQ}$、$I_{CQ}$、$U_{BEQ}$ 和 $U_{CEQ}$，下标中的 Q 表示静态值；由于 $C_2$ 的隔直作用，负载 $R_L$ 上将没有电压输出，即 $u_o = 0$ V；因为 $u_i = 0$ V，$C_1$ 电容上的电压 $u_{C1} = U_{BEQ}$。

图 6-27　实际共射放大电路

当 $u_i \neq 0$ V 时，则加到晶体管的基极与发射极之间的电压为 $u_{BE} = u_{C1} + u_i$；因为，$C_1$ 的容量大，对交流输入信号 $u_i$，可以近似认为 $u_{C1} \approx U_{BEQ}$ 不变。根据晶体管的输入特性，当基极与发射极之间的电压发生变化时，基极电流将随之改变，如图 6-28 所示。此时基极电流为 $i_B = I_{BQ} + i_b$，$i_b$ 为由 $u_i$ 引起的变化量。基极电流的变化必然引起集电极电流更大变化，因为 $i_c = \beta i_b$，因此集电极电流为 $i_C = I_{CQ} + i_c$；由于集电极电流的变化，电阻 $R_C$ 上的电压随之变化，因为 $u_{CE} = U_{CC} - i_C R_C = U_{CC} - I_{CQ} R_C - i_c R_C = U_{CEQ} - i_c R_C$（$U_{CEQ}$ 是集电极与发射极之间在 $u_i = 0$ V 时的电压），则集电极与发射极之间的电压 $u_{CE}$ 也随着 $i_C$ 的变化而变化，如图 6-29 所示。

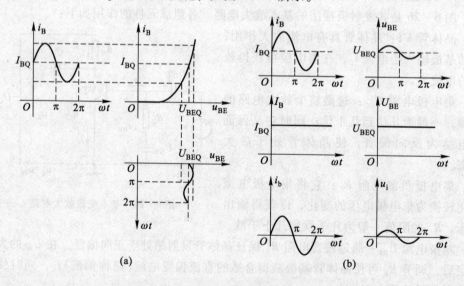

图 6-28　输入回路各物理量的波形

同理，由于 $C_2$ 的隔直作用，在输出端得输出电压 $u_o = -i_c R_C$。输出电压 $u_o$ 的值就是集电极电流的变化部分在电阻 $R_C$ 上的压降。当 $i_c$ 正半周时，$u_o$ 输出为负半周，反之亦然，故 $u_o$ 与 $u_i$ 相位反相。因为晶体管内电流放大作用，集电极电流的变化部分也称交流分量 $i_c$，$i_c$ 的有效值或峰-峰值将远远大于基极电流的变化部分 $i_b$ 的有效值或峰-峰值。因此 $u_o$ 的有效值将比 $u_i$ 的有效值大得多，从而实现了电压放大的目的。

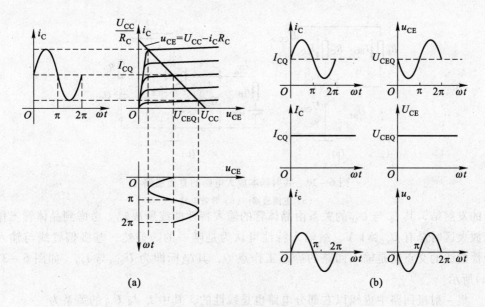

图 6-29  输出回路各物理量的波形

以上讨论 $u_i \neq 0$ V 时的情况，是假设负载 $R_L$ 没有接入；若接入 $R_L$，则结论为 $u_o = -i_c(R_C /\!/ R_L)$。

交流放大电路的正常工作，应满足合适的静态工作点和理想的交流放大倍数两方面要求。而分析与计算放大电路的关键在于如何处理晶体管这类非线性器件。常用的方法有：图解法与解析法。

图解法是直接利用晶体管的特性曲线用作图的方法来求解电路，从特性曲线及变量波形图中可以直接反映出有关参数对电路工作状态的影响，比较直观，故多用于放大电路的定性分析中；其缺点是麻烦、误差大，所以很少用于具体参数的计算。解析法是将晶体管特性线性化，将放大电路作为线性电路来处理，从而建立起一定的数学模型与等效电路，能很方便地通过解析公式将电路的有关参数计算出来；由于这种线性化处理具有一定的近似性，因此计算的结果也存在一定的误差，通常用于小信号电路分析。本书主要介绍解析法，并通过典型的共射放大电路，讨论它的分析计算过程。

2. 交流放大电路的静态分析与计算

（1）静态工作点的近似计算法

对于图 6-27 所示电路，在 $u_i = 0$ V 时，也可改画为如图 6-30（a）所示的直流通路。图 6-30（b）是将电源 $U_{CC}$ 用两个电压源来表示，并分别加在基-射极回路与集-射极回路的等效电路，以便分析。

基-射极回路中虚线以左部分电路是线性的，其中 $I_B$ 与 $U_{BE}$ 的关系为

$$I_B = \frac{U_{CC} - U_{BE}}{R_B} = -\frac{1}{R_B}U_{BE} + \frac{U_{CC}}{R_B} \tag{6.20}$$

它代表一条直线，称之为基极偏置线，其斜率为 $-1/R_B$。虚线以右部分是晶体

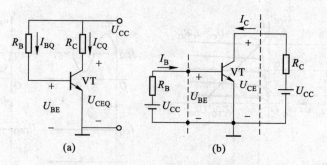

图 6 - 30　共射基本放大电路的直流通路

（a）直流通路　（b）等效电路

管的发射结，其 $I_B$ 与 $U_{BE}$ 的关系由晶体管的输入特性曲线所决定。考虑到晶体管工作在放大区时总有 $U_{CE} \geqslant 1$ V，故输入特性可认为是唯一的。显然，基极偏置线与输入特性曲线的交点就是输入回路的静态工作点 $Q$，其坐标即为 $U_{BEQ}$ 与 $I_{BQ}$，如图 6 - 31（a）所示。

集 - 射极回路中虚线以右部分电路也是线性的，其中 $I_C$ 与 $U_{CE}$ 的关系为

$$I_C = \frac{U_{CC} - U_{CE}}{R_C} = -\frac{1}{R_C}U_{CE} + \frac{U_{CC}}{R_C} \tag{6.21}$$

它也代表一条直线，并称为直流负载线，其斜率为 $-1/R_C$。虚线以左部分是晶体管的输出端，其 $I_C$ 与 $U_{CE}$ 的关系由晶体管的输出特性曲线所决定。显然，直流负载线与对应于 $I_{BQ}$ 的那条输出特性曲线的交点就是输出回路的静态工作点 $Q$，其坐标即为 $I_{CQ}$ 与 $U_{CEQ}$，如图 6 - 31（b）所示。

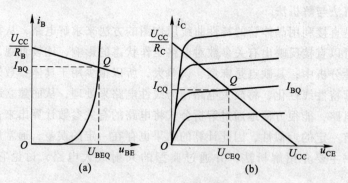

图 6 - 31　静态工作点 $Q$

（a）基极静态工作点　（b）集电极静态工作点

通常取硅晶体管的 $U_{BEQ} = 0.7$ V、锗晶体管的 $U_{BEQ} = 0.3$ V。因此，若放大电路使用硅晶体管，则静态工作点处的参数可按下列公式计算

$$I_{BQ} = \frac{U_{CC} - U_{BEQ}}{R_B} = \frac{U_{CC} - 0.7 \text{ V}}{R_B} \tag{6.22}$$

$$I_{CQ} = \beta I_{BQ} \tag{6.23}$$

$$U_{CEQ} = U_{CC} - I_C R_C \tag{6.24}$$

（2）静态工作点的位置对输出波形的影响

从前面的分析可了解一个信号经放大电路放大的过程，下面分析改变静态工作点的位置对输出波形的影响。

如果放大电路的静态工作点设置得过低，即靠近截止区，如图 6 – 32(a) 所示，则在输入信号负半周的时间内，工作点进入特性曲线的截止区，使 $i_B$、$i_C$ 等于零，输出电压 $u_o$ 就会出现失真——截止失真。

反之，若静态工作点设置过高，靠近饱和区，如图 6 – 32(b) 所示，则在输入信号正半周的时间内，工作点进入特性曲线的饱和区，输出电压 $u_o$ 出现另一种失真——饱和失真。

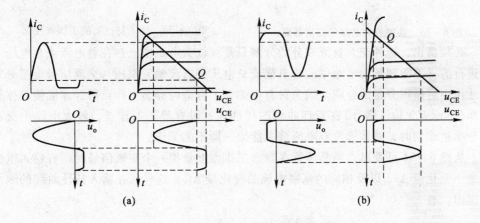

图 6 – 32  静态工作点对输出波形的影响
(a) 截止失真  (b) 饱和失真

截止失真和饱和失真统称非线性失真，在放大电路正常工作时要尽量避免。上面所说的静态工作点设置"过高"或"过低"也不是绝对的，它是相对输入信号而言，在输入信号大时出现的失真现象有可能在输入信号小时并不存在。而在开关电路和数字电路中的晶体管通常工作于截止状态和饱和状态(二位状态)。

**3. 交流放大电路的动态分析与计算**

**(1) 交流通路与微变等效电路**

由前述分析可见，当静态工作点设置合适，输入信号幅度又不太大时，晶体管将始终工作在其特性曲线的线性区内；对图 6 – 27 所示电路，由直流偏置电压与输入信号电压共同作用(即 $u_{BE}$)而产生的总电流与总电压分别为 $i_B$、$i_C$ 与 $u_{CE}$，它们可以分解为直流成分与交流成分两个分量(见图 6 – 28 和图 6 – 29)，且直流成分仅与直流偏置相对应，交流成分只与交流信号相对应，而这些交流成分又都是按输入信号电压的变化规律而变化的，如输入信号为正弦电压，则这些交流成分也均为正弦电压。所以在晶体管特性曲线的线性区内，呈现出线性电路所具有的特点，即总电流或总电压是直流成分与交流成分的线性叠加。这样可以运用线性分解得出只是交流成分单独存在时的电路，即交流通路。

图 6 – 27 放大电路中的耦合电容 $C_1$ 与 $C_2$ 在低频交流通路中由于容抗很小可视为短路，直流电压源由于其内阻近似为零可用短路来代替。这样，就得到了图 6 – 27 的

共射放大电路的交流通路，如图 6 – 33 所示。

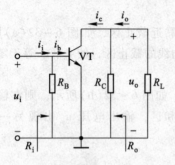

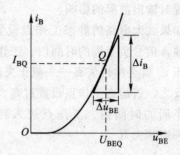

图 6 – 33　共射放大电路的交流通路　　　　图 6 – 34　输入特性上的工作点变化

必须指出，这种交、直流成分的分解只是在放大电路中已存在总电流或总电压之后进行的，不能理解为电路中的总电流或总电压是直流偏置电压与交流信号电压分别单独作用后所得分量的合成。因为只有在建立了合适的静态工作点后，才能使晶体管工作（不论有无输入信号）在特性曲线的线性区；没有静态工作点，放大电路中交流成分单独作用时，晶体管没有电流放大能力，即不能工作。

从图 6 – 34 可看出，当晶体管在静态工作点上叠加一个交流信号时，有输入电压的微小变化量 $\Delta u_{BE}$ 以及相应的基极电流的变化量 $\Delta i_B$。这样，在输入特性曲线的线性范围内，有

$$\frac{\Delta u_{BE}}{\Delta i_B}\bigg|_{u_{CE} \geqslant 1\text{ V}} = \frac{u_i}{i_b} = r_{be} \tag{6.25}$$

上式中，$r_{be}$ 称为晶体管的交流输入电阻或动态输入电阻，它等于在静态工作点 $Q$ 处所作切线的斜率的倒数。因此，根据式（6.25），晶体管的交流通路输入回路就可用一个线性电阻 $r_{be}$ 来等效，如图 6 – 35 晶体管的微变等效电路所示。

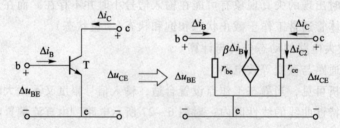

图 6 – 35　晶体管的微变等效电路

实际应用中，常用下式对 $r_{be}$ 进行估算

$$r_{be} = 300 + (1 + \beta)\frac{26(\text{mV})}{I_{EQ}} \tag{6.26}$$

式中，$I_{EQ}$ 为静态射极电流，$I_{EQ} = I_{CQ} + I_{BQ}$。

再分析晶体管的输出回路。如不考虑 $u_{CE}$ 对 $i_C$ 的影响，则输出特性曲线是一组相互平行且间隔相等的直线，如图 6 – 36 所示。此时，当基极电流有一增量 $\Delta i_B$ 时，由于 $i_B$ 对 $i_C$ 的控制作用，$i_C$ 必产生更大的增量

$$\Delta i_{C1} = \beta\Delta i_B \tag{6.27}$$

上式表明，从晶体管输出端看进去的电路可以用一个大小为 $\beta\Delta i_B$ 或 $\beta i_b$ 的受控电流源来等效。当然，实际上 $i_C$ 不仅与 $i_B$ 有关，而且，当 $u_{CE}$ 增大时 $i_C$ 也稍有增大。这种关系可用另一参数 $r_{ce}$ 来表示：

$$r_{ce} = \frac{\Delta u_{CE}}{\Delta i_{C2}}\bigg|_{i_B = 常数} \tag{6.28}$$

$r_{ce}$ 称为晶体管的输出电阻，如图 6－35 所示。通常，晶体管的输出特性曲线较为平坦，它的 $r_{ce}$ 值较大，大于几十千欧，故在多数情况下可不考虑 $r_{ce}$，即认为 $r_{ce}\to\infty$，这在工程上不会带来显著的误差。因而，在低频小信号交流放大电路中，晶体管的常用模型为图 6－37 所示的简化微变等效电路。

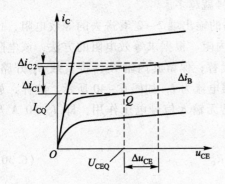

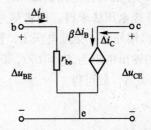

图 6－36　输出特性上的工作点变化　　　图 6－37　晶体管简化微变等效电路

（2）动态参数计算

放大电路的动态参数是指与输入 $u_i$、输出 $u_o$ 有关，或对输入、输出信号有影响，并由放大电路的元器件所决定的物理参量，如图 6－38 所示，其中：

电压放大倍数（也称增益）$A_u = \dot{U}_o / \dot{U}_i$；

输出电压 $\dot{U}_o$ 是输出信号 $u_o$ 的有效值相量；

输入电压 $\dot{U}_i$ 是输入信号 $u_i$ 的有效值相量；

放大电路输入电阻 $R_i$ 是指从放大电路输入端看进去整个电路包括负载在内的等效电阻；

放大电路输出电阻 $R_o$ 是指从放大电路输出端看进去整个放大电路并包括信号源在内的等效电阻。

因为 $\dot{A}_u$、$R_i$、$R_o$ 都是对输入、输出信号（交流信号）而言的，故称为动态参数。

仍以图 6－27 共射放大电路为例，画出其微变等效电路如图 6－39 所示。图中及下面计算中的电流与电压均改用正弦交流量的有效值。

① 输入电阻 $R_i$ 的计算：$R_i$ 是从放大电路的输入端 1－1′看进去的等效电阻，因而

$$R_i = \frac{U_i}{I_i} = R_B \mathbin{/\!/} r_{be} \tag{6.29}$$

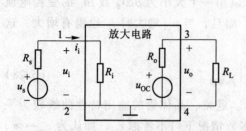

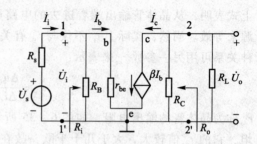

图 6 – 38　放大电路输入电阻和　　　　图 6 – 39　共射放大电路的微变等效电路
　　　　　　输出电阻等效电路

$R_i$ 越大，放大电路从信号源 $\dot{U}_s$ 获得的信号就越多。

② 输出电阻 $R_o$ 的计算：$R_o$ 是从放大电路的输出端 2 – 2′ 看进去的等效电阻，也就是 2 – 2′ 左边部分电路的戴维宁等效电路的内阻。根据求等效电阻的方法，该电阻值可用外施电压法求得。即将信号源用短路代替，保留其内阻 $R_s$，将负载 $R_L$ 开路，于 2 – 2′ 两端外加一交流电压 $U$，使流入放大器电流为 $I$，如图 6 – 40 所示。这样，放大电路的输出电阻为 $R_o = U/I$，因为，此时已无输入信号电压作用，即 $I_b = 0$ A 及 $I_c = \beta I_b = 0$ A，故可得

$$R_o = \frac{U}{I} = R_C \qquad (6.30)$$

$R_o$ 越小，放大电路带负载的能力越强。

③ 电压放大倍数 $A_u$ 的计算：由图 6 – 39 可知 $U_i = I_b r_{be}$，$I_c = \beta I_b$，$U_o = -I_c(R_C /\!/ R_L) = -\beta I_b R_L'$，可得放大电路的电压放大倍数

$$A_u = \frac{U_o}{U_i} = -\frac{\beta I_b R_L'}{I_b r_{be}} = -\beta \frac{R_L'}{r_{be}} \qquad (6.31)$$

上式中 $R_L' = R_C /\!/ R_L$，负号表示输出电压与输入电压的相位相反（参见图 6 – 28 与图 6 – 29）。

有时需要计算输出电压 $U_o$ 对信号源 $U_s$ 的放大倍数 $A_{us}$，根据图 6 – 39 有

$$U_s = \frac{R_s + R_i}{R_i} U_i \qquad (6.32)$$

故可得

$$A_{us} = \frac{U_o}{U_s} = \frac{U_o}{U_i} \cdot \frac{U_i}{U_s} = \frac{R_i}{R_i + R_s} \cdot A_u \qquad (6.33)$$

式中，$R_s$ 是信号源的内阻。

**例 6.1**　图 6 – 41 是分压式偏置共射极放大电路，电路中的晶体管 VT 是 NPN 硅管，$\beta = 100$，$R_s = 1$ kΩ，$R_{B1} = 62$ kΩ，$R_{B2} = 20$ kΩ，$R_C = 3$ kΩ，$R_E = 1.5$ kΩ，$R_L = 5.1$ kΩ，$U_{CC} = 15$ V。

求：① 电路的静态工作点 $I_{BQ}$、$I_{CQ}$、$U_{CEQ}$；② 电路的动态参数 $A_u$、$R_i$、$R_o$、$A_{us}$。

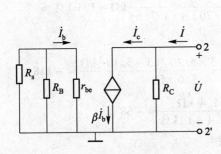

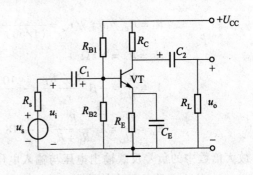

图 6-40　求放大器输出电
阻时的等效电路

图 6-41　例 6.1 电路

**解：**① 静态工作点计算

当未加输入信号时，即 $u_i = 0$ V 时，放大器处于静态，由于 $C_1$、$C_2$ 的隔直作用，电路可以画成如图 6-42 的直流通路。

此时电路各处的电流和电压都是直流量，即静态工作点参数可分别计算如下：

$$U_B \approx \frac{U_{CC} R_{B2}}{R_{B1} + R_{B2}} = \frac{15 \text{ V} \times 20 \text{ k}\Omega}{(60 + 20)\text{ k}\Omega} \approx 3.7 \text{ V}$$

这里 $I_{BQ}$ 远小于 $I_1$ 和 $I_2$，近似认为 $U_B$ 是 $U_{CC}$ 的分压，分压偏置电路也因此得名。

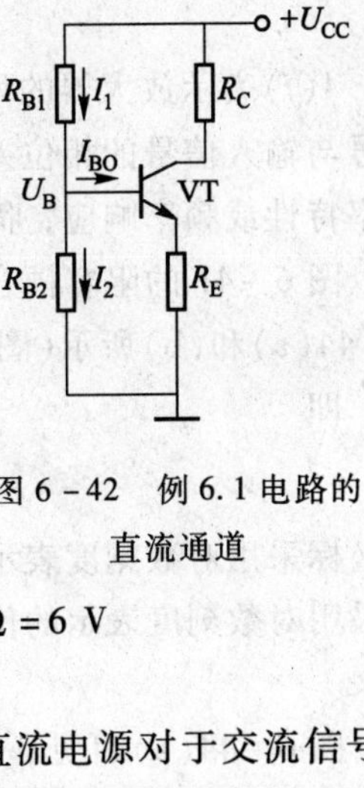

$$I_{CQ} \approx I_{EQ} = \frac{U_B - U_{BEQ}}{R_E} = \frac{(3.7 - 0.7)\text{ V}}{1.5 \text{ k}\Omega} \approx 2 \text{ mA}$$

$$I_{BQ} = \frac{I_{CQ}}{\beta} = \frac{2 \text{ mA}}{100} = 20 \text{ μA}$$

图 6-42　例 6.1 电路的
直流通道

$$U_{CEQ} = U_{CC} - I_{CQ}(R_C + R_E) = 15 \text{ V} - 2 \text{ mA} \times (3 + 1.5)\text{ k}\Omega = 6 \text{ V}$$

② 动态参数计算

要计算动态参数，即 $u_i \neq 0$ V 时的情况，此时电容、直流电源对于交流信号呈短路状态，画出电路的微变等效电路如图 6-43 所示。各动态参数分别计算如下：

$$r_{be} = 300 + (1 + \beta)\frac{26 \text{ mV}}{I_{EQ}} = 300 \text{ Ω} + 101 \times \frac{26 \text{ mV}}{2 \text{ mA}} = 1.6 \text{ k}\Omega$$

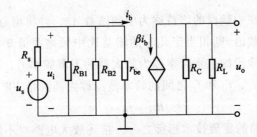

图 6-43　例 6.1 电路的微变等效电路

$$R_i = R_{B1} /\!/ R_{B2} /\!/ r_{be} = \frac{1}{(1/60) + (1/20) + (1/1.6)} k\Omega \approx 1.4\ k\Omega$$

$$R_o = R_C = 3\ k\Omega$$

$$A_u = \frac{U_o}{U_i} = -\beta \frac{R_C /\!/ R_L}{r_{be}} = \frac{-100\ [(3 \times 5.1)/(3 + 5.1)]k\Omega}{1.6\ k\Omega} \approx -118$$

$$A_{us} = \frac{U_o}{U_s} = A_u \frac{R_i}{R_i + R_s} = -118 \times \frac{1.4\ k\Omega}{(1.4 + 1)k\Omega} \approx -68$$

放大倍数中的负号反映输出电压与输入电压反相。

4. 放大电路的频率特性概念

由于晶体管存在极间电容，且放大电路中常接有电容或电感器件，因此，当输入不同频率的输入信号时，放大电路的增益将有所不同，即具有一定的频率响应特性。

（1）幅频特性和相频特性

通常，放大器在不同频率下的增益可用复数来表示，即

$$\dot{A} = A(f) e^{j\varphi(f)} \tag{6.34}$$

式中，$A(f)$ 表示放大器的增益与频率的关系，称为幅频特性；$\varphi(f)$ 表示放大器的输出信号与输入信号的相位差与频率的关系，称为相频特性。两者综合起来称为放大器的频率特性或频率响应，简称频响。

以图 6-41 的阻容耦合单管共射放大器为例，其幅频特性和相频特性的示意图如图 6-44（a）和（b）所示（图中虚线曲线）。图中放大器的增益 $A$ 的大小用分贝（dB）数表示，即

$$A(dB) = 20\ lg | \dot{A} | \tag{6.35}$$

频率坐标采用对数刻度表示，其基本单位是频率的十倍变化，称为十倍频程。

采用对数刻度表示的优点是低频段和高频段的特性均能在较窄的坐标中清楚地显示出来。

由图 6-44（a）可见，在中频范围内，增益曲线平坦，幅值几乎不随频率变化，即此时 $A$ 基本上是个常数，相角 $\varphi$ 大约等于 $-180°$（这表明单管共射放大器具有倒相作用）。当频率升高或降低时，增益的幅值均要减小，见图 6-44（a），同时产生滞后或超前的附加相移见图 6-44（b）。

（2）通频带

通常将放大电路在中频段的增益称为中频增益 $A_m$，并将增益下降到 $0.707\ A_m$（若用分贝表示增益这一数值，则相当于此时的增益比中频增益低 3 dB）时，相应的频率点称为截止频率，低频段的截止频率称为放大器的下限频率 $f_L$，高频段的截止频率称为放大器的上限频率 $f_H$，$f_H$ 和 $f_L$ 之间的频率范围称为通频带 $BW$（简称带宽），即

$$BW = f_H - f_L \tag{6.36}$$

通频带 $BW$ 是放大电路的重要技术指标之一，描述放大电路对不同频率的适应能力。

如果输入信号是包含着许多不同频率的组合信号，而放大器的有限带宽对各种频率分量的增益不一样，就会产生失真，这种失真称为频率失真。

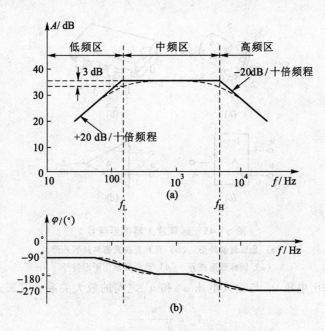

图 6 - 44 单管共射放大器频率特性

（a）幅频特性 （b）相频特性

# 6.3 集成运算放大器应用电路

集成运算放大器（简称运放）是一种以晶体管为基础的高增益差分放大器，在外部反馈网络的配合下，它的输出与输入电压（或电流）之间，可以灵活地实现加、减、乘、除、微分和积分等多种数学运算，其名称也由此而得。电子技术发展至今，其应用已远远超出数学运算的范围，遍及电子信号测控的各个领域。本书以应用为目的，主要介绍集成运放的外特性和常用电路。

## 6.3.1 运算放大器简介

### 1. 运算放大器的图形符号

运算放大器是一个多端电子器件，除了两个对地输入端和一个输出端外，还有两个正、负电源引入端以及其他一些特殊的引出端子。目前使用的运算放大器都已集成封装。

图 6 - 45 是运算放大器的封装外形和图形符号，用"—"号标注的为反相输入端，它表明从该端对地输入信号时，输出信号与输入信号的相位相反；用"+"号标注的为同相输入端，它表明从该端对地输入信号时，输出信号与输入信号的相位相同；它们的对"地"电压分别用 $u_+$、$u_-$、$u_0$ 表示；符号中无"∞"为实际运放，有"∞"为理想运放。图中电源端及其他端子没标出。

### 2. 运算放大器的主要技术参数

（1）开环电压放大倍数 $A_{uo}$

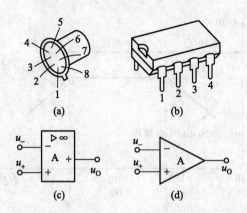

图 6 – 45　运算放大器图形符号

（a）金属封装外形　（b）双列直插式塑料封装外形
（c）国标图形符号　（d）另一种常用图形符号

它反映了输出电压 $u_O$ 与输入电压 $u_+$ 和 $u_-$ 之间的放大关系，其表达式为

$$A_{uo} = \frac{u_O}{u_+ - u_-}$$ 　　　　　(6.37)

$A_{uo}$ 很大，一般可达 $10^4$ 以上。理想运放取 $A_{uo} \to \infty$。

（2）输入电阻 $r_i$

运算放大器的差模输入电阻 $r_i$ 很大，一般在几十千欧到几十兆欧范围。理想运放取 $r_i \to \infty$。

（3）输出电阻 $r_o$

运算放大器的输出电阻，其值在几十欧到几百欧。如果运算放大器在深度负反馈条件下工作，将使闭环输出电阻更小。

从运放的参数看，集成运放的主要参数，都优于分立元件的放大电路。在分析电路时，为了简化计算，常把集成运算放大器理想化，即认为集成运算放大器的主要指标为：

① 开环电压放大倍数 $A_{uo}$ 为无限大。

② 差模输入电阻 $r_i$ 为无限大。

③ 输出电阻 $r_o$ 为零。

## 6.3.2　运算放大器应用电路

根据运算放大器的理想特性，可得出在线性放大区内的两个重要特点：

① 理想运算放大器两个输入端的输入电流为零。由于认为运算放大器的 $r_i$ 为无限大，它不需要从信号源索取任何电流。即 $i_+ = i_- = 0$，称为"虚断"。

② 理想运算放大器的两个输入端之间的电压为零。由于在理想条件下，当运算放大器在线性区工作时，它的输出 $u_O$ 总是有限值，又因为 $A_{uo} \to \infty$，所以 $u_+ - u_- = u_O / A_{uo} = 0$，故可认为 $u_+ = u_-$，称为"虚短"。

1. 运算放大器基本线性运算电路

（1）反相运算电路（又称反相比例电路）

电路如图 6-46 所示，$R_f$ 为反馈电阻，$R_1$ 为输入电阻，$R_p$ 为平衡电阻，为保证两个输入端在直流状态下的平衡工作，一般取 $R_p = R_f /\!/ R_1$。输入信号 $u_i$ 由反相端加入。根据理想运算放大器在线性区的特点，有

$$i_1 = i_f$$

$$u_+ = u_- = 0$$

即运放反相端没接地，但电位等于（接近于）"地"电位，故也称为"虚地"。

据此有

$$i_1 = \frac{u_i - u_-}{R_1} = \frac{u_i - 0}{R_1} = \frac{u_i}{R_1}, \quad i_f = \frac{u_- - u_o}{R_f} = \frac{0 - u_o}{R_f} = -\frac{u_o}{R_f}$$

所以

$$A_{uf} = \frac{u_o}{u_i} = -\frac{R_f}{R_1} \tag{6.38}$$

上式表明：输出电压 $u_o$ 与输入电压 $u_i$ 成比例关系，且相位相反（用负号表示），其放大倍数 $A_{uf}$ 仅与外接电阻 $R_f$ 及 $R_1$ 有关，而与运算放大器本身无关。如果保证电阻阻值有较高的精度，则 $A_{uf}$ 的精度和稳定性也很高。

当 $R_f = R_1$ 时，则有 $A_{uf} = -1$，即输出电压 $u_o$ 与输入电压 $u_i$ 数值相等，相位相反，这时，运算放大器仅作一次变号运算，或称为反相器。

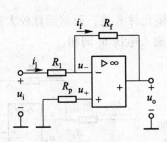

图 6-46 反相比例放大电路

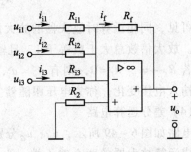

图 6-47 反相加法放大电路

（2）反相加法运算电路

用运算放大器能方便地实现多信号的组合运算，如图 6-47 所示，有三个输入信号 $u_{i1}$、$u_{i2}$、$u_{i3}$ 分别加到反相输入端，不难看出，这个电路实际上是三个输入信号同时进行比例运算。

根据"虚地"的概念，有

$$i_{i1} = \frac{u_{i1}}{R_{11}}, \quad i_{i2} = \frac{u_{i2}}{R_{12}}, \quad i_{i3} = \frac{u_{i3}}{R_{13}}, \quad i_f = -\frac{u_o}{R_f}$$

由于

$$i_f = i_{i1} + i_{i2} + i_{i3}$$

则有

$$-\frac{u_o}{R_f} = \frac{u_{i1}}{R_{11}} + \frac{u_{i2}}{R_{12}} + \frac{u_{i3}}{R_{13}}$$

得

$$u_o = -\left( \frac{R_f}{R_{11}} u_{i1} + \frac{R_f}{R_{12}} u_{i2} + \frac{R_f}{R_{13}} u_{i3} \right)$$

如果

$$R_{11} = R_{12} = R_{13} = R_1$$

则有
$$u_o = -\frac{R_f}{R_1}(u_{i1} + u_{i2} + u_{i3})\tag{6.39}$$

若 $R_1 = R_f$，则有
$$u_o = -(u_{i1} + u_{i2} + u_{i3})\tag{6.40}$$

从而实现了加法运算。式(6.39)中 $R_f$ 与 $R_1$ 之比值，即加法器的比例系数，仅决定于外部电阻，与运算放大器内部参数无关。

（3）同相运算电路

如图 6-48 所示，输入信号 $u_i$ 从同相输入端加入，反馈电阻 $R_f$ 仍接在输出端和反相输入端之间。

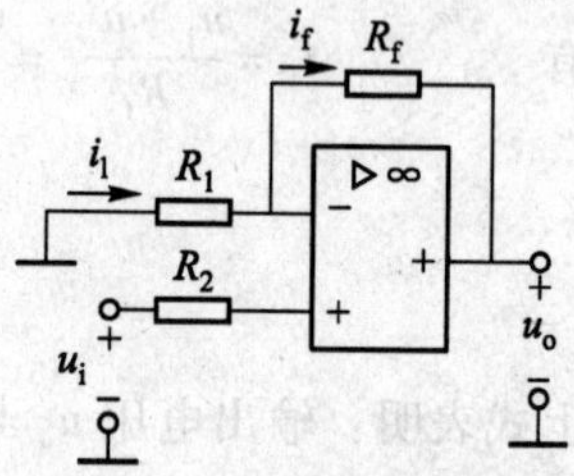

根据理想运算放大器的"虚短"特点，有
$$u_+ = u_- = u_i$$

利用"虚断"特点和分压公式，有
$$u_+ = u_i, \quad u_- = \frac{R_1}{R_1 + R_f} \cdot u_o$$

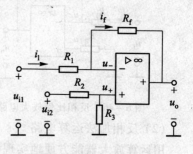

图 6-48　同相放大电路

所以
$$A_{uf} = \frac{u_o}{u_i} = \frac{R_1 + R_f}{R_1} = 1 + \frac{R_f}{R_1}\tag{6.41}$$

或
$$u_o = \left(1 + \frac{R_f}{R_1}\right)u_i\tag{6.42}$$

可见，同相运算时放大器的放大倍数也只与外接元件有关，而与运算放大器本身无关。放大倍数总大于或等于1，且输出电压 $u_o$ 与输入电压 $u_i$ 同相。

若 $R_1 \to \infty$，$R_f = 0$，则有 $u_o = u_i$，说明输出电压跟随输入电压变化，称为电压跟随器。

（4）差分运算电路

电路如图 6-49 所示，$u_{i1}$、$u_{i2}$ 分别经 $R_1$ 和 $R_2$ 加到集成运算放大器的两个输入端，为保持输入平衡，应取 $R_1 = R_2$，$R_3 = R_f$。

利用"虚断"的概念，有
$$i_1 = i_f = \frac{u_{i1} - u_o}{R_1 + R_f}$$

图 6-49　差分放大电路

$$u_- = u_{i1} - i_1 R_1 = u_{i1} - \frac{u_{i1} - u_o}{R_1 + R_f} \cdot R_1$$

$$u_+ = \frac{u_{i2}}{R_2 + R_3} \cdot R_3$$

又由"虚短"概念，有 $u_+ = u_-$，故从上两式可得
$$u_o = \left(1 + \frac{R_f}{R_1}\right)\frac{R_3}{R_2 + R_3}u_{i2} - \frac{R_f}{R_1}u_{i1}\tag{6.43}$$

当 $R_1 = R_2$ 和 $R_3 = R_f$ 时，则上式为
$$u_o = \frac{R_f}{R_1}(u_{i2} - u_{i1})\tag{6.44}$$

可见，输出电压 $u_o$ 与两个输入电压的差值成正比，比例系数也只与外接元件

有关。

当 $R_f = R_1$ 时，则有

$$u_o = u_{i2} - u_{i1} \tag{6.45}$$

从而实现了减法运算。但必须注意若电路中的电阻不对称，则上式不成立。

（5）积分运算电路

若反相比例运算电路中，用电容 $C_f$ 代替反馈电阻 $R_f$，就构成了积分运算电路，如图 6-50 所示。

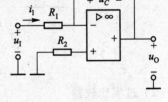

由于反相输入端为"虚地"，故 $i_1 = i_f = \dfrac{u_1}{R_1}$，若电容 $C_f$ 上的初始电压为零，则

$$u_o = -u_c = -\frac{1}{C_f}\int i_f dt = -\frac{1}{R_1 C_f}\int u_1 dt \tag{6.46}$$

图 6-50 积分运算电路

上式表明输出电压 $u_o$ 与输入电压 $u_1$ 成积分关系，负号表示它们相位相反。当 $u_I$ 为一恒定直流电压 $U_i$ 时，有

$$u_o = -\frac{U_i}{R_1 C_f}t \tag{6.47}$$

上式表明，输出电压 $u_o$ 与时间 $t$ 成线性关系，并随着 $t$ 趋向饱和，最终等于运放饱和电压 $+U_{OM}$ 或 $-U_{OM}$。$u_o$ 的饱和电压为运放输出电压最大值，此值接近运放的正或负工作电源的电压值。

（6）微分运算电路

如果将图 6-50 中的 $C_f$ 和 $R_1$ 位置互换，就构成了微分运算电路，如图 6-51 所示。

根据"虚断"和"虚地"的概念，有

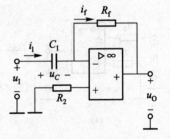

$$i_1 = i_f, \quad u_- = u_+ = 0, \quad i_1 = C\frac{du_c}{dt} = C_1\frac{du_1}{dt}$$

得

$$u_o = -i_f \cdot R_f = -i_1 \cdot R_f \tag{6.48}$$

因此

$$u_o = -R_f C_1 \frac{du_1}{dt} \tag{6.49}$$

图 6-51 微分运算电路

可见，输出电压 $u_o$ 与输入电压 $u_1$ 的微分（变化率）成正比。若 $u_1$ 为恒定值，则 $u_o = 0$。

2. 运算放大器非线性应用电路

运算放大器除了作运算电路以外，还有很多用途，下面介绍几种：

（1）电压比较器

比较器是常用的信号处理电路，它是用来对输入信号进行幅度鉴别和比较的电路，如图 6-52 所示，参考电压 $U_R$ 加在同相输入端，输入信号 $u_I$ 加在反相端，则输入信号将与参考电压相比较。根据理想运算放大器的特点，由图6-52(a)可知，当 $u_I < U_R$ 时，输出为正饱和电压 $+U_{OM}$；当 $u_I > U_R$ 时，输出为负饱和电压 $-U_{OM}$；图6-52(b)是电路的传输特性。

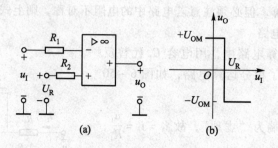

图 6-52　电压比较器
(a) 电路传输特性　(b) 传输特性

（2）过零比较器

在传输特性上，通常将输出电压由某一种状态转换到另一种状态时对应的输入电压称为门限电压（或称阈值电压）。当 $U_R = 0$ 时，参考电压为零，于是该电路称为过零比较器。其电路及传输特性如图6-53所示，即当输入信号过零时刻，输出信号变换电平（ $+U_{OM}$ 或 $-U_{OM}$ ）。利用这种特性，可以进行波形变换，如将输入正弦波电压信号变换为矩形波电压信号，如图6-54所示。

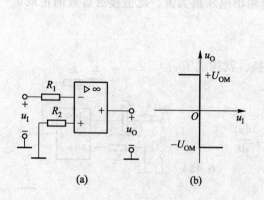

图 6-53　过零比较器
(a) 电路传输特性　(b) 传输特性

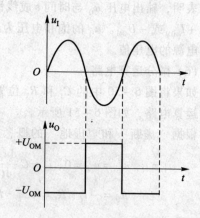

图 6-54　将正弦波电压信号
变换为矩形波电压信号

# 6.4　放大电路中的负反馈

如果将放大电路的输出量（电压或电流）的一部分或全部，通过某种电路（反馈电路）送回到放大电路的输入端，这一过程就称为反馈。若反馈到输入端的信号削弱了外加输入信号的作用，使净输入信号减小，则为负反馈；反之，使净输入得到增强的是正反馈。

### 6.4.1 负反馈原理

负反馈对放大器的许多工作性能都有好处，它可以提高放大倍数的稳定性，减小失真，改变放大电路的输入电阻和输出电阻等。因此，负反馈在放大器中得到广泛的应用。

图 6-55 是反馈放大电路的方框图，其中 $A$ 表示基本放大电路（放大倍数为 $A$），$F$ 表示反馈电路（反馈系数为 $F$），$\dot{X}_\mathrm{o}$ 为输出信号，$\dot{X}_\mathrm{i}$ 为输入信号，$\dot{X}_\mathrm{f}$ 为反馈信号，⊕ 为比较环节符号，而 $\dot{X}_\mathrm{d}$ 则表示输入信号 $\dot{X}_\mathrm{i}$ 与反馈信号 $\dot{X}_\mathrm{f}$ 比较后的净输入信号，$A$、$F$ 为复数形式。

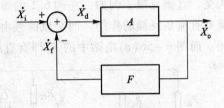

图 6-55 负反馈方框图

由图可得

$$\dot{X}_\mathrm{d} = \dot{X}_\mathrm{i} - \dot{X}_\mathrm{f} \qquad (6.50)$$

若三者同相，则 $X_\mathrm{d} = X_\mathrm{i} - X_\mathrm{f}$，得 $X_\mathrm{d} < X_\mathrm{i}$，说明反馈信号起了削弱外加输入信号的作用。

### 6.4.2 负反馈类型及判别

在负反馈放大器中，反馈信号可取自输出电流或输出电压，反馈信号在输入端可以串联或并联的方式连接。

**1. 负反馈的基本类型**

根据输出端的反馈信号取样和输入端的连接方式，可以有四种负反馈类型：① 电压串联负反馈；② 电压并联负反馈；③ 电流串联负反馈；④ 电流并联负反馈。

**2. 反馈类型的判别**

对一个反馈电路，首先必须确定它是正反馈还是负反馈，即反馈极性判别，其次再确定它属于哪一类负反馈形式。这里，借用图 6-56 所示的四个典型反馈电路，来介绍不同反馈类型的判别方法。

（1）反馈极性的判别

采用瞬时极性法判别比较简单有效，这种方法先假定输入电压在某一瞬时的极性为正（对地而言），然后根据各级电路输出与输入电压相位的关系，分别标出由瞬时正极性所引起的各处电位的升高（用"+"表示）或降低（用"-"表示），最后确定反馈到输入端的信号的极性。如使输入信号削弱，便可判定为负反馈，参见图 6-56(a)（经过 $R_\mathrm{f}$ 的反馈为负反馈）；反之，则为正反馈。

（2）电压反馈或电流反馈的判别

依据反馈取样信号是电压还是电流可作出判断。显而易见，当取样对象的输出量一旦消失（$u_\mathrm{o} = 0$ 或 $i_\mathrm{o} = 0$），则反馈信号也随之消失。因此，就可假设输出端短路，如果此时反馈信号为零，则为电压反馈，如图 6-56(a)、(b)；如果反馈依然存在，则为电流反馈，如图 6 - 56(c)、(d)。

(3) 串联反馈和并联反馈的判别

串联反馈时反馈信号是以电压形式加到输入端的，如图 6 - 56(a)、(c)；并联反馈时的反馈信号是以电流形式加到输入端的，如图 6 - 56(b)、(d)。

(4) 交流反馈和直流反馈的判别

有的电路反馈仅仅是对直流(或交流)信号产生作用，而对交流(或直流)信号则无作用，这种反馈称为直流(或交流)反馈。如果对交、直流信号均有反馈作用，则称为交、直流反馈。例如，在例 6.1 的图 6 - 41 中，分压式偏置电路中的 $R_E$ 在电路中具有直流负反馈的作用，而交流信号由于 $C_E$ 的作用被旁路掉了，因而无交流反馈作用；而图 6 - 56(c) 电路中的 $R''_E$ 即有直流反馈，也有交流反馈。

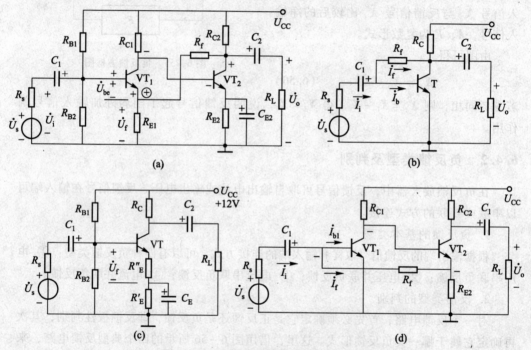

图 6 - 56 四种类型的负反馈放大电路[①]

(a) 串联电压负反馈电路 (b) 并联电压负反馈电路
(c) 串联电流负反馈电路 (d) 并联电流负反馈电路

### 6.4.3 负反馈对放大电路性能的影响

#### 1. 降低放大倍数

由图 6 - 55 可见，设开环放大倍数(又称基本放大器放大倍数)为 $A = \dot{X}_o / \dot{X}_d$，反馈网络的反馈系数为 $F = \dot{X}_f / \dot{X}_o$，则有

---

① 为了简化，图中只标出交流成分，本书类似图同此。

$$\dot{X}_{\text{o}} = (\dot{X}_{\text{i}} - \dot{X}_{\text{f}}) \cdot A = (\dot{X}_{\text{i}} - \dot{X}_{\text{o}}F) \cdot A \tag{6.51}$$

负反馈放大电路的放大倍数又称闭环放大倍数，记为 $A_{\text{f}} = \dot{X}_{\text{o}} / \dot{X}_{\text{i}}$，整理后可得

$$A_{\text{f}} = \frac{\dot{X}_{\text{o}}}{\dot{X}_{\text{i}}} = \frac{A}{1 + AF} \tag{6.52}$$

对于负反馈电路，$|1 + AF|$ 恒大于 1，$A_{\text{f}} < A_0$ 所以，从上式可见，接入负反馈后，闭环放大倍数 $A_{\text{f}}$ 是开环放大倍数 $A$ 的 $\dfrac{1}{1 + AF}$ 倍。$1 + AF$ 称为反馈深度，$1 + AF$ 值愈大，反馈愈深，负反馈作用愈强，闭环放大倍数 $A_{\text{f}}$ 下降愈多。

负反馈的引入虽然使放大倍数下降了，但是对改善放大电路的其他工作性能却有益处。

**2. 提高放大倍数的稳定性**

放大器的放大倍数会因环境温度变化、电源电压波动、元器件老化等原因而发生变化，使放大倍数不稳定，加入负反馈以后，由于上述原因引起放大倍数的变化就会比较小，使放大倍数比较稳定。

引入负反馈后，放大倍数虽然从 $A$ 减小至 $A_{\text{f}}$，即是原来的 $\dfrac{1}{1 + AF}$，但放大倍数的相对变化 $\dfrac{\text{d}A_{\text{f}}}{A_{\text{f}}}$ 却只有未引入负反馈时的 $\dfrac{1}{1 + AF}$，因此负反馈放大电路的放大倍数稳定性提高了。

负反馈愈深，放大倍数愈稳定，如果 $AF \gg 1$，则 $A_{\text{f}} \approx 1/F$。即在深度负反馈时，闭环放大倍数仅与反馈系数 $F$ 有关，而与受外界因素（如温度变化）影响较大的基本放大器无关，这使得放大倍数非常稳定。

**3. 改善波形失真**

如前所述，由于晶体管特性曲线的非线性，引起输出信号波形的失真，如图 6 – 57(a) 所示。引入负反馈后，把有失真的输出信号的一部分返回输入端，使净输入信号发生某种程度的预失真，经过放大后，可使输出信号的失真得到一定程度的改善，见图 6 – 57(b) 所示。

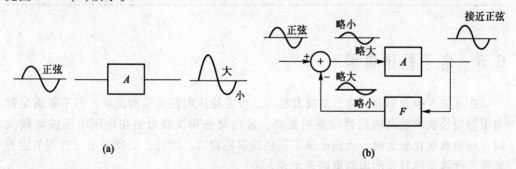

图 6 – 57 负反馈减小非线性失真的原理

（a）无反馈时的波形失真 （b）加负反馈后失真波形得到改善

**4. 展宽通频带**

负反馈也可以改变放大器的频率特性。在中频段，开环放大倍数 $A$ 较高，反馈信号也较强，因而使闭环放大倍数降低得较多。而在低频段和高频段，$A$ 较低，反馈信号也较小，因而使 $A_f$ 降低得较少。这样，就将放大电路的通频带展宽了，如图 6-58 所示。当然，这也是以牺牲放大倍数为代价的，图中，$f_{Lf}$、$f_{Hf}$ 分别是反馈放大器的低频截止频率和高频截止频率。

**5. 对放大电路输入电阻的影响**

负反馈信号引入到输入端后，输入电阻的变化规律取决于反馈信号加到输入端的方式。如果反馈信号 $\dot{X}_f$ 与输入信号 $\dot{X}_i$ 是串联，则输入电阻增大；反馈信号 $\dot{X}_f$ 与输入信号 $\dot{X}_i$ 是并联，则输入电阻减小。

**6. 对放大电路输出电阻的影响**

输出回路的反馈取样信号不同，将影响放大器的输出电阻的大小。如果取样信号是电压（电压负反馈），则使输出电阻减小，若取样信号是电流（电流负反馈），则使输出电阻增大。

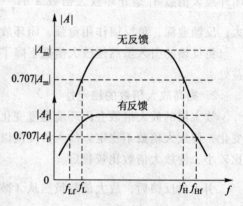

图 6-58　负反馈放大器的频率特性

负反馈电路的特点以及对电路性能的影响可归纳为表 6-1。

表 6-1　负反馈电路的特点以及对电路性能的影响

| 负反馈的类型 | | 稳定的对象 | 输入电阻 | 输出电阻 |
|---|---|---|---|---|
| 反馈取自输出端的 | 反馈至输入端形式 | | | |
| 电压 | 串联 | $\dot{U}_o$ | 提高 | 减小 |
| 电流 | 串联 | $i_C$（或 $i_E$） | 提高 | 提高（或近似不变） |
| 电压 | 并联 | $\dot{U}_o$ | 减小 | 减小 |
| 电流 | 并联 | $i_C$（或 $i_E$） | 减小 | 提高（或近似不变） |

# 6.5　电子稳压电源

在 6.1.3 中介绍的整流、滤波及稳压二极管稳压电路的结构简单，但不能满足对电压稳定性要求较高的仪器设备的需要，这些设备和仪器希望在电网电压波动较大时，或负载变化较大时，直流电源电压仍能保持稳定。因此，必须采用一些调节能力较强、性能指标较高的电源电路来实现。

稳压电路的主要性能指标有两个：

一个是稳压系数，该指标是指当负载固定时，输出电压与输入电压相对变化量之比值,可反映电网电压波动对电路的影响。

另一个是输出电阻,也称稳压电源内阻,反映了当输入电压固定时,负载电流变化对输出电压的影响。输出电阻越小,表明带负载能力强。

### 6.5.1 简单的串联型晶体管稳压电路

图 6-59 所示为简单的串联型稳压电路,图中 $U_I$ 是经整流、滤波后的输入电压,VT 为调整管,VZ 为硅稳压二极管,用来稳定晶体管 VT 的基极电位 $V_B$,作为稳压电路的基准电压,$R$ 既是稳压二极管的限流电阻,又是晶体管 VT 的基极偏置电阻。

电路的稳压过程如下:

若 $U_I$ 波动(电网波动引起)或负载电流变化使输出电压 $U_O$ 升高,由于基极电位 $V_B$ 被稳压二极管稳住近似不变,由图可知 $U_{BE} = U_B - U_E$,这样 $U_O$ 升高时,$U_{BE}$ 必然减小,VT 发射极电流 $I_E$ 减小,晶体管管压降 $U_{CE}$ 增大,促使输出电压 $U_O$ 下降,达到输出电压基本保持不变的目的。

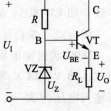

图 6-59 简单的串联型稳压电路

### 6.5.2 带有放大环节的串联型稳压电路

简单的串联型晶体管稳压电源是直接通过输出电压的微小变化去控制调整管来达到稳压的目的,其稳压效果仍然不够理想。若先从输出电压中取得微小的变化量,经过放大后再去控制调整管,就可大大提高稳压效果,其工作原理框图见图 6-60。下面说明其工作原理。

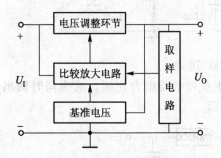

图 6-60 串联型稳压电路框图

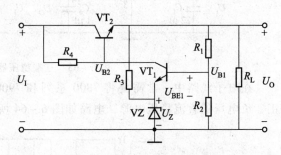

图 6-61 串联型稳压电路

基准电压是一个稳定性较高的电压,是整个稳压电源的工作标准,取样电路对输出的直流电压进行取样,取得一部分电压信号送给比较放大电路,比较放大电路将取样所得的信号电压与基准电压比较,并将比较结果放大去控制电压调整环节,电压调整环节由工作在放大区的晶体管组成,根据比较结果使晶体管处于相应的导通状态,使输出电压稳定。

串联型晶体管稳压电源电路如图 6-61 所示。稳压过程表示如下:

$$U_I \uparrow \rightarrow U_O \uparrow \rightarrow U_{BE1} \uparrow \rightarrow I_{B1} \uparrow \rightarrow I_{C1} \uparrow \rightarrow U_{C1} \downarrow \rightarrow$$
$$U_{B2} \downarrow \rightarrow I_{B2} \downarrow \rightarrow I_{C2} \downarrow \rightarrow U_{CE2} \uparrow \rightarrow U_O \downarrow$$

该过程表明，当由于某种原因使得输出电压偏离正常值时，电路会自动纠正回来。

### 6.5.3　集成稳压电路

随着技术的进步，大量的电路可以做成集成电路，电源电路也是一样。常用的集成电源电路有三端稳压器，具有使用简单、价格便宜、效果好的特点，从而被大量地应用。主要产品有 7800 系列和 7900 系列固定式三端稳压器，其外形与管脚号如图 6 - 62 所示。

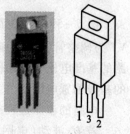

不同厂家生产的三端稳压器名称会不同，但系列命名基本一致，如 LM7805、MC7805、W7805 等。

固定式三端稳压器输出直流电压系列：

7800 系列输出固定的正电压，有 5 V、6 V、9 V、12 V、15 V、18 V、24 V 等多种。如 W7815 的输出电压为 15 V；最高输入电压为 35 V；最小输入、输出电压差为 2 V；加散热器时最大输出电流可达 2.2 A；输出电阻为 0.03 ~ 0.15 Ω；电压变化率为 0.1% ~ 0.2%。

图 6 - 62　三端稳压器外形和管脚号排列

7900 系列输出固定的负电压，其参数与 7800 系列基本相同。

W7800 系列的端子 1 为输入端，2 为输出端，3 为公共端；W7900 系列的端子 3 为输入端，2 为输出端，1 为公共端。使用时，三端稳压器接在整流、滤波电路之后，如图 6 - 63 所示。

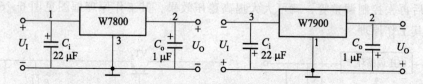

图 6 - 63　三端稳压器应用电路

在电子线路中，常需要将 7800 系列和 7900 系列电路组合连接，成为同时输出正、负电压的直流稳压电源，电路如图 6 - 64 所示。

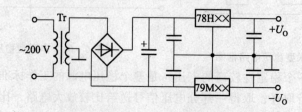

图 6 - 64　同时输出正、负电压的直流稳压电路

除了 7800 系列和 7900 系列固定式三端稳压器之外，还有输出电压可调的集成稳压器。例如，W317 可调输出正电压稳压器，W337 可调输出负电压稳压器，它们的输出电压分别为 ±1.2 ~ 37 V 连续可调，最大输出电流为 1.5 A。可调输出电压稳压器的应用电路如图 6 - 65 所示。

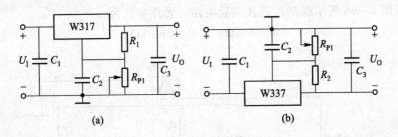

图 6-65 两种可调式集成稳压器应用电路

从串联型晶体管稳压电源工作原理知道，VT 作为调整管，在整个工作过程中均工作在放大区，调整管本身的功率损耗与输出电流成正比。这样，调整管的功耗会随电源的输出功率的增大而增大，使调整管急剧发热，散热以及功率损耗都成为使用者较为关心的问题。另外，电源变压器、滤波器的体积和重量也很大，不利于设备的小型化。

近些年，人们研制出了利用脉冲（脉宽、脉频）调制方式工作的开关型直流稳压电源（简称开关电源），它的调整管工作在开关状态，开关频率在 20 kHz 以上，滤波电感、电容的参数和尺寸大大减小，功率损耗小，效率高，已发展成为小型化、轻量化、高效率的新型电源。

# 6.6 模拟电路实验实训

## 6.6.1 单管共射放大电路的测试

1. 实验实训目的

① 掌握用万用表测试与调整静态工作点的方法。观察静态工作点对放大电路输出波形的影响，理解设置合适静态工作点的重要性。

② 掌握用仪器测量放大电路动态指标 $A_u$、$A_{us}$、$R_i$、$R_o$ 的方法。观察负载对放大电路电压放大倍数的影响，加深理解动态指标的意义。

③ 了解用仪器测试放大器幅频特性的方法。

2. 实验实训知识要点

① 晶体管具有电流放大特性。

② 在放大电路中，根据静态工作点的不同，晶体管将工作于三个不同的工作区域，正确理解三个工作区域对放大输入信号的影响。

③ 对放大电路的基本要求是对输入的信号进行不失真地放大，信号的变化范围应在线性放大区，晶体管必须工作在放大区。要满足放大条件，放大电路必须有合适的静态工作点。

④ 放大电路的动态指标可以实际测量，也可以用微变等效电路分析法计算求得。

3. 实验实训内容及要求

① 按图 6 - 66 所示线路图连接实验电路。元件参数为:

$$R_s = 1\ \text{k}\Omega; \qquad R_{B1} = 62\ \text{k}\Omega;$$

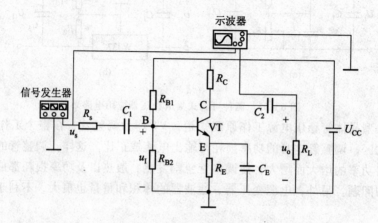

图 6 - 66　单管共射放大实验电路

$$R_{B2} = 20\ \text{k}\Omega; \quad R_C = 3\ \text{k}\Omega;$$
$$R_E = 1.5\ \text{k}\Omega; \quad R_L = 5.1\ \text{k}\Omega;$$
$$C_1 = 10\ \mu\text{F}; \quad C_2 = 10\ \mu\text{F};$$
$$C_E = 47\ \mu\text{F}; \quad U_{CC} = 15\ \text{V}。$$

② 测试并计算放大电路的静态工作点(此时交流输入信号为零),填入表 6 - 2。

表 6 - 2　静态工作点的测量值与理论值

| 参数名称 | $U_B$/V | $U_C$/V | $U_E$/V | $U_{BE}$/V | $U_{CE}$/V | $I_C$/A | $I_E$/A |
|---|---|---|---|---|---|---|---|
| 测量值 | | | | | | | |
| 理论值 | | | | | | | |

③ 输入交流信号($f = 1\ \text{kHz}, U_i = 5\ \text{mV}$),观察输入电压、输出电压波形是否失真,如果输出波形已失真,是什么失真,分析失真原因是什么?

④ 根据分析的原因采取措施消除失真(如调节电阻 $R_{B1}$,调节输入信号的大小等)。

⑤ 放大电路动态指标测试。将电路保持在最大不失真输出时的静态工作点状态,测试并计算放大器的电压放大倍数 $A_u$、$A_{us}$、输入电阻 $R_i$、输出电阻 $R_o$ 等动态指标,并观察输出电压与输入电压的相位关系。把结果填入表 6 - 3。

表 6 - 3　静态工作点及动态指标的测量值与理论值

| 参数名称 | $U_s$/V | $U_i$/V | $U_o$/V | $U_o'$/V | $A_u$ | $A_{us}$ | $R_i$/Ω | $R_o$/Ω | 输入输出相位关系 |
|---|---|---|---|---|---|---|---|---|---|
| 测量值 | | | | | | | | | |
| 理论值 | | | | | | | | | |

注: 本表中电压应为有效值,须在不失真状态下测得,$U_o'$ 为 $R_L$ 开路时测得的不失真有效值。

4. 实验实训器材设备

模拟电子技术实验装置及图 6 - 66 所需元器件。

① 万用表。

② 直流稳压电源。

③ 晶体管毫伏表。

④ 信号发生器。

⑤ 双踪示波器。

5. 实验实训报告要求

① 画出实验电路图，标明元器件数值。

② 记录主要步骤，将实验数据填入数据表格，并做相应的计算。

③ 理论值和实验结果比较，并分析原因。

④ 写出实验实训心得体会。

## 6.6.2 运算放大器基本应用电路

1. 实验实训目的

① 掌握用运算放大器构成反相比例运算电路、同相比例运算电路的原理和实验方法。

② 理解直流放大器与交流放大器的区别。加深对运放特性的理解，学会灵活运用运放电路。

2. 实验实训知识要点

① 运算放大器具有高放大倍数和高输入电阻的特点。

② 理想运放有两个重要基本概念，"虚断" 和 "虚短"。测量放大电路动态指标的方法。

③ 运放可以构成许多运算放大电路和信号处理电路，由运放构成的电路动态稳定性好。

3. 实验实训内容及要求

（1）反相比例运算电路

实验电路如图 6 - 67，元件参数为：电阻 $R_1 = 10$ kΩ，$R_f = 51$ kΩ，$R_p = 10$ kΩ，电源电压 $U_{CC} = 15$ V，$U_{EE} = -15$ V。

测试对于不同输入信号 $U_1$，其输出 $U_0$ 的值，并填入表 6 - 4。

表 6 - 4　反相比例运算电路的参数值

| 参数名称 | 理论值 | 测量值 1 | 测量值 2 | 测量值 3 | 测量值 4 |
|---|---|---|---|---|---|
| $U_1/\text{V}$ | 0 | 1 | -1 | 4 | -4 |
| $U_0/\text{V}$ | | | | | |
| $A_{uf}$ | | | | | |

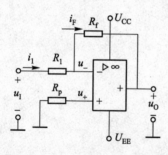

图 6 – 67　反相比例运算实验电路

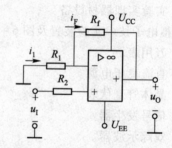

图 6 – 68　同相比例运算实验电路

（2）同相比例运算电路

实验电路如图 6 – 68，元件参数为：电阻 $R_1 = 10$ kΩ，$R_f = 51$ kΩ，$R_2 = 10$ kΩ，电源电压 $U_{CC} = 15$ V，$U_{EE} = 15$ V。

测试对于不同输入信号 $U_1$，其输出 $U_0$ 的值，并填入表 6 – 5。

表 6 – 5　同相比例运算电路的参数值

| 参数名称 | 理论值 | 测量值 1 | 测量值 2 | （$R_1 = \infty$ 时）测量值 3 | （$R_1 = \infty$ 时）测量值 4 |
|---|---|---|---|---|---|
| $U_1$/V | 0 | 1 | –1 | 1 | –1 |
| $U_0$/V | | | | | |
| $A_u$ | | | | | |

注：以上表格中的电压可以为直流电压，也可以为交流电压有效值，若测得的结果与理论值相差很大，必须分析原因。

4. 实验实训器材设备

模拟电子技术实验装置及图 6 – 67、图 6 – 68 所需元器件。

① 万用表。

② 直流稳压电源。

③ 晶体管毫伏表。

④ 信号发生器。

⑤ 双踪示波器。

5. 实验实训报告要求

① 画出实验电路图，标明元器件数值。

② 记录主要步骤，将实验数据填入数据表格，并做相应的计算。

③ 对理论计算值和实验结果进行分析比较。

④ 总结运放用作"反相运算"、"同相运算"及其他应用电路时的信号传输规律。

# 本 章 小 结

1. 二极管的基本结构是 PN 结，二极管具有单向导电性，即有正向偏置时导通，反向偏置时截止的特性。

利用二极管的单向导电特性，可以构成整流电路、检波电路等。利用二极管反向击穿特性，可制成稳压二极管。

发光二极管 LED 是一种电 – 光转换器件，大量用于需要状态指示、信息显示的场合。

2. 两个 PN 结有机结合可以构成一个晶体管，晶体管有电流放大作用，它是一种三端有源器件，分为 NPN 和 PNP 两种类型，按制造所用材料不同有硅管和锗管两种。它的三个引出端分别称为发射极 E、基极 B 和集电极 C。

晶体管一般有三个工作区域：

① 放大区：发射结电压正偏，集电结电压反偏。

② 饱和区：发射结电压正偏，集电结电压正偏。

③ 截止区：发射结电压反偏(或零偏置)，集电结电压反偏。

对放大电路的基本要求是对输入的信号不失真地进行放大，晶体管必须工作在放大区，放大电路必须设置合适的静态工作点，使信号的变化范围在线性放大区。

3. 放大电路的性能指标主要有放大倍数、输入电阻、输出电阻和通频带等。基本放大电路有共射、共集、共基三种基本组态。其中，共射极放大电路的电压放大倍数较高，输出电压与输入电压反相，输入电阻和输出电阻大小适中，通常采用电容耦合方式。

4. 集成运算放大器是一种应用很广泛的模拟集成电路，它是一种能放大交直流信号的高倍放大电路，运放主要有很高的输入电阻和很低的输出电阻，放大倍数非常大。根据理想运放的特点，可得出运放在线性放大状态下的两点结论：即"虚短"和"虚断"。

5. 反馈是把输出信号返回到输入端，若反馈后净输入信号减弱，叫负反馈。负反馈降低了电路的放大倍数，但它显著改善了电路性能，尤其解决了因电子元件参数不稳定造成的电路工作不稳定的问题，使得负反馈得到极为广泛的应用，是电子电路中一项非常重要的技术措施。负反馈还能减小失真，展宽通频带，改变输入和输出电阻。负反馈有交流反馈和直流反馈，根据电路具体结构可分四种类型：电压串联负反馈、电压并联负反馈、电流串联负反馈、电流并联负反馈。

6. 直流稳压电源是由交流电网供电，经过整流、滤波和稳压三个主要环节得到稳定直流输出电压的装置。

整流是利用二极管的单向导电原理将交流电转换成脉动的直流电。

滤波是通过电容限制电压的变化或用电感限制电流的变化的作用来实现的。

经过滤波后的直流电压较为平滑，但仍不稳定，还要加稳压环节。最简单的是稳压二极管稳压电路，常用的是串联型稳压电路。实际应用较多的有三端稳压电源、开关稳压电源。

7. 本章实验实训内容是最基本的晶体管放大电路和运算放大器电路实验，通过实验可以帮助理解和巩固相关的理论知识，学会电子线路测试的一些基本方法。

# 习　题　六

6.1　PN 结有什么特征?

6.2　硅二极管和锗二极管的导通电压各为多少?

6.3　设简单二极管基本电路如题图 6-3(a)所示, $R = 10$ kΩ, 图(b)是图(a)电路的习惯画法。设二极管的正向恒压降为 0.7 V, 对于下列两种情况, 求电路的 $I_D$ 和 $U_D$ 的值: ① $U_{DD} = 10$ V。② $U_{DD} = 1$ V。

6.4　晶体管有哪两种类型? 分别画出它们的器件符号。

6.5　晶体管有哪几种工作状态, 不同工作状态的外部条件是什么?

6.6　如题图 6-6 所示, 设 $U_{CC} = 12$ V, $R_C = 3$ kΩ, $\beta = 80$, 若将静态值 $I_{CQ}$ 调到 5 mA, 问: ① $R_P$ 应调多大? ② 若在调试静态工作点时, 不慎将 $R_P$ 调为零, 对晶体管有无影响, 为什么; 通常采取何种措施来防止此情况的发生?

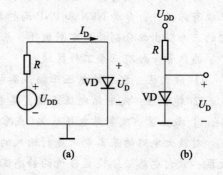

题图 6-3　习题 6.3 图

(a) 简单二极管电路　(b) 习惯画法

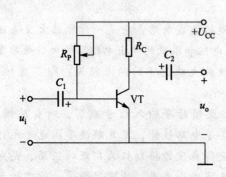

题图 6-6　习题 6.6 图

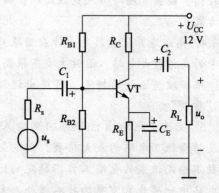

题图 6-7　习题 6.7 图

6.7　分压式偏置电路如题图 6-7 所示, $R_s = 600$ Ω, $R_{B1} = 62$ kΩ, $R_{B2} = 16$ kΩ, $R_E = 2.2$ kΩ, $R_C = 4.3$ kΩ, $R_L = 5.1$ kΩ, $\beta = 80$。试求: ① $I_{CQ}$、$U_{CEQ}$。② 画微变等效电路。③ $R_i$、$R_o$、$A_u$、$A_{us}$。④ 当 $U_s = 100$ mV 时, 求 $U_o$。

6.8　求题图 6-8 所示电路的 $u_O$ 与 $u_I$ 的运算关系式。

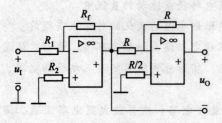

题图 6-8　习题 6.8 图

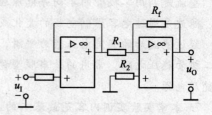

题图 6-9　习题 6.9 图

6.9　在题图 6 - 9 的电路中，已知 $R_f = 2R_1$，$u_1 = -2$ V，试求输出电压 $u_0$。

6.10　题图 6 - 10 所示两个电路中，哪些元件构成反馈电路？并判断电路的反馈类型。

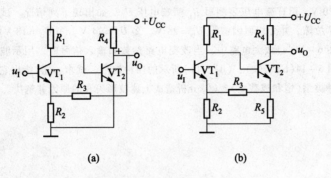

(a)　　　　　　　　　　(b)

题图 6 - 10　习题 6.10 图

6.11　请判断题图 6 - 11 中两个电路的反馈极性和反馈类型。

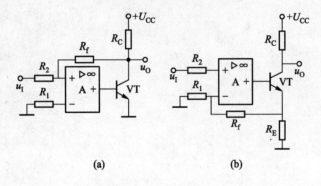

(a)　　　　　　　　　　(b)

题图 6 - 11　习题 6.11 图

6.12　一单相桥式整流电路，变压器二次电压有效值为 75 V，负载电阻为 100 Ω，试计算该电

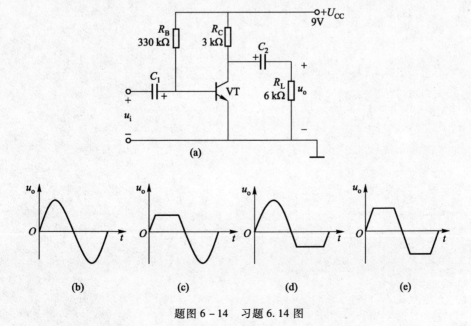

(a)

(b)　　　　(c)　　　　(d)　　　　(e)

题图 6 - 14　习题 6.14 图

路的直流输出电压和直流输出电流,并选择二极管。

6.13 桥式整流电容滤波电路中,已知 $R_L = 100\ \Omega$,$C = 100\ \mu F$;用交流电压表测得变压器二次电压有效值为 20 V,用直流电压表测得 $R_L$ 两端电压 $U_0$。如出现下列情况,试分析哪些是合理的,哪些表明出了故障,并分析原因:① $U_0 = 28$ V。② $U_0 = 24$ V。③ $U_0 = 18$ V。④ $U_0 = 9$ V。

6.14 在题图 6–14(a)放大电路中,当改变电路参数和输入信号时,用示波器观察输出电压 $u_o$,发现有如题图 6–14(b)、(c)、(d)、(e)所示的四种波形,试求:① 指出它们有无失真。如有失真,属于何种类型(饱和或截止)?② 分析造成上述波形失真的原因并解决。

# 第七章　门电路与组合逻辑电路

引例　在铁路运输中，假设某车站停、发特快、直快、普快三种客运列车，并规定在同一时段只能有一趟列车从车站开出，并对三种列车依次有优先通行权。也就是说在同一时刻，只能给出一个开车信号。为了满足上述要求，信号指示系统可用一个逻辑电路来实现。

设 $A$、$B$、$C$ 分别代表特快、直快、普快列车，$Y_A$、$Y_B$、$Y_C$ 分别代表相应车种的开车信号，对上述逻辑要求的分析，可得到一个逻辑表达式，并由此设计出逻辑电路。逻辑电路设计的具体过程参见例 7.2。

数字电路的广泛应用和高速发展，标志着现代电子技术的水准。电子计算机、数字式仪表与通信、数字控制装置和工业逻辑系统等都是以数字电路为基础的。数字电路是一种逻辑控制电路，输出结果与输入信号之间具有特定的逻辑关系。

人们在生产和生活实践中，遇到的逻辑问题是各种各样的，为解决这些逻辑问题而设计的逻辑电路也是多种多样的。本章主要介绍和逻辑控制有关的逻辑代数、各种门电路，并在此基础上介绍常用的组合逻辑电路——编码器、译码器等。

## 7.1　逻辑代数与门电路

### 7.1.1　逻辑代数初步

1. 数字电路中的数制和数码

（1）数制及其转换

在数字电路中，除了非常熟悉的十进制数以外，还大量使用二进制、十六进制数。二进制数只有 **1**、**0** 两个数字，可以直接对应数字电路中开关的开、关状态或电位的高、低电平等；十六进制数表示的数值大而简洁，与二进制数的转换也非常方便。在此用列表来表示十进制数、二进制数、十六进制数以及它们之间的转换关系。见表 7 − 1。

表 7 − 1　十进制、二进制、十六进制数码对照表

| 十进制数 | 二进制数 | 十六进制数 | 十进制数 | 二进制数 | 十六进制数 |
|---|---|---|---|---|---|
| 0 | **0000** | 0 | 2 | **0010** | 2 |
| 1 | **0001** | 1 | 3 | **0011** | 3 |

续表

| 十进制数 | 二进制数 | 十六进制数 | 十进制数 | 二进制数 | 十六进制数 |
|---|---|---|---|---|---|
| 4 | 0100 | 4 | 10 | 1010 | A |
| 5 | 0101 | 5 | 11 | 1011 | B |
| 6 | 0110 | 6 | 12 | 1100 | C |
| 7 | 0111 | 7 | 13 | 1101 | D |
| 8 | 1000 | 8 | 14 | 1110 | E |
| 9 | 1001 | 9 | 15 | 1111 | F |

不同的数制表示具体数值时，可以加后缀字母予以区分。二进制数后缀 B，十进制数后缀 D，十六进制数后缀 H，例如日常十进制数 18，可分别表示为 10010B、18D、12H。

（2）码制

常用二进制编码的十进制数有 8421BCD 码（简称 BCD 码）、5211 码和余 3 码等。它们都是用 4 位二进制数来表示 1 位十进制数。前两种码都是有权码，余 3 码为无权码，BCD 码和余 3 码唯一表示一个十进制数，5211 码表示的十进制数不唯一。这三种编码的关系如表 7-2 所示。

表 7-2　三种编码的关系

| 8421BCD 码 | 5211 码 | 余 3 码 |
|---|---|---|
| 0000 | 0000（或 0000） | 0011 |
| 0001 | 0001（或 0010） | 0100 |
| 0010 | 0011（或 0100） | 0101 |
| 0011 | 0101（或 0110） | 0110 |
| 0100 | 0111（或 0111） | 0111 |
| 0101 | 1000（或 1000） | 1000 |
| 0110 | 1010（或 1001） | 1001 |
| 0111 | 1100（或 1011） | 1010 |
| 1000 | 1110（或 1101） | 1011 |
| 1001 | 1111（或 1111） | 1100 |

## 2. 逻辑代数的基本运算

逻辑代数也称布尔代数，本书仅介绍简单的二值布尔代数，它是分析和设计逻辑电路的一种数学工具，用来描述数字电路和数字系统的结构和特性。

逻辑代数有 1 和 0 两种逻辑值，在逻辑运算中，它们并不表示数量的大小，而是表示两种对立的逻辑状态，如电平的高低，晶体管的导通和截止，脉冲信号的有无，事物的是非等。所以，逻辑 **1** 和逻辑 **0** 与自然数的 1 和 0 有本质的区别。但在二进制算术运算中，1 和 0 又表示为 1 位二进制数值。

在逻辑代数中，输出逻辑变量和输入逻辑变量的关系，叫逻辑函数或逻辑表达式，可表示为

$$F = f(A, B, C, \cdots)$$

其中，$A$、$B$、$C$、$\cdots$ 为输入逻辑变量，$F$ 为输出逻辑变量。下面介绍三种基本逻辑运算。

**(1) 逻辑乘**

逻辑乘是描述**与**逻辑关系的，又称**与**运算。两变量逻辑**与**表达式为

$$F = A \cdot B \tag{7.1}$$

其意义是仅当决定事件发生的所有条件 $A$、$B$ 均具备时，事件 $F$ 才能发生。例如，把两只开关和一盏电灯串联接到电源上，只有当两只开关均闭合时，灯才会亮。两个开关中有一个不闭合，灯就不会亮。在 $A$ 和 $B$ 分别取 **0** 或 **1** 值时，$F$ 的逻辑状态（即真值表）列于表 7 - 3。这里 $A$、$B$ 分别代表两只开关，取 **1** 表示闭合，取 **0** 表示断开；$F$ 代表电灯，灯亮时 $F = 1$，灯灭时 $F = 0$。

**(2) 逻辑加**

逻辑加是描述**或**逻辑关系的，也称**或**运算。两变量逻辑**或**表达式为

$$F = A + B \tag{7.2}$$

其意义是当决定事件发生的各种条件 $A$、$B$ 中，只要有一个或一个以上的条件具备时，事件 $F$ 就发生。仍以上述灯的情况为例，把两只开关并联与一盏电灯串联接到电源上，当两只开关中有一个或一个以上闭合时，灯均会亮。只有两个开关全断开，灯才不亮。当 $A$ 和 $B$ 分别取 **0** 或 **1** 值时，$F$ 的逻辑状态列于真值表 7 - 4。

**(3) 逻辑非**

逻辑非是对一个逻辑变量的否定，也称非运算。逻辑非表达式为

$$F = \overline{A} \tag{7.3}$$

其意义是当条件 $A$ 为真时，事件 $F$ 就不会发生。仍以灯的情况为例，一只在面板上标有"开"和"关"字样的开关与一盏电灯串联接到电源上，当开关打向"开"时灯灭，而开关打向"关"时灯亮。当 $A$ 取 **0** 或 **1** 值时，$F$ 的逻辑状态列于真值表 7 - 5。

| 表 7 - 3 逻辑乘真值表 | | | | 表 7 - 4 逻辑加真值表 | | | | 表 7 - 5 逻辑非真值表 | |
|---|---|---|---|---|---|---|---|---|---|
| $A$ | $B$ | $F$ | | $A$ | $B$ | $F$ | | $A$ | $F$ |
| 0 | 0 | 0 | | 0 | 0 | 0 | | 0 | 1 |
| 0 | 1 | 0 | | 0 | 1 | 1 | | 1 | 0 |
| 1 | 0 | 0 | | 1 | 0 | 1 | | | |
| 1 | 1 | 1 | | 1 | 1 | 1 | | | |

### 3. 逻辑代数的运算法则

（1）基本运算法则

$$0 \cdot A = 0 \qquad\qquad 0 + A = A$$

$$1 \cdot A = A \qquad\qquad 1 + A = 1$$

$$A \cdot \overline{A} = 0 \qquad\qquad A + \overline{A} = 1$$

$$A \cdot A = A \qquad\qquad A + A = A$$

（2）交换律

$$A \cdot B = B \cdot A \qquad\qquad A + B = B + A$$

（3）结合律

$$A \cdot B \cdot C = (A \cdot B) \cdot C = A \cdot (B \cdot C) \qquad A + B + C = A + (B + C) = (A + B) + C$$

（4）分配律

$$A \cdot (B + C) = A \cdot B + A \cdot C \qquad A + B \cdot C = (A + B) \cdot (A + C)$$

（5）吸收律

$$A \cdot (A + B) = A \qquad\qquad A + \overline{A} \cdot B = A + B$$

$$A \cdot (\overline{A} + B) = A \cdot B \qquad\qquad A \cdot B + A \cdot \overline{B} = A$$

$$A + A \cdot B = A \qquad\qquad (A + B) \cdot (A + \overline{B}) = A$$

（6）反演律（德·摩根定理）

$$\overline{A + B} = \overline{A} \cdot \overline{B} \qquad\qquad \overline{A \cdot B} = \overline{A} + \overline{B}$$

为简化书写，允许将 $A \cdot B$ 简写成 $AB$，即将"·"省略。

**例 7.1**　用逻辑代数运算法则化简逻辑表达式：

$$F = ABC + ABD + \overline{A}\,B\,\overline{C} + CD + B\,\overline{D}$$

**解：** $F = ABC + \overline{A}\,B\,\overline{C} + CD + B(\overline{D} + DA)$; $\overline{D} + DA = \overline{D} + A$　（利用 $A + \overline{A}B = A + B$）

$\qquad = ABC + \overline{A}\,B\,\overline{C} + CD + B\,\overline{D} + BA$

$\qquad = AB(C + 1) + \overline{A}\,B\,\overline{C} + CD + B\,\overline{D}$; $C + 1 = 1$　（利用 $1 + A = 1$）

$\qquad = AB + \overline{A}\,B\,\overline{C} + CD + B\,\overline{D}$

$\qquad = B(A + \overline{A}\,\overline{C}) + CD + B\,\overline{D}$　　　; $A + \overline{A}\,\overline{C} = A + \overline{C}$　（利用 $A + \overline{A}B = A + B$）

$\qquad = AB + B\,(\overline{C} + \overline{D}) + CD$　　　; $\overline{C} + \overline{D} = \overline{CD}$　（利用 $\overline{A} + \overline{B} = \overline{AB}$）

$\qquad = AB + B\,\overline{CD} + CD$　　　　　; $B\,\overline{CD} + CD = B + CD$（利用 $A + \overline{A}B = A + B$）

$\qquad = AB + CD + B$　　　　　　　　; $AB + B = B$　　（利用 $AB + A = A$）

$\qquad = B + CD$

## 7.1.2　集成逻辑门电路

门电路是数字电路中最基本的单元电路，当满足一定条件时，允许信号通过，否则就不能通过，起着"门"的作用。它的输出信号和输入信号之间具有一定的逻辑关系，所以也称为逻辑门电路。

门电路可以用二极管、晶体管加上电阻等分立元件组成，也可以用集成电路实现，称为数字集成门电路。在集成技术迅速发展和广泛运用的今天，人们已较少使用分立元件门电路了，因此下面主要讨论集成门电路。但是，不管电路功能、结构如何，集成门电路都是以分立元件门电路为基础，经过改造演变过来的，了解分立元件门电路的工作原理，有助于学习和掌握集成门电路。

以下介绍的门电路所采用的输入、输出的高、低电平取用正逻辑，即高电平为 **1**，低电平为 **0**。

### 1. 与门电路

二极管**与**门电路如图 7 - 1(a)所示。由图可知，在输入 $A$、$B$ 中只要有一个(或一个以上)为低电平，则与输入端相连的二极管必然因获得正偏电压而导通，使输出 $Y$ 为低电平，只有所有输入 $A$、$B$ 同时为高电平，两个管子都不导通，输出 $Y$ 才是高电平。可见，输出对输入呈现**与**逻辑关系，即 $Y = A \cdot B$。输入端的个数当然可以多于两个，有几个输入端就有几个二极管。其逻辑关系可总结为："见 **0** 出 **0**，全 **1** 出 **1**"。逻辑符号如图 7 - 1(b)所示，其真值表如同逻辑乘运算(见表 7 - 3)。

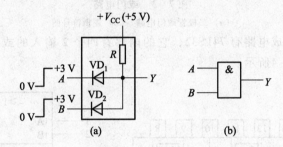

图 7 - 1 与门电路

(a) 二极管与门电路 (b) 逻辑符号图

常用的**与**门集成电路有 74LS08，它的内部有四个 2 输入的**与**门电路，其外引脚和逻辑符号如图7 - 2所示。74LS 系列集成电路的电源电压采用 + 5 V。

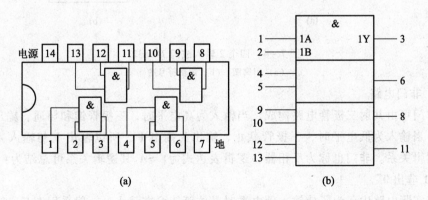

图 7 - 2 四个 2 输入**与**门 74LS08

(a) 引脚图 (b) 逻辑符号图

### 2. 或门电路

二极管**或**门电路如图 7 - 3(a)所示，只要输入 $A$、$B$ 中有高电平，相应的二极管就会导通，输出 $Y$ 就是高电平，只有输入 $A$、$B$ 同时为低电平，两个二极管都不导通，$Y$ 才是低电平。显然 $Y$ 和 $A$、$B$ 之间呈现**或**逻辑关系，逻辑表达式为 $Y = A + B$。其逻辑关系可总结为："**见 1 出 1，全 0 出 0**"。图形符号如图 7 – 3(b)所示，其真值表如同逻辑加运算(见表 7 – 4)。

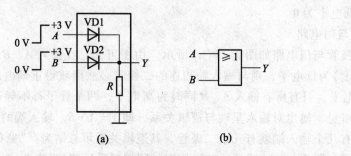

图 7 – 3 **或**门电路

(a) 二极管**或**门电路 (b) 逻辑符号图

常用的**或**门集成电路有 74LS32，它的内部有四个 2 输入的**或**门电路，其外引脚和逻辑符号如图7 – 4所示。

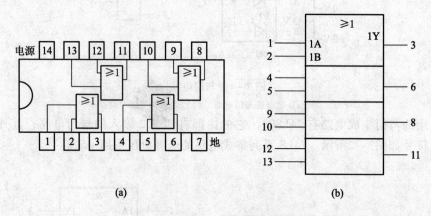

图 7 – 4 四个 2 输入**或**门 74LS32

(a) 引脚图 (b) 逻辑符号图

### 3. 非门电路

非门可由共射三极管电路构成，当输入为高电平时，三极管饱和导通，输出为低电平，当输入为低电平时，三极管截止，输出为高电平，所以输出 $Y$ 与输入 $A$ 就呈现非逻辑关系。非门也称为反相器，逻辑表达式为 $Y = \overline{A}$。其逻辑关系可总结为："**0 非出 1，1 非出 0**"。

在实际电路中，为了使输入低电平时晶体管能可靠截止，一般采用图 7 – 5(a)所示的电路形式。只要电路参数配合适当，则当输入 $A$ 为低电平信号时，晶体管的基极就可以是负电位，发射结反偏，晶体管将可靠截止，输出为高电平，而当输入 $A$ 为高电平信号时，使晶体管 VT 饱和导通，输出 $Y$ 为低电平，实现逻辑非功能。非门电路的逻辑符号如图 7 –5(b)所示，其真值表如同逻辑非运算(见表 7 – 5)。

常用的非门集成电路有 74LS04，它的内部有六个非门电路，其外引脚和逻辑符号如图 7-6 所示。

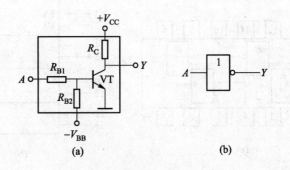

图 7-5 非门电路

（a）晶体管非门电路 （b）逻辑符号图

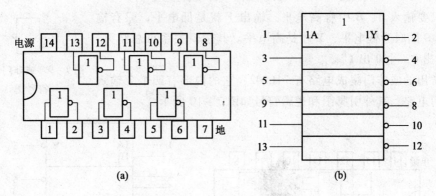

图 7-6 六反相器 74LS04

（a）引脚图 （b）逻辑符号图

#### 4. 与非门电路

在一个**与**门电路的输出端再接一个**非**门，使**与**门的输出反相，就可以构成图 7-7 所示的**与非**门。和**与**门逻辑符号不同之处是在电路输出端加一个小圆圈。**与非**门的逻辑表达式为

图 7-7 与非门逻辑符号图

$$Y = \overline{A \cdot B} \qquad (7.4)$$

只要输入 $A$、$B$ 中有低电平，输出 $Y$ 就是高电平，只有输入 $A$、$B$ 同时为高电平，输出 $Y$ 才是低电平。其逻辑关系可总结为："**见 0 出 1，全 1 出 0**"。

常用的**与非**门集成电路有 74LS00，它的内部有四个 2 输入**与非**门电路，其外引脚和逻辑符号如图 7-8 所示。

#### 5. 或非门电路

在一个**或**门电路的输出端再接一个**非**门，使**或**门的输出反相，就可以构成如图 7-9 所示的**或非**门。和**或**门逻辑符号不同处是在电路输出端加一个小圆圈。**或非**门的逻辑表达式为

$$Y = \overline{A + B} \qquad (7.5)$$

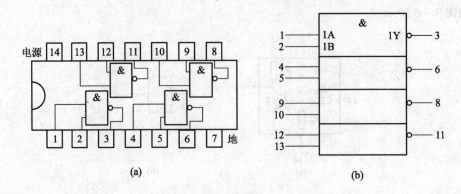

图 7 - 8　四个 2 输入与非门 74LS00

(a) 引脚图　(b) 逻辑符号图

只要输入 $A$、$B$ 中有高电平，输出 $Y$ 就是低电平，只有输入 $A$、$B$ 同时为低电平，$Y$ 才是高电平。其逻辑关系可总结为："见 **1** 出 **0**，全 **0** 出 **1**"。

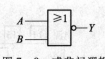

图 7 - 9　或非门逻辑符号图

常用的**或非门**集成电路有 74LS02，它的内部有四个 2 输入**或非门**电路，其外引脚图和逻辑符号如图 7 - 10 所示。

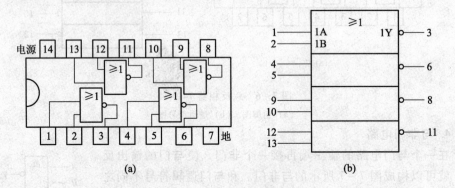

图 7 - 10　四个 2 输入或非门 74LS02

(a) 引脚图　(b) 逻辑符号图

**例 7.2**　在本章开头的引例中讲到，旅客列车一般分特快、直快、普快三种，并依此为优先通行次序。某车站在同一时刻，只能有一趟列车从车站开出，即只能给出一个开车信号。设 $A$、$B$、$C$ 分别代表特快、直快、普快列车，$Y_A$、$Y_B$、$Y_C$ 分别代表相应车种的开车信号，试画出满足上述要求的逻辑电路。

**解**：本题属于组合逻辑电路设计问题。这是一个多输入、多输出逻辑函数，输出有 $Y_A$、$Y_B$、$Y_C$。

① 设 $A = 1$ 表示有特快，$A = 0$ 表示无特快；$B = 1$ 表示有直快，$B = 0$ 表示无直快；$C = 1$ 表示有普快，$C = 0$ 表示无普快。

同时设 $Y_A = 1$ 表示特快出站信号发出，$Y_A = 0$ 表示无特快出站信号发出；$Y_B = 1$ 表示直快出站信号发出，$Y_B = 0$ 表示无直快出站信号发出；$Y_C = 1$ 表示普快出站信号发出，$Y_C = 0$ 表示无普快出站信号发出。

② 满足题设逻辑功能的逻辑状态表如表 7－6 所示。

**表 7－6　输入输出逻辑状态表**

| $A$ | $B$ | $C$ | $Y_A$ | $Y_B$ | $Y_C$ |
| --- | --- | --- | --- | --- | --- |
| 0 | 0 | 0 | 0 | 0 | 0 |
| 0 | 0 | 1 | 0 | 0 | 1 |
| 0 | 1 | 0 | 0 | 1 | 0 |
| 0 | 1 | 1 | 0 | 1 | 0 |
| 1 | 0 | 0 | 1 | 0 | 0 |
| 1 | 0 | 1 | 1 | 0 | 0 |
| 1 | 1 | 0 | 1 | 0 | 0 |
| 1 | 1 | 1 | 1 | 0 | 0 |

③ 由逻辑状态表可写出各输出端的逻辑表达式如下

$$Y_A = A\,\overline{B}\,\overline{C} + A\,\overline{B}C + AB\,\overline{C} + ABC = A = \overline{\overline{A}}$$

$$Y_B = \overline{A}B\,\overline{C} + \overline{A}BC = \overline{A}B = \overline{\overline{\overline{A}B}}$$

$$Y_C = \overline{A}\,\overline{B}C = \overline{\overline{\overline{A}\,\overline{B}C}}$$

④ 根据各输出变量的逻辑表达式，可画出满足题目设计要求的逻辑电路图如图 7－11 所示。

题解中逻辑表达式全部化成"非"或"与非"形式，目的是所用的门电路类型尽量统一。

**例 7.3**　组合逻辑电路如图 7－12(a) 和 (b) 所示，试分别求其逻辑表达式，并作出状态表，说明电路的逻辑功能。

**解：**本题属于组合逻辑电路分析题。对已知逻辑电路图，可逐级写出逻辑函数表达式，然后对表达式进行化简，再由简化的表达式作状态表、分析逻辑功能。

对图 7－12(a)，有

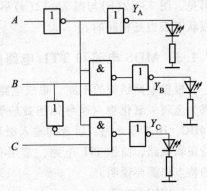

图 7－11　控制逻辑电路图

$$F_1 = \overline{\overline{\overline{AB} \cdot \overline{A}\,\overline{B}}}$$

对此表达式进行变换

$$F_1 = \overline{\overline{AB} \cdot A \cdot B} = (\overline{A} + \overline{B}) \cdot (A + B) = \overline{A}B + A\overline{B}$$

可见，图 7－12(a) 所示电路是一个**异或**逻辑电路，由此式作状态表如表 7－7 所示。其逻辑关系为输入相异出 **1**，相同出 **0**。**异或**逻辑其输入规定为二个变量。

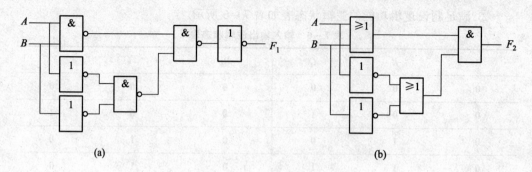

图 7 – 12　例 7.3 组合逻辑电路图

**表 7 – 7　例 7.3 状态表**

| 输 | 入 | 输　出 |
|---|---|---|
| $A$ | $B$ | $F_1(F_2)$ |
| 0 | 0 | 0 |
| 0 | 1 | 1 |
| 1 | 0 | 1 |
| 1 | 1 | 0 |

同理，对图 7 – 12(b)，有

$$F_2 = (A + B) \cdot (\overline{A} + \overline{B}) = \overline{A}B + A\overline{B}$$

可见，图 7 – 12(b)与图 7 – 12(a)尽管电路形式不同，但有相同的**异或**逻辑功能，所以状态表也是相同的。

### 7.1.3　MOS 电路和 TTL 电路的使用特点比较

根据电路结构的不同，集成电路可由绝缘栅场效应管组成，或由晶体管组成。前者为金属 – 氧化物 – 半导体场效应管逻辑电路，简称 MOS 电路，常用有 4000、54/74HC、HCT 等系列。后者的输入级和输出级均采用晶体管，故称为晶体管——晶体管逻辑电路，简称 TTL 电路，常用有 74/54LS 两个系列。下面从使用的角度对两者的特点作简要说明。

1. CMOS 电路

CMOS 电路是以 MOS 管为核心的集成电路，它的优点是功耗低，可靠性好，400 0、54/74HC 和 HCT 系列的电源电压范围分别为 3 ~ 18 V、2 ~ 6 V、5 V，容易和其他电路接口；缺点是工作速度较低。

常用的 CMOS 门电路除了前述的一般门电路外，还有 CMOS 传输门、三态门等。

CMOS 传输门是一种受电压控制的信号传输双向开关，如图 7 – 13(a)所示。当 $C = 1$，$\overline{C} = 0$ 时，传输门开启，信号可以在 $A – Y$ 间传输；反之，当 $C = 0$，$\overline{C} = 1$ 时，传输门关断，信号就不能通过。

三态门也是一种由控制信号控制的逻辑门，图 7 – 13(b)所示为三态**非**门。当使

能端 $\overline{EN} = 0$ 时，三态门开启，$Y = \overline{A}$；当 $\overline{EN} = 1$ 时，三态门封锁，输出 $Y$ 为高阻状态。图（a）、（b）中 $\overline{C}$、$\overline{EN}$、符号上非号和连线上小圆圈可理解为低电平有效。

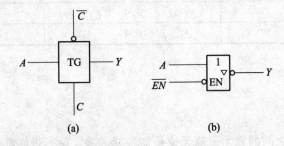

图 7 – 13    CMOS 传输门和三态门逻辑符号

（a）双向传输门    （b）三态非门

使用 CMOS 电路时应注意对器件的安全保护，多余的输入端不应悬空。工作频率不太高时，可将输入端并联使用；工作频率较高时，应根据逻辑要求把多余的输入端分别接至高电位或低电位。CMOS 电路的输出端不能对地短路；焊接 CMOS 器件时，电烙铁必须可靠接地或脱电用余热焊接。

2. TTL 电路

TTL 电路是目前品种齐全，应用很广泛的一类集成电路，如 54/74LS 两个系列。除前面介绍的一些门电路外，还有许多其他功能的逻辑电路。TTL 电路的特点是运行速度快，有统一的电源电压且比较低（ +5 V），有较强的带负载能力。

TTL 电路有多个输入端时，对不用的多余输入端（即闲置端）的处理一般有以下方法：

① 将闲置输入端悬空（相当于高电平 1），这样处理的缺点是易受干扰；且只适用**与门**、**与非门**。

② 将闲置输入端与信号输入端并接，这样处理的优点是可以提高工作可靠性，缺点是增加前级门的负载电流。

③ 对**与门**、**与非门**，通过一个数千欧的电阻将闲置输入端接到电源 $U_{CC}$。对**或门**、**或非门**的闲置输入端可直接接地。

MOS 电路与 TTL 电路主要性能比较列于表 7 – 8。

**表 7 – 8    MOS 电路与 TTL 电路性能比较**

| 性能名称 | TTL 电路 | CMOS 电路 |
|---|---|---|
| 主要特点 | 高速 | 微功耗、高抗干扰能力 |
| 集成度 | 中 | 极高 |
| 电源电压/V | 5 | 3 ~ 18 |
| 平均延迟时间/ns | 3 ~ 10 | 40 ~ 60 |
| 最高计数频率/MHz | 35 ~ 125 | 2 |
| 平均导通功耗/mW | 2 ~ 22 | 0.001 ~ 0.01 |

续表

| 性能名称 | TTL 电路 | CMOS 电路 |
|---|---|---|
| 输出高电平/V | 3.4 | 电源电压值 |
| 输出低电平/V | 0.4 | 0 |

## 7.2　加法器

两个二进制数之间的算术运算无论是加、减、乘、除，最终都是可化作若干步加法运算进行的，因此加法器是算术运算电路的基本单元。

1. 一位加法器

如果不考虑来自低位的进位，只将两个一位二进制数 $A$ 和 $B$ 相加，称为半加。实现半加运算的电路称为半加器，其逻辑电路图如图 7-14 所示。按照二进制加法运算规则可列出半加器的真值表，如表 7-9 所示，其中 $A$、$B$ 是两个加数和被加数，$S$ 为半加和，$C$ 为向高位的进位。

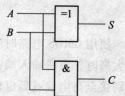

图 7-14　半加器的逻辑图

表 7-9　半加器的真值表

| $A$ | $B$ | $C$ | $S$ | $A$ | $B$ | $C$ | $S$ |
|---|---|---|---|---|---|---|---|
| 0 | 0 | 0 | 0 | 1 | 0 | 0 | 1 |
| 0 | 1 | 0 | 1 | 1 | 1 | 1 | 0 |

从真值表中可清楚地看到：当输入 $A$、$B$ 不同时，输出 $S$ 为 **1**；输入 $A$、$B$ 相同时，输出 $S$ 为 **0**。这种逻辑关系称为**异或逻辑**，**异或**运算符为 $\oplus$，对应的门电路为**异或门**。前面例 7.3 所示电路就是用基本逻辑门构成的**异或门**电路。

半加运算的逻辑表达式为　$S = \overline{A}B + A\overline{B} = A \oplus B$　；异或

$$C = AB \qquad\qquad ；与$$

如果相加时考虑来自低位的进位以及向高位的进位，则称为全加。相应的电路称为全加器，其逻辑电路图和符号图如图 7-15 所示。

表 7-10 为一位全加器的真值表，其中 $A_n$、$B_n$ 表示两个加数和被加数，$S_n$ 表示本位和，$C_{n-1}$ 表示来自低位的进位，$C_n$ 表示向高位的进位。

其逻辑表达式为

$$S_n = \overline{A}_n\overline{B}_nC_{n-1} + \overline{A}_nB_n\overline{C}_{n-1} + A_n\overline{B}_n\overline{C}_{n-1} + A_nB_nC_{n-1}$$
$$= (\overline{A}_nB_n + A_n\overline{B}_n)\overline{C}_{n-1} + (\overline{A}_n\overline{B}_n + A_nB_n)C_{n-1}$$
$$= A_n \oplus B_n \oplus C_{n-1}$$
$$C_n = \overline{A}_nB_nC_{n-1} + A_n\overline{B}_nC_{n-1} + A_nB_n\overline{C}_{n-1} + A_nB_nC_{n-1}$$
$$= A_nB_n + (A_n \oplus B_n)C_{n-1}$$

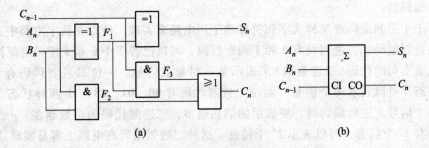

图 7 – 15　一位全加器的逻辑图和符号图

（a）逻辑电路图　（b）逻辑符号图

表 7 – 10　一位全加器的真值表

| $A_n$ | $B_n$ | $C_{n-1}$ | $C_n$ | $S_n$ | $A_n$ | $B_n$ | $C_{n-1}$ | $C_n$ | $S_n$ |
|---|---|---|---|---|---|---|---|---|---|
| 0 | 0 | 0 | 0 | 0 | 1 | 0 | 0 | 0 | 1 |
| 0 | 0 | 1 | 0 | 1 | 1 | 0 | 1 | 1 | 0 |
| 0 | 1 | 0 | 0 | 1 | 1 | 1 | 0 | 1 | 0 |
| 0 | 1 | 1 | 1 | 0 | 1 | 1 | 1 | 1 | 1 |

**2. 多位加法器**

多位加法器是由多个一位全加器的进位串接而组成的，如图 7 – 16 所示的就是一个 4 位串行进位的加法器。显然，由于它的每位相加的结果必须等低一位的进位信号产生后才能确定，因此运算速度不高，但其电路结构简单。常用的集成芯片有 74LS183（双全加器）。为了提高运算速度，已研制出多种超前进位加法器，如中规模集成电路 74LS283 等。

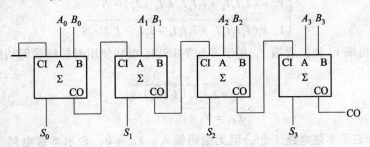

图 7 – 16　4 位串行进位加法器

# 7.3　编 码 器

## 7.3.1　编码器概念

用文字、符号或者数码表示某一对象或信号的过程称为编码，如装电话要电话号码，寄信要邮政编码，计算机中的各种字符也要用数字编码。能够实现编码功能的电路称为编码器。

由于十进制编码或某种文字和符号难于用电路来实现,所以在数字电路中,一般采用二进制编码。二进制只有 0 和 1 两个数码,可以把若干个 0 和 1 按一定规律编排起来组成不同的代码(二进制数)来表示某一对象或信号。一位二进制代码有 0 和 1 两种状态,可以表示两个信号;两位二进制代码有 **00、01、10、11** 四种状态,可以表示四个信号。进行编码时,要表示的信息越多,二进制代码的位数越多。$n$ 位二进制代码有 $2^n$ 个状态,可以表示 $2^n$ 个信息,这种二进制编码在电路上容易实现。

常用的编码有 BCD 码,用 4 位二进制数表示一位十进制数;ASCⅡ码,用 7 位二进制数表示数字、大小写字母和运算符号等。

常用的编码器有二进制编码器、二–十进制编码器、优先编码器等。

### 7.3.2    集成编码器使用

1. 3 位二进制(8 线 – 3 线)优先级编码器

集成 8 线 – 3 线编码器 74LS148 是一种优先级编码器,它的外引脚图如图 7 – 17 所示。它有 8 个不同的输入信号 $\bar{I}_0 \sim \bar{I}_7$,为低电平有效。根据 $2^n = 8$,$n = 3$,则输出信号为 3 位二进制代码 $\bar{Y}_0 \sim \bar{Y}_2$,图中 $\bar{S}$ 为允许编码控制端,$\bar{S} = 0$ 时允许编码;$\bar{S} = 1$ 时不允许编码,所有的输出端均被锁在高电平。输出逻辑表达式为

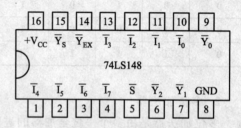

图 7 – 17    8 线 – 3 线优先级编码器 74LS148

$$\begin{cases} \overline{Y}_2 = \overline{(I_4 + I_5 + I_6 + I_7) \cdot S} \\ \overline{Y}_1 = \overline{(I_2\bar{I}_4\bar{I}_5 + I_3\bar{I}_4\bar{I}_5 + I_6 + I_7) \cdot S} \\ \overline{Y}_0 = \overline{(I_1\bar{I}_2\bar{I}_4\bar{I}_6 + I_3\bar{I}_4\bar{I}_6 + I_5\bar{I}_6 + I_7) \cdot S} \end{cases} \tag{7.6}$$

选通输出端 $\bar{Y}_S$ 和扩展端 $\bar{Y}_{EX}$ 用于多片 74LS148 级联使用时扩展编码功能。逻辑表达式为

$$\overline{Y}_S = \overline{\bar{I}_0\bar{I}_1\bar{I}_2\bar{I}_3\bar{I}_4\bar{I}_5\bar{I}_6\bar{I}_7 S} \tag{7.7}$$

$$\overline{Y}_{EX} = \overline{Y_S \cdot S} \tag{7.8}$$

$\bar{Y}_S = 0$,表示本级电路工作,但无编码输入;$\bar{Y}_{EX} = 0$,表示本级电路工作,且有编码输入。

片内按 $\bar{I}_7$ 至 $\bar{I}_0$ 优先级顺序编码。如出现 $\bar{I}_7 = 0$,则无论 $\bar{I}_6 \sim \bar{I}_0$ 中哪个为 0 时,因 $\bar{I}_7$ 优先级最高,此时优先级编码器只按 $\bar{I}_7 = 0$ 编码,输出为 $Y_2 = 1$、$Y_1 = 1$、$Y_0 = 1$ 的反码,即 $\bar{Y}_2$、$\bar{Y}_1$、$\bar{Y}_0$ 为 **000**。其余输入状态请读者自行分析。

74LS148 功能表如表 7 – 11 所示。

**表 7 – 11  74LS148 功能表**

| 输　入 | | | | | | | | | 输　出 | | | | |
|---|---|---|---|---|---|---|---|---|---|---|---|---|---|
| $\overline{S}$ | $\overline{I}_0$ | $\overline{I}_1$ | $\overline{I}_2$ | $\overline{I}_3$ | $\overline{I}_4$ | $\overline{I}_5$ | $\overline{I}_6$ | $\overline{I}_7$ | $\overline{Y}_2$ | $\overline{Y}_1$ | $\overline{Y}_0$ | $\overline{Y}_{EX}$ | $\overline{Y}_S$ |
| 1 | × | × | × | × | × | × | × | × | 1 | 1 | 1 | 1 | 1 |
| 0 | 1 | 1 | 1 | 1 | 1 | 1 | 1 | 1 | 1 | 1 | 1 | 1 | 0 |
| 0 | × | × | × | × | × | × | × | 0 | 0 | 0 | 0 | 0 | 1 |
| 0 | × | × | × | × | × | × | 0 | 1 | 0 | 0 | 1 | 0 | 1 |
| 0 | × | × | × | × | × | 0 | 1 | 1 | 0 | 1 | 0 | 0 | 1 |
| 0 | × | × | × | × | 0 | 1 | 1 | 1 | 0 | 1 | 1 | 0 | 1 |
| 0 | × | × | × | 0 | 1 | 1 | 1 | 1 | 1 | 0 | 0 | 0 | 1 |
| 0 | × | × | 0 | 1 | 1 | 1 | 1 | 1 | 1 | 0 | 1 | 0 | 1 |
| 0 | × | 0 | 1 | 1 | 1 | 1 | 1 | 1 | 1 | 1 | 0 | 0 | 1 |
| 0 | 0 | 1 | 1 | 1 | 1 | 1 | 1 | 1 | 1 | 1 | 1 | 0 | 1 |

注：×表示任意态。

**2. 二 – 十进制（10 线 – 4 线）编码器**

二 – 十进制编码器是将十进制的 10 个数码 0、1、2、3、4、5、6、7、8、9 编成二进制代码的电路。输入 0~9 十个数码，输出对应的二进制代码，因 $2^n \geq 10$，$n$ 常取 4，故输出为 4 位二进制代码。这种二进制代码又称为二 – 十进制代码，简称 BCD 码，也称 8421 码。集成 10 线 – 4 线优先编码器 74LS147，可实现这种编码。图 7 – 18 为其引脚和逻辑符号，逻辑功能表列于表 7 – 12 所示。

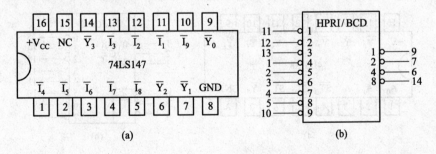

图 7 – 18  10 线 – 4 线优先编码器 74LS147

（a）引脚图　（b）逻辑符号图

由逻辑功能表可见，74LS147 优先编码器有 9 个输入端和 4 个输出端，都是低电平有效。当某个输入端为低电平 0 时，代表输入某个十进制数；当 9 个输入端全为高电平 1 时，代表输入的是十进制数 0。4 个输出端反映某个输入十进数的 BCD 码编码输出。另外，$\overline{I}_9$ 输入优先级别最高，$\overline{I}_1$ 输入优先级别最低，当 $\overline{I}_9 = 0$ 时，则不管 $\overline{I}_1 \sim \overline{I}_8$ 有无输入，编码器均按 $\overline{I}_9 = 0$ 编码。

表 7 – 12 74LS147 功能表

| 输入 | | | | | | | | | 输出 | | | |
|---|---|---|---|---|---|---|---|---|---|---|---|---|
| $\bar{I}_1$ | $\bar{I}_2$ | $\bar{I}_3$ | $\bar{I}_4$ | $\bar{I}_5$ | $\bar{I}_6$ | $\bar{I}_7$ | $\bar{I}_8$ | $\bar{I}_9$ | $\bar{Y}_3$ | $\bar{Y}_2$ | $\bar{Y}_1$ | $\bar{Y}_0$ |
| 1 | 1 | 1 | 1 | 1 | 1 | 1 | 1 | 1 | 1 | 1 | 1 | 1 |
| × | × | × | × | × | × | × | × | 0 | 0 | 1 | 1 | 0 |
| × | × | × | × | × | × | × | 0 | 1 | 0 | 1 | 1 | 1 |
| × | × | × | × | × | × | 0 | 1 | 1 | 1 | 0 | 0 | 0 |
| × | × | × | × | × | 0 | 1 | 1 | 1 | 1 | 0 | 0 | 1 |
| × | × | × | × | 0 | 1 | 1 | 1 | 1 | 1 | 0 | 1 | 0 |
| × | × | × | 0 | 1 | 1 | 1 | 1 | 1 | 1 | 0 | 1 | 1 |
| × | × | 0 | 1 | 1 | 1 | 1 | 1 | 1 | 1 | 1 | 0 | 0 |
| × | 0 | 1 | 1 | 1 | 1 | 1 | 1 | 1 | 1 | 1 | 0 | 1 |
| 0 | 1 | 1 | 1 | 1 | 1 | 1 | 1 | 1 | 1 | 1 | 1 | 0 |

注：×表示任意态。

# 7.4 译码驱动显示电路

译码是将数字系统处理的二进制代码作为输入信号，按其编码时的原意转换为对应的输出信号或十进制数码。译码输出通过驱动显示电路(器件)显示。

## 7.4.1 译码电路

1. 3 位二进制(3 线 – 8 线)译码器

图 7 – 19 是 3 位二进制(3 线 – 8 线)译码器 74LS138 的引脚图和图形符号。图中 $A_2 \sim A_0$ 为三个输入端，$\bar{Y}_0 \sim \bar{Y}_7$ 为八个输出端。逻辑表达式为

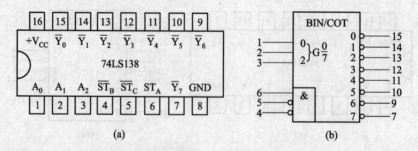

(a)                                    (b)

图 7 – 19 3 线 – 8 线译码器 74LS138

（a）引脚图 （b）逻辑符号图

$$\bar{Y}_0 = \overline{\bar{A}_2 \bar{A}_1 \bar{A}_0}, \qquad \bar{Y}_1 = \overline{\bar{A}_2 \bar{A}_1 A_0}$$

$$\bar{Y}_2 = \overline{\bar{A}_2 A_1 \bar{A}_0}, \qquad \bar{Y}_3 = \overline{\bar{A}_2 A_1 A_0}$$

$$\bar{Y}_4 = \overline{A_2 \bar{A}_1 \bar{A}_0}, \qquad \bar{Y}_5 = \overline{A_2 \bar{A}_1 A_0}$$

$$\bar{Y}_6 = \overline{A_2 A_1 \bar{A}_0}, \qquad \bar{Y}_7 = \overline{A_2 A_1 A_0} \qquad (7.9)$$

当 $ST_A = 1$，$\overline{ST}_B + \overline{ST}_C = 0$ 同时满足时，译码器处于工作状态进行译码，并根据输

人状态，在相应的输出端输出信号 **0**；当不满足上述条件时，输出端无信号输出（输出全为 **1**）。其功能表如表 7 – 13 所示。

表 7 – 13 **3 线 – 8 线译码器 74LS138 功能表**

| 输 | | 入 | | | 输 | | | 出 | | | | |
|---|---|---|---|---|---|---|---|---|---|---|---|---|
| $ST_A$ | $\overline{ST}_B + \overline{ST}_C$ | $A_2$ | $A_1$ | $A_0$ | $\overline{Y}_0$ | $\overline{Y}_1$ | $\overline{Y}_2$ | $\overline{Y}_3$ | $\overline{Y}_4$ | $\overline{Y}_5$ | $\overline{Y}_6$ | $\overline{Y}_7$ |
| × | 1 | × | × | × | 1 | 1 | 1 | 1 | 1 | 1 | 1 | 1 |
| 0 | × | × | × | × | 1 | 1 | 1 | 1 | 1 | 1 | 1 | 1 |
| 1 | 0 | 0 | 0 | 0 | 0 | 1 | 1 | 1 | 1 | 1 | 1 | 1 |
| 1 | 0 | 0 | 0 | 1 | 1 | 0 | 1 | 1 | 1 | 1 | 1 | 1 |
| 1 | 0 | 0 | 1 | 0 | 1 | 1 | 0 | 1 | 1 | 1 | 1 | 1 |
| 1 | 0 | 0 | 1 | 1 | 1 | 1 | 1 | 0 | 1 | 1 | 1 | 1 |
| 1 | 0 | 1 | 0 | 0 | 1 | 1 | 1 | 1 | 0 | 1 | 1 | 1 |
| 1 | 0 | 1 | 0 | 1 | 1 | 1 | 1 | 1 | 1 | 0 | 1 | 1 |
| 1 | 0 | 1 | 1 | 0 | 1 | 1 | 1 | 1 | 1 | 1 | 0 | 1 |
| 1 | 0 | 1 | 1 | 1 | 1 | 1 | 1 | 1 | 1 | 1 | 1 | 0 |

注：×表示任意态。

**2. 二 – 十进制（4 线 – 10 线）译码器**

图 7 – 20 是二 – 十进制（4 线 – 10 线）译码器 74LS42 的引脚图和图形符号。该译码器是对输入 BCD 码进行译码的电路，当输入信号为 **1010 ～ 1111**（BCD 以外的伪码）时，$\overline{Y}_0 \sim \overline{Y}_9$ 均无低电平产生，即此电路具有拒绝伪码的功能。当 BCD 码为 **0000**，则输出端①脚输出低电平 **0**，其余各输出端为 **1**。当 BCD 码为其他代码时，则相应其他的输出端为 **0**。

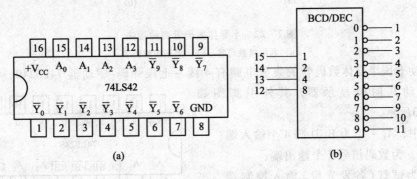

图 7 – 20 **4 线 – 10 线译码器 74LS42**

（a）引脚图 （b）逻辑符号图

## 7.4.2 译码驱动显示电路

在数字仪表、计算机和其他数字系统中，常常需要把测试数据和运算处理结果用人们易于认识的符号或十进制数来显示。这就需要用译码显示器把二 – 十进制代码转换成能显示阅读的符号或十进制数。

常用的显示器件有半导体数码管、液晶数码管和液晶显示屏等。半导体数码管由半导体发光二极管(简称 LED,6.1.2 小节已有介绍)构成,通常采用磷砷化镓做成 PN 结,如图 7-21(a)所示,当外加正向电压时,就能发出清晰的光。多个发光二极管可以封装成半导体数码管,将十进制数分成 7 段,每段为一个发光二极管,如图 7-21(b)所示。选择不同的段发光,就可以显示不同的字型。如当 $a$、$b$、$c$、$d$、$e$、$f$、$g$ 7 段全发光时,数码管显示 8;如 $b$、$c$ 二段发光时,数码管显示 1。发光二极管的工作电压为 1.5~3 V,工作电流为几毫安到几十毫安,使用寿命也很长。

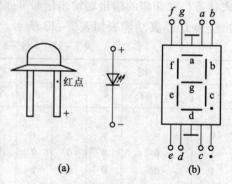

图 7-21 发光二极管和七段数码管
(a) 一个发光二极管 (b) 七段数码显示管

半导体数码管中 7 个发光二极管有共阴极和共阳极两种接法,如图 7-22 所示。在图 7-22(a)共阴极数码管中,当某一段接高电平时,该段发光;在图 7-22(b)共阳极数码管中,当某一段接低电平时,该段发光。因此,使用哪种数码管一定要与使用的七段译码驱动器相配合。

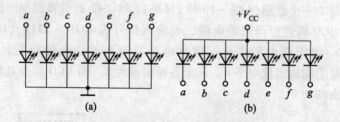

图 7-22 半导体数码管两种接法
(a) 共阴极数码管 (b) 共阳极数码管

驱动七段半导体数码管的集成电路有 4 线 - 七段译码/驱动器 74LS249,用于高电平驱动共阴极显示器,其外引脚图如图 7-23所示。

图中,$A_3 \sim A_0$ 为 BCD 码 4 个输入端;

$a \sim g$ 为数码信号 7 个输出端;

$\overline{LT}$ 为试灯(各发光段)输入控制端,当 $\overline{LT} = 0$,各段发光,以测试数码管好坏;

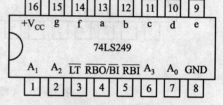

图 7-23 4 线 - 七段译码/驱动器 74LS249

$\overline{RBO/BI}$ 为动态灭灯输入/输出控制端,当 $\overline{RBO/BI}$ 输入为 0,各段均熄灭;

当 $\overline{LT} = 1$、$\overline{RBO/BI} = 1$ 时,根据 BCD 码输入的编码,得到相应的各输出端信号,点亮各段发光管,显示 0~9 十个数或特殊符号。

74LS249 功能表如表 7-14 所示,表中特殊符号的译码显示没有列出。

**表 7 – 14  4 线 –7 线译码/驱动器 74LS249 功能表**

| 输　　入 | | | | | | 输　　出 | | | | | | | | 显示 |
|---|---|---|---|---|---|---|---|---|---|---|---|---|---|---|
| $\overline{LT}$ | $\overline{RBI}$ | $A_3$ | $A_2$ | $A_1$ | $A_0$ | $\overline{RBO}/\overline{BI}$ | $a$ | $b$ | $c$ | $d$ | $e$ | $f$ | $g$ | |
| 1 | 1 | 0 | 0 | 0 | 0 | 1 | 1 | 1 | 1 | 1 | 1 | 1 | 0 | 0 |
| 1 | × | 0 | 0 | 0 | 1 | 1 | 0 | 1 | 1 | 0 | 0 | 0 | 0 | 1 |
| 1 | × | 0 | 0 | 1 | 0 | 1 | 1 | 1 | 0 | 1 | 1 | 0 | 1 | 2 |
| 1 | × | 0 | 0 | 1 | 1 | 1 | 1 | 1 | 1 | 1 | 0 | 0 | 1 | 3 |
| 1 | × | 0 | 1 | 0 | 0 | 1 | 0 | 1 | 1 | 0 | 0 | 1 | 1 | 4 |
| 1 | × | 0 | 1 | 0 | 1 | 1 | 1 | 0 | 1 | 1 | 0 | 1 | 1 | 5 |
| 1 | × | 0 | 1 | 1 | 0 | 1 | 1 | 0 | 1 | 1 | 1 | 1 | 1 | 6 |
| 1 | × | 0 | 1 | 1 | 1 | 1 | 1 | 1 | 1 | 0 | 0 | 0 | 0 | 7 |
| 1 | × | 1 | 0 | 0 | 0 | 1 | 1 | 1 | 1 | 1 | 1 | 1 | 1 | 8 |
| 1 | × | 1 | 0 | 0 | 1 | 1 | 1 | 1 | 1 | 1 | 0 | 1 | 1 | 9 |
| 1 | × | 1 | 1 | 1 | 0 | 1 | 1 | 1 | 1 | 1 | 1 | 1 | 1 | 暗 |
| 0 | × | × | × | × | × | 1 | 1 | 1 | 1 | 1 | 1 | 1 | 1 | 8 |
| × | × | × | × | × | × | 1 | 0 | 0 | 0 | 0 | 0 | 0 | 0 | 暗 |
| 1 | 0 | 0 | 0 | 0 | 0 | 0 | 0 | 0 | 0 | 0 | 0 | 0 | 0 | 暗 |

　　注：× 表示任意态。

　　液晶数码显示器功耗低，显示没有闪烁刺眼感觉，但显示亮度受限。随着液晶技术的发展，大量的液晶显示屏投入市场，已得到相当广泛的应用，感兴趣的读者可参阅其他相关资料。

　　**例 7.4**　图 7 – 24 是 CT74LS139 型双 2 线 – 4 线译码器的外引线排列图和内部逻辑图。该译码器内部含有两个独立的 2 线 – 4 线译码器，图(b)中所示的是其中一个译码器的逻辑图。$A_0$、$A_1$ 是输入端，$\overline{Y}_0 \sim \overline{Y}_3$ 是输出端。$\overline{S}$ 是使能端，低电平有效，当 $\overline{S}=0$ 时，译码器工作；当 $\overline{S}=1$ 时，无论 $A_0$ 和 $A_1$ 是 0 或 1，禁止译码，输出全为 1。试写出电路的逻辑表达式和逻辑状态表。

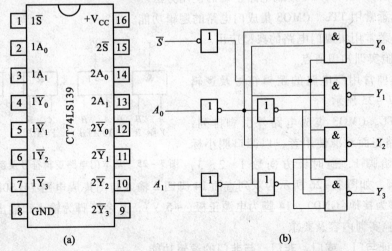

图 7 – 24　CT74LS139 型译码器的外引线排列图和逻辑图
(a) 外引脚图　(b) 内部逻辑图

**解：** 由逻辑图可写出逻辑表达式

$$\overline{Y}_0 = \overline{S}\,\overline{A}_1\,\overline{A}_0 \qquad \overline{Y}_1 = \overline{S}\,\overline{A}_1 A_0$$

$$\overline{Y}_2 = \overline{S A_1 \overline{A}_0} \qquad \overline{Y}_3 = \overline{S A_1 A_0}$$

由上述逻辑表达式可列出它的逻辑状态表如表 7 – 15 所示。当 $\overline{S} = 0$ 时，对应于每一组输入二进制代码，译码器的四个输出只有一个为 **0**，其余为 **1**。

表 7 – 15　CT74LS139 型译码器的功能表

| 输　　入 | | | 输　　出 | | | |
|---|---|---|---|---|---|---|
| $\overline{S}$ | $A_1$ | $A_0$ | $\overline{Y}_3$ | $\overline{Y}_2$ | $\overline{Y}_1$ | $\overline{Y}_0$ |
| 1 | × | × | 1 | 1 | 1 | 1 |
| 0 | 0 | 0 | 1 | 1 | 1 | 0 |
| 0 | 0 | 1 | 1 | 1 | 0 | 1 |
| 0 | 1 | 0 | 1 | 0 | 1 | 1 |
| 0 | 1 | 1 | 0 | 1 | 1 | 1 |

# 7.5　组合逻辑电路实验实训

## 7.5.1　基本逻辑门功能测试及使用

1. 实验实训目的

① 能正确使用数字电路实验实训系统。

② 掌握各种常用门电路的逻辑符号及逻辑功能。

③ 了解 TTL、CMOS 集成电路的标示识别和外引脚排列。

④ 了解 TTL、CMOS 集成电路正确的使用方法。

⑤ 熟悉常用 TTL、CMOS 集成门电路的逻辑功能。

⑥ 熟悉常用集成门电路的典型应用。

2. 实验实训知识要点

① 几种常用门电路的逻辑符号及逻辑功能如图 7 – 25 所示。

② TTL、CMOS 集成电路外引脚排列：将集成电路正面对准使用者，以凹口侧小标志点为起始脚 1，逆时针方向数 1，2，3，

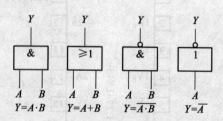

图 7 – 25　基本门电路逻辑符号及逻辑功能

4，…，N 脚。如图 7 – 26 所示为双列直插 14 脚四 2 输入与门集成电路 74LS08 的管脚排列，7 脚为接地（GND），14 脚为电源正极（+5 V），其余管脚为输入和输出引脚。

3. 实验实训内容及要求

① 验证**与门**、**或门**、**非门**、**与非门**的逻辑功能。

在实验实训系统中找到相应的门电路，把输入端接逻辑开关，输出端接发光二极

管，示意接线图如图 7 - 27 所示。改变逻辑开关的状态，观测输出结果并填入表 7 - 16。

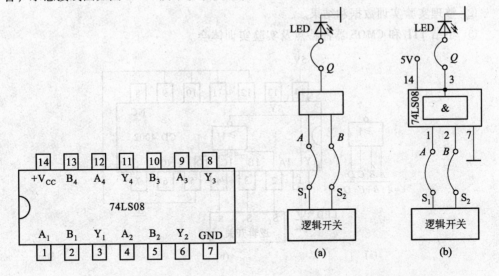

图 7 - 26   集成电路管脚排列       图 7 - 27   门电路功能测试接线图

（a）基本门电路测试示意图

（b）与非门 74LS08 测试图

**表 7 - 16   门电路逻辑功能表**

| 输 入 | | 输 出 | | | |
|---|---|---|---|---|---|
| | | 与门 | 或门 | 非门 | 与非门 |
| $B(S_2)$ | $A(S_1)$ | $Q = AB$ | $Q = A + B$ | $Q = \overline{A}$ | $Q = \overline{AB}$ |
| 0 | 0 | | | | |
| 0 | 1 | | | | |
| 1 | 0 | | | | |
| 1 | 1 | | | | |

② 验证 CMOS 或非门 CD4002 的逻辑功能。

在实验实训系统中找到相应的门电路，把输入端接逻辑开关，输出端接发光二极管，示意接线图如图 7 - 28 所示。改变逻辑开关的状态，观测输出结果并填入自己设计的表格中。

4. 实验实训器材设备

① 数字电路实验实训系统一台。

② 数字万用表一个。

③ 集成与门、或门、非门及与非门、或非门各一片。

④ 发光二极管、拨动开关一组。

5. 实验实训报告要求

① 画出实验实训用逻辑门的逻辑符号，并写出逻辑表达式。

② 整理实验实训数据和结果。

③ 小结 TTL 和 CMOS 器件特点及实验实训体会。

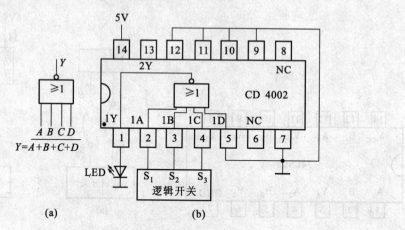

(a)　　　　　　　　　　(b)

图 7 − 28　CD4002 逻辑功能接线图

（a）或非门逻辑符号与功能　（b）或非门 CD4002 测试图

## 7.5.2　译码器及其应用

1. 实验实训目的

① 掌握译码器的工作原理。

② 熟悉常用译码器的逻辑功能和典型应用。

2. 实验实训知识要点

① 译码器是一种常用的组合逻辑电路，其功能就是将每个输入的代码"翻译"成原对应信号的电路。

② 驱动/显示译码器是用来译码并带驱动输出的译码器，如 74LS248 等。

③ 七段数码显示器是常见的数码显示器件，常与译码器配套使用。

3. 实验实训内容及要求

① 根据图 7 − 29 所示逻辑电路，在实验实训系统中找到相应的逻辑器件。

② 把输入端接逻辑开关，输出端接 7 段数码显示器，连接好有关器件的连线，接通电源。

③ 测试七段译码/驱动器 74LS248 的逻辑功能。

4. 实验实训器材设备

① 数字电路实验实训系统一台。

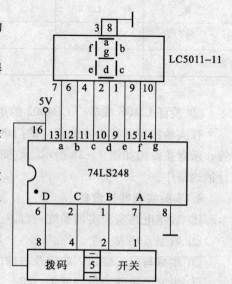

图 7 − 29　74LS248 逻辑功能测试图

② 数字万用表一个。

③ 译码器 74LS248、七段数码显示器、拨动开关一套。

5. 实验实训报告要求

① 整理实验实训线路图和操作步骤。

② 整理实验实训数据，并绘成数据表格。

③ 比较用门电路和应用专用集成电路搭成组合电路各有什么优缺点。

# 本 章 小 结

1. 数字电路是研究数字信号的电路，包括组合逻辑电路和时序逻辑电路两大类。数字信号的高、低电平，分别用 **1** 和 **0** 两个二进制数字来表示。组合逻辑电路能实现输出结果与输入信号之间特定的逻辑关系。

2. 逻辑代数是研究数字电路中信号之间逻辑关系的数学工具，运算法则有：基本运算法则、交换律、结合律、分配律、吸收律和反演律。

3. 逻辑门电路是构成数字电路的基本单元电路。最基本的门电路有**与、或、非**门电路。对于**与门**，"见 **0** 出 **0**，全 **1** 出 **1**"；对于**或门**，"见 **1** 出 **1**，全 **0** 出 **0**"；对于**非门**，"**0** 非出 **1**，**1** 非出 **0**"。由这些基本门电路可以组成**与非、或非、与或非、异或**等常用逻辑门电路。集成门还有传输门、三态门、集电极开路门等。

**与门**和**或门**可以由二极管电路构成，**非门**可由晶体管电路构成，但大量使用的是集成门电路。

4. 数字集成电路主要有 CMOS 和 TTL 两大类，在选用时要注意它们的使用特点和要求。

5. 组合逻辑电路分析的一般步骤：

已知逻辑电路图→写出逻辑表达式→运用逻辑代数化简或变换→列出逻辑状态表→分析逻辑功能。

6. 组和逻辑电路设计的一般步骤：

已知设计的逻辑要求→列出逻辑状态表→写出逻辑表达式→运用逻辑代数化简或变换→画出逻辑电路图。

7. 用文字、符号或者数码表示特定信息的过程称为编码，能够实现编码功能的电路称为编码器。$n$ 位二进制代码有 $2^n$ 个状态，可以表示 $2^n$ 个信息，对 $N$ 个信号进行编码时，应按公式 $2^n \geq N$ 来确定需要使用的二进制代码的位数 $n$。常用的编码器有二进制编码器、二 - 十进制编码器、优先级编码器等。

8. 将给定的二进制代码翻译成编码时赋予的原意称为译码，完成这种功能的电路称为译码器。译码器是多输入、多输出的组合逻辑电路。译码器按功能分为通用译码器和驱动显示译码器。

9. 常用的显示器件有半导体发光二极管、7 段数码显示器、液晶显示屏等。

# 习　题　七

**7.1**　已知输入信号 $A$、$B$、$C$ 的波形如题图 7-1 所示，试分析并画出输出信号 $Y_1$、$Y_2$、$Y_3$、$Y_4$ 的波形。

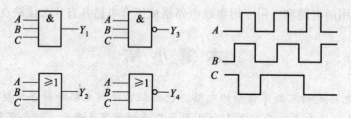

题图 7-1　习题 7.1 图

**7.2**　试分别写出题图 7-2 所示电路的 $Y_1$、$Y_2$、$Y_3$ 的逻辑表达式。

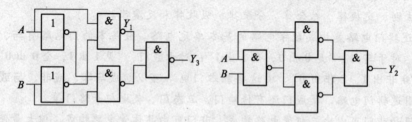

题图 7-2　习题 7.2 图

**7.3**　根据下列各个逻辑表达式，分别画出逻辑电路图。其中题(2)、(4)、(6)、(8)要求全部用与非门实现。

① $Y = (A + B)C$　　　　② $Y = AB + BC$

③ $Y = (A + B)(A + C)$　　④ $Y = A + BC$

⑤ $Y = A(B + C) + BC$　　⑥ $Y = A + B + \overline{C}$

⑦ $Y = AB + \overline{A}C$　　　　⑧ $Y = A\overline{B} + (\overline{A} + B)\overline{C}$

**7.4**　将下列 8421BCD 码化成十进制数和二进制数。

① $(0011\quad 0010\quad 1001)_{8421BCD}$

② $(0101\quad 0111\quad 1000)_{8421BCD}$

**7.5**　保险箱的两层门上各装有一个开关，当任何一层门打开时，报警灯亮，试用逻辑电路来实现。

**7.6**　某数控实验室有红、黄两个故障指示灯，用来表示三台数控设备的工作情况：

当只有一台设备有故障时，黄色指示灯亮；

当有二台设备有故障时，红色指示灯亮；

当三台设备都出现故障时，红色和黄色指示灯都亮。

试设计一个故障指示灯亮的逻辑电路。（设 $A$、$B$、$C$ 为三台数控设备的故障信号，有故障时为 1，正常工作时为 0；$Y_1$ 表示黄色指示灯，$Y_2$ 表示红色指示灯，灯亮为 1，灯灭为 0。）

**7.7**　题图 7-7 是两处控制一盏照明灯的电路，单刀双掷开关 $A$ 安装在一处，$B$ 安装在另一处，两处都可以控制电灯。试画出使

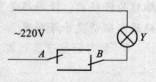

题图 7-7　习题 7.7 图

灯亮的真值表和用与非门电路组成的逻辑电路。(设 $1$ 表示灯亮,$0$ 表示灯灭;$A=1$ 表示开关向上扳,$A=0$ 表示开关向下扳;$B=1$ 表示开关向上扳,$B=0$ 表示开关向下扳。)

7.8　某车间有 $A$、$B$、$C$、$D$ 四台电动机,今要求:

① $A$ 电动机必须开机;

② 其他三台电动机中至少有两台电动机开机。

如不满足上述要求,则指示灯熄灭。设指示灯点亮为 $1$,熄灭为 $0$。试用与非门组成点亮指示灯的逻辑电路图。

7.9　题图 $7-9$ 是一密码锁控制电路。开锁条件是:拨对密码 $ABCD$ 且钥匙插入锁眼将开关 S 闭合。当两个条件同时满足时,开锁信号为 $1$,将锁打开。否则,给出报警信号为 $1$,接通警铃。试分析密码 $ABCD$ 是多少?

7.10　题图 $7-10$ 是 74LS138 3 线 $-8$ 线译码器和与非门组成的组合逻辑电路。请写出图示电路的输出 $Y_1$ 和 $Y_2$ 的逻辑表达式。

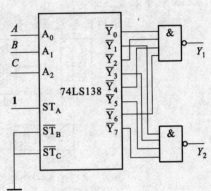

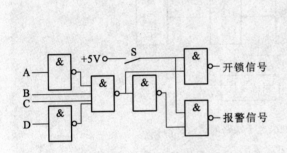

題图 $7-9$　习题 7.9 图　　　　　　题图 $7-10$　习题 7.10 图

# 第八章 触发器与时序逻辑电路

引例 智力竞赛是一种生动活泼的教育和娱乐方式,在学校、电视台、娱乐场所都可进行。一般的智力竞赛把参赛选手分成若干组,由主持人提问,参赛选手的回答形式分为必答和抢答两种。必答有时间限制,到时要告警;抢答要判定哪组优先,并予以指示和鸣响;回答问题正确与否,由主持人判别加分或减分,成绩评定结果由电子装置显示。

图 8 - 1 所示为抢答判决电子线路的结构框图。

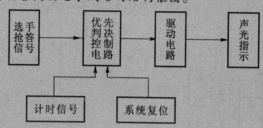

图 8 - 1　抢答判决电子线路的结构框图

抢答判决电路要求主持人能实现系统复位,选手抢答信号的输入与判决迅速准确,声光指示能区分选手组号并对各组输入信号实行互锁。这个抢答判决电路可以由以触发器为核心部件的数字电路实现,具体电路及工作原理参见本章 8.1.3 小节。

本章阐述数字逻辑电路的另一种主要类型——时序逻辑电路。首先介绍构成时序逻辑电路的基本逻辑部件——触发器,包括触发器的基本特点、形式、逻辑功能、特征方程及常见应用。接着介绍时序逻辑电路的一般描述与分析,并重点介绍计数器电路和中规模集成计数器的应用。最后对半导体存储器作简要介绍。

## 8.1 集成双稳态触发器

### 8.1.1 双稳态触发器的基本特性

触发器的内部电路是由门电路加上适当的反馈线耦合而成,通常触发器有双稳态型、单稳态型和无稳态型(也称多谐振荡器)之分,这里主要讨论双稳态触发器,有时直接称触发器。

双稳态触发器是一个双稳态记忆器件，有两个互补输出端 $Q$ 和 $\overline{Q}$。当 $Q=1$ 时，$\overline{Q}=0$，称为 1 状态；当 $Q=0$ 时，$\overline{Q}=1$，称为 0 状态。当输入信号不变时，触发器输出处于稳定状态，且能长期保持（记忆）；当输入信号变化时，触发器输出才可能发生改变，形成新的稳定状态。

双稳态触发器的种类较多，按电路结构形式的不同，可分为基本 $RS$ 型、钟控型、主从型、维持阻塞型、CMOS 边沿触发型等；按逻辑功能的不同，可分为基本 $RS$ 型、$RS$ 型、$D$ 型、$JK$ 型、$T$ 型和 $T'$ 型等；按存储信号的原理不同，可分为静态型和动态型。目前使用的触发器主要是集成触发器，几种常见触发器的逻辑符号如图8-2所示。

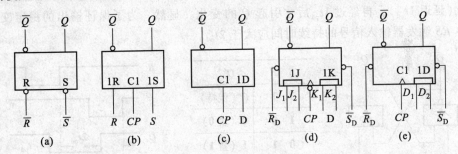

图 8 – 2　触发器逻辑符号

（a）基本 $RS$ 触发器　（b）钟控 $RS$ 触发器　（c）钟控 $D$ 触发器　（d）$JK$ 触发器　（e）$D$ 触发器

不管是何种类型的双稳态触发器，为了实现记忆 1 位二值信号的功能，都具有以下两个基本特点：

第一，具有两个能自行保持的互补稳定状态，用来表示逻辑状态 **0** 和 **1**。

第二，根据不同的输入信号，可以使输出变成新的 **1** 或 **0** 稳定状态。

输入信号发生变化之前的触发器状态称为现态，用 $Q^n$ 和 $\overline{Q}^n$ 来表示，而把输入信号发生变化之后触发器所进入的状态称为次态，用 $Q^{n+1}$ 和 $\overline{Q}^{n+1}$ 来表示。若用 $X$ 表示输入信号的集合，则触发器的次态是现态和输入信号的函数，即

$$Q^{n+1}=f(Q^n,X) \tag{8.1}$$

式（8.1）称为触发器的次态方程，又称状态方程，由于每种触发器都有自己特定的状态方程，所以也称特征方程，它是描述时序逻辑电路的最基本表达式。

触发器是构成寄存器、计数器、脉冲发生器、存储器等时序逻辑电路的基本单元电路。数字系统中二进制信息的记忆，大都是通过触发器电路实现的，下面按逻辑功能介绍常用的触发器。

## 8.1.2　常用触发器介绍

### 1. 基本 $RS$ 触发器

基本 $RS$ 触发器是最基本的集成触发器，它由两个与非门交义连接而成，如图 8 – 3（a）所示。图中输入信号采用 $\overline{R}$、$\overline{S}$ 形式，表示低电平有效。

图 8 – 3（b）是基本 $RS$ 触发器的功能表，从表中看出，当 $\overline{R}\,\overline{S}=01$ 时，触发器置 0；当 $\overline{R}\,\overline{S}=10$ 时，触发器置 1；当 $\overline{R}\,\overline{S}=11$ 时，触发器状态保持；而当 $\overline{R}\,\overline{S}=00$ 时，

状态是不定的。因为，如果 $\overline{R}\,\overline{S}=00$，则 $Q^{n+1}=\overline{Q}^{n+1}=1$，在此后 $\overline{R}\,\overline{S}=11$，则 $Q^{n+1}$ 可能是 **0**，也可能是 **1**，不确定，这不符合互补输出的特征。

基本 RS 触发器的状态方程如下

$$\begin{cases} Q^{n+1}=S+\overline{R}Q^n \\ \overline{R}+\overline{S}=1 \end{cases} \qquad (8.2)$$

其中，$\overline{R}+\overline{S}=1$（即 $\overline{R}\,\overline{S}\neq00$）为基本 RS 触发器的约束条件。

正如所有的逻辑电路一样，基本 RS 触发器的输出对输入也有一定的门延迟时间。图 8-3(c)所示为基本 RS 触发器的时序波形图。当 $\overline{S}$ 变为低电平时先引起 $Q$ 的变化（延迟 $1t_{pd}$），再经过 $1t_{pd}$ 后才引起 $\overline{Q}$ 的变化。显然，为了保证输出的稳定变化，基本 RS 触发器输入信号的持续时间应大于 $2t_{pd}$。

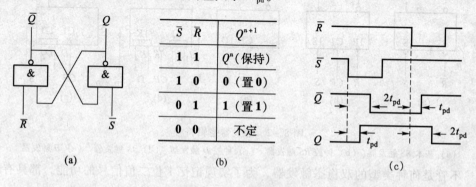

图 8-3　基本 RS 触发器

(a) 逻辑图　(b) 功能表　(c) 波形图

基本 RS 触发器由于存在不定状态，因此较少单独使用，但它是构成其他触发器的基础。

**2. D 触发器**

图 8-4(a)所示为钟控 D 触发器的逻辑图，它是在基本 RS 触发器的基础上增加了两个与非门和一个反相器，可以克服基本 RS 触发器的不定状态，且能使触发器在时钟脉冲 CP 的作用下按一定的时间节拍工作。

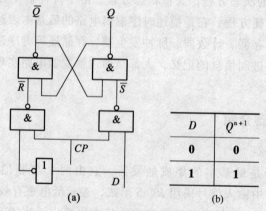

图 8-4　钟控 D 触发器

(a) 逻辑图　(b) 功能表

从图 8 – 4(a) 中看出，原来是 $\overline{R}$、$\overline{S}$ 为输入信号，现在则以 $D$ 为单一输入信号，且 $S=D$，$R=\overline{D}$。因此可利用基本 $RS$ 触发器的状态方程得到钟控 $D$ 触发器的状态方程，即当钟控信号 $CP=1$ 时，

$$Q^{n+1}=D \tag{8.3}$$

这个状态方程反映了一般 $D$ 触发器的特征。由状态方程可以得出 $D$ 触发器的功能表，如图 8 – 4(b) 所示。

对钟控 $D$ 触发器来说，触发器状态的翻转时间要受到时钟脉冲信号 $CP$ 的控制，而翻转到什么状态由输入信号 $D$ 决定，只有 $CP=1$ 时，才能按功能表确定触发器的输出，而当 $CP=0$ 时，触发器保持原来状态。

3. $JK$ 触发器

图 8 – 5(a) 是 TTL 主从触发器的逻辑图，它有两个 $RS$ 触发器组成：与输入相连的称为主触发器，与输出相连的称为从触发器，两条反馈线由从触发器的输出接到主触发器的输入，触发器由 $J$、$K$ 两个输入端接受输入信号。

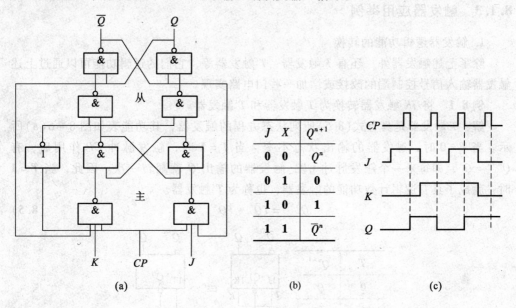

图 8 – 5 主从 $JK$ 触发器

(a) 逻辑图 (b) 功能表 (c) 波形图

$JK$ 触发器的工作分两步完成：

① 在 $CP=1$ 时，主触发器接收输入 $J$、$K$ 的一次变化信号，而从触发器状态不变。

② 在时钟 $CP$ 的下降沿，将主触发器的状态送给从触发器，使得

$$Q^{n+1}=J\overline{Q^n}+\overline{K}Q^n \tag{8.4}$$

并在 $CP=0$ 期间保持不变。此时，主触发器不接收数据。式(8.4) 称为 $JK$ 触发器的状态方程。

$JK$ 触发器可保证在一个时钟周期内，只能在 $CP$ 由 $1\rightarrow0$ 这一瞬间发生一次状态变化。因为在 $CP=1$ 期间，主触发器的状态只能翻转一次，而不可能随 $JK$ 信号的变

化而变化。而在 $CP = 0$ 期间，触发器状态是保持不变的。

根据状态方程可得出 $JK$ 触发器的功能表，如图 $8-5(b)$ 所示。图 $8-5(c)$ 是主从 $JK$ 触发器的波形图，设初始状态 $Q = 0$。

实际的集成 $JK$ 触发器，除了有 $J$，$K$ 和 $CP$ 输入端外，还有直接置 0 和置 1 输入端 $\overline{R}_D$ 和 $\overline{S}_D$，如图 $8-2(d)$ 所示，都是低电平有效。它们的作用是使触发器在任何时刻都可被强迫置 0 或置 1，而与当时的 $CP$、$J$、$K$ 值无关。因此，只要 $\overline{R}_D = 0$（同时 $\overline{S}_D = 1$），就使 $JK$ 触发器置 0（即清零），而只要 $\overline{S}_D = 0$（同时 $\overline{R}_D = 1$），就使 $JK$ 触发器置 1。由于它们的作用与时钟无关，故称为异步置位输入。在不需要强迫置位时，$\overline{R}_D$ 和 $\overline{S}_D$ 都应该接高电平。

主从 $JK$ 触发器在一个时钟周期中只翻转一次，对时钟的宽度也没有苛刻的要求，并且可以方便地转换成其他功能的触发器，因此，是目前广泛应用的集成触发器之一。

### 8.1.3 触发器应用举例

1. 触发器逻辑功能的转换

除了上述触发器外，还有 $T$ 触发器、$T'$ 触发器等，它们的逻辑功能可以通过上述触发器输入信号控制端的改接或增加一些门电路实现。

**例 8.1** 将 $JK$ 触发器转换为 $T$ 触发器和 $T'$ 触发器。

**解**：$T$ 触发器是具有式（8.5）所列状态方程的触发器，其功能表如图 $8-6(a)$ 所示。当 $T = 0$ 时，触发器的输出状态不变；当 $T = 1$ 时，触发脉冲 $CP$ 作用后，有 $Q^{n+1} = \overline{Q}^n$，即每来一个触发脉冲 $CP$，触发器的输出 $Q$ 就翻转一次。因此，当 $T = 1$ 时，就成了具有逻辑计数功能的触发器，也称为 $T'$ 触发器。

$$Q^{n+1} = T\overline{Q}^n + \overline{T}Q^n \tag{8.5}$$

| $T$ | $Q^{n+1}$ |
|-----|-----------|
| 0 | $Q^n$ |
| 1 | $\overline{Q}^n$ |

(a)      (b)

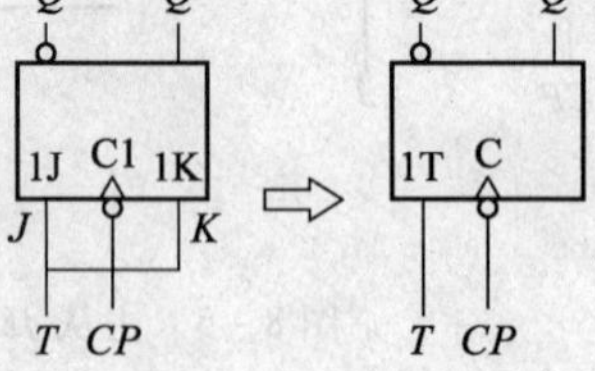

图 $8-6$ $T$ 触发器

(a) 功能表 (b) 逻辑符号图

根据例题要求，由 $JK$ 触发器的状态方程式（8.4）知，只要令 $T = J = K$，就能得到式（8.5）所列 $T$ 触发器的状态方程。据此，可画出 $T$ 触发器的逻辑图如图 $8-6(b)$ 所示。而令 $T = J = K = 1$，即把 $J$、$K$ 端同时接高电平，就形成 $T'$ 触发器。

其他触发器逻辑功能互换的例子见本章习题。

2. 数据锁存器与寄存器

一个触发器能够传送或储存一位二进制数据，而实际数字系统中，往往要求一次传送或储存多位二进制代码信息。为此，可将若干个触发器并行使用，各个触发器（数据端）要传送或储存的数据是独立的，但共用一个控制信号来控制。以这种形式构成的一次能传送或储存多位二进制数据的电路就是"锁存器"或"寄存器"。

集成数据锁存器、寄存器品种很多，图 8 – 7 和图 8 – 8 所示分别为常用的 8 位锁存器 74LS373 和 8 位寄存器 74LS374 的逻辑图和功能表。

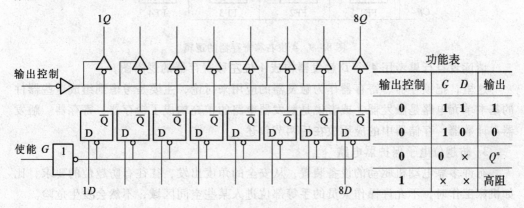

| 功能表 | | | |
| --- | --- | --- | --- |
| 输出控制 | $G$ | $D$ | 输出 |
| 0 | 1 | 1 | 1 |
| 0 | 1 | 0 | 0 |
| 0 | 0 | × | $Q^n$ |
| 1 | × | × | 高阻 |

图 8 – 7　8 位锁存器 74LS373 的逻辑图和功能表

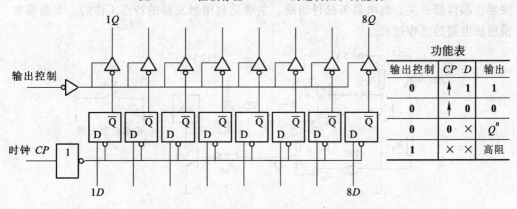

| 功能表 | | | |
| --- | --- | --- | --- |
| 输出控制 | $CP$ | $D$ | 输出 |
| 0 | ↑ | 1 | 1 |
| 0 | ↑ | 0 | 0 |
| 0 | 0 | × | $Q^n$ |
| 1 | × | × | 高阻 |

图 8 – 8　8 位寄存器 74LS374 的逻辑图和功能表

注意，从保存数据的角度来看，锁存器和寄存器的功能是相同的，都可以作为数据缓存器使用。但两者是有区别的：锁存器是电位信号控制，而寄存器是同步时钟信号控制。因此，两者有不同的使用场合，这取决于控制方式，以及控制信号和数据之间的时间关系。若数据有效滞后于控制信号有效，则只能使用锁存器。若数据提前于控制信号，并要求同步操作，则可用寄存器来存放数据。

另外，还应注意这两种器件都是带输出三态门控制的，即只有在输出控制信号为 **0**（低电平）时，输出各端才有相应的 **0** 或 **1** 数码输出；当输出控制信号为 **1**（高电平）时，输出各端呈现高阻状态。

对于寄存器，如果在时钟信号控制下，所寄存的数据是向右或向左移位的，则称为移位寄存器。实际应用中较多采用中规模通用移位寄存器，如 74LS299 8 位双向通用移位寄存器。图 8 – 9 是由 4 个 $D$ 触发器构成的 4 位右移寄存器的逻辑图，连线关

系为 $D_i = Q_{i-1}^n$。

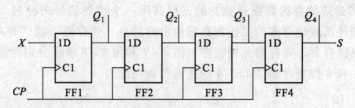

图 8-9    4 位右移寄存器的逻辑

请读者自行思考用 4 个 D 触发器构成 4 位左移寄存器的逻辑图。

这里，把锁存器、寄存器作为触发器的应用来讨论，主要是考虑到组成这些器件的基本单元电路是触发器，或者说是触发器电路的扩充构成了锁存器、寄存器。触发器在计数器、存储器中的应用放在后两节叙述。

3. 防越位电子保护器电路

有许多靠电动机驱动的设备装置，从安全的角度出发，往往有防越位的要求，比如机床工作时，不允许操作人员的手等部位进入某些空间区域，不然会发生危险。

图 8-10 所示就是防越位电子保护器的电路原理图，它由光敏传感器、双稳态触发器、晶体管开关、继电器等部件组成，主要是利用触发器的特点工作的。下面简要说明该电路的工作过程。

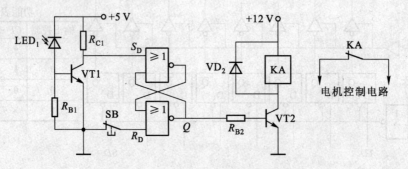

图 8-10    防越位电子保护器电路

机床正常工作时，如果有遮光物体越位，就会遮住传感器光电二极管 VD1 的光线，使晶体管 VT1 截止，信号 $S_D$ 为高电平，由双**或非**门构成的基本 RS 触发器 Q 端被置 **1**，使晶体管 VT2 饱和导通，中间继电器 KA 的线圈得电而断开串接在电机控制回路的动断触点，从而使电机停转。

当遮光物体移去后，VT1 饱和导通，$S_D$ 为低电平，但由于基本 RS 触发器反馈线的信号耦合作用，触发器依然被置 **1**，VT2 依然导通，所以电机仍然是停转的。

若越位遮光物体除去后，要使机床重新工作，可以按一下重新起动按钮 SB，$R_D$ 端悬空为 **1**，这样 Q 端被置 **0**，VT2 截止，使得中间继电器 KA 的线圈失电而恢复电机工作。电路图中 VD2 作为继电器线圈的续流二极管。

4. 抢答判决器电路

图 8-11 所示为本章引例介绍的抢答判决器的电路原理图，这类判决器可用于电

视台、学校等场合举办问答式竞赛时的抢答与判决。电路由四 $D$ 集成触发器 TTL74LS175 及辅助电路组成，可供 4 位（4 组）人员比赛用。图中 S1～S4 是 4 位（4 组）参赛者使用的抢答按钮，判决由声、光（喇叭、指示灯）明示。下面简述其工作过程。

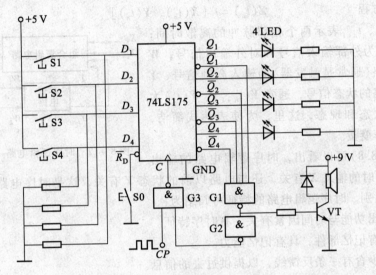

图 8-11 抢答判决器电路

比赛开始前，系统先复位。按下复位按钮 S0，清零端 $\overline{R}_D = 0$，使触发器输出 $Q1～Q4$ 均为 0，所有发光二极管 LED 都不亮。同时，由于与非门 G1 四个输入都为 1，它的输出 0 信号，一方面使三极管 VT 截止，喇叭不响；另一方面使与非门 G2 输出为 1，与非门 G3 被打开，时钟脉冲 CP 可以进入触发器 C 端，为系统接收输入抢答信号做好准备。

比赛开始后，任何一个抢答按钮被按下，系统都会作出声光判决。比如抢答按钮 S3 首先被按下，则相应触发器的输出 $Q_3 = D_3 = 1$，相应的有三路发光二极管亮。同时 G1 门输出变为 1，一方面使三极管 VT 饱和导通，喇叭鸣响；另一方面使 G2 门输出为 0，封锁 G3 门，时钟脉冲 CP 便不能进入触发器。由于没有时钟脉冲 C，因此再接着按其他按钮，是不起作用的，触发器维持原有状态。

一轮抢答判决完毕，可重新复位。

# 8.2 时序逻辑电路

## 8.2.1 时序逻辑电路的特征

一般时序逻辑电路是在组合逻辑电路的基础上增加记忆部件（存储电路）构成的，上节提到的锁存器、寄存器等都是时序逻辑电路，而触发器本身就是一种最基本的时序逻辑电路。

时序逻辑电路的一般框图如图 8 - 12 所示，它的逻辑函数关系一般可由下面三式表示：

激励方程 $\quad\quad\quad\quad W(t_n) = h\left[X(t_n),\ Y(t_n)\right]$ $\quad\quad\quad\quad\quad$ (8.6)

状态方程 $\quad\quad\quad\quad Y(t_{n+1}) = g\left[W(t_n),\ Y(t_n)\right]$ $\quad\quad\quad\quad\quad$ (8.7)

输出方程 $\quad\quad\quad\quad Z(t_n) = f\left[X(t_n),\ Y(t_n)\right]$ $\quad\quad\quad\quad\quad$ (8.8)

三式中，$t_n$、$t_{n+1}$ 表示两个相邻脉冲的离散时间；$X$、$Z$ 分别为外部输入信号和对外输出信号，$W$ 为存储电路（通常是触发器）的输入激励信号，$Y$ 为存储电路的状态信号，通常 $Y(t_{n+1})$、$Y(t_n)$ 为触发器的次态和现态，这里，为使表达式简洁，都使用矩阵变量。

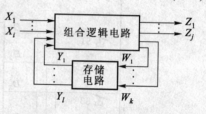

图 8 - 12　时序逻辑电路一般框图

从式（8.8）可以看出，时序逻辑电路的输出 $Z$ 不仅与当时的输入 $X$ 有关，还与电路以前的状态 $Y$ 有关，这是时序电路与组合电路的本质区别。时序逻辑电路的特征可归结为：

① 逻辑功能与时间因素有关，有时序特征。

② 含有记忆部件，具有记忆能力。

③ 至少含有一条反馈线，以提供过去的信息。

具体的时序逻辑电路按存储电路状态的改变方式不同，可分为同步时序逻辑与异步时序逻辑。同步时序逻辑电路中，所有的存储单元状态的变化都是在同一个时钟脉冲信号控制下同时发生的，而异步时序逻辑电路则是各存储单元在不同的触发脉冲或电位控制下改变状态的。

对于式（8.6）~（8.8）反映的时序逻辑电路，如果输出 $Z$ 是输入变量 $X$ 和状态变量 $Y$ 的函数，则称为米里（Mealy）型时序逻辑电路；如果输出 $Z$ 只是状态变量 $Y$ 的函数，而和当时的输入 $X$ 无关，或根本没有 $Z$ 输出，就以电路的状态 $Y$ 作为输出，则称为摩尔（Moore）型时序逻辑电路。

将状态方程式（8.7）和输出方程式（8.8）结合在一起作成表格就成了时序逻辑电路的状态转移表，把状态转移表画成有向图就是状态图。状态转移表和状态图是描述时序逻辑电路的有用工具，它们的具体形式及应用将在后面涉及。

## 8.2.2　计数器电路的分析与应用

计数器是一种很常见的时序电路，在数字系统中应用最为广泛，本节将围绕计数器电路的分析与应用，介绍一般时序电路的特点和分析应用方法。

计数器的基本功能是记忆数字脉冲信号的个数。计数器所能记忆的最大脉冲数目称为该计数器的模，用 $M$ 来表示。

计数器的种类很多，分类方法也不同。按计数器中触发器翻转是否同步可分为同步计数器（又称并行计数器）和异步计数器（又称串行计数器）；按计数的功能可分为加法计数器、减法计数器和可逆计数器；按进位的基数可分为二进制计数器（包括模为 $M = 2^n$ 的计数器）、十进制计数器和任意进制计数器。

下面从同步计数器、异步计数器以及中规模集成计数器几个方面叙述计数器电路的分析与应用问题。

1. 同步计数器

同步计数器是指：所有触发器的时钟端都与同一个时钟脉冲源连在一起，每一个触发器的状态变化都与该时钟脉冲同步的计数器。

同步计数器电路分析的一般步骤如下：

① 对所给的逻辑电路，写出各触发器的激励方程和电路的输出方程。

② 由激励方程和触发器特征方程，写出各触发器的状态方程。

③ 根据状态方程，作出状态转移表和状态图。

④ 分析说明电路的逻辑功能。

**例8.2** 分析图 8 - 13 所示时序逻辑电路的逻辑功能。

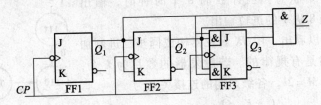

图 8 - 13 例 8.2 电路

**解：**电路由 3 级 *JK* 触发器组成，*Z* 为电路输出，3 个触发器由统一的外部时钟脉冲源 *CP* 同时触发，显然这是一个摩尔型同步时序电路。

① 各触发器的激励方程和电路输出方程如下：

$$J_1 = K_1 = 1$$

$$J_2 = K_2 = Q_1^n$$

$$J_3 = K_3 = Q_1^n Q_2^n$$

$$Z = Q_1^n Q_2^n Q_3^n$$

② 结合 *JK* 触发器的特征方程 $Q^{n+1} = J\overline{Q}^n + \overline{K}Q^n$，可写出各触发器的状态方程为：

$$Q_1^{n+1} = J_1 \overline{Q}_1^n + \overline{K}_1 Q_1^n = \overline{Q}_1^n$$

$$Q_2^{n+1} = J_2 \overline{Q}_2^n + \overline{K}_2 Q_2^n = Q_1^n \overline{Q}_2^n + \overline{Q_1^n} Q_2^n$$

$$Q_3^{n+1} = J_3 \overline{Q}_3^n + \overline{K}_3 Q_3^n = Q_1^n Q_2^n \overline{Q}_3^n + \overline{Q_1^n Q_2^n} Q_3^n$$

③ 根据状态方程可作出状态转移表和状态图，分别如表 8 - 1 和图 8 - 14 所示。

这里状态图是一种有向图，其实质与状态转移表是一致的，只是更加直观。它的每个状态用内含状态值的圆圈表示，状态转移用有向线段表示，线段旁的数字代表当时的输出状态。

表 8 - 1 例 8.2 时序电路的状态转移表

| $Q_3^n$ | $Q_2^n$ | $Q_1^n$ | $Q_3^{n+1}$ | $Q_2^{n+1}$ | $Q_1^{n+1}$ | $Z = Q_1^n Q_2^n Q_3^n$ |
|---------|---------|---------|-------------|-------------|-------------|--------------------------|
| 0 | 0 | 0 | 0 | 0 | 1 | 0 |
| 0 | 0 | 1 | 0 | 1 | 0 | 0 |

续表

| $Q_3^n$ | $Q_2^n$ | $Q_1^n$ | $Q_3^{n+1}$ | $Q_2^{n+1}$ | $Q_1^{n+1}$ | $Z = Q_1^n Q_2^n Q_3^n$ |
|---|---|---|---|---|---|---|
| 0 | 1 | 0 | 0 | 1 | 1 | 0 |
| 0 | 1 | 1 | 1 | 0 | 0 | 0 |
| 1 | 0 | 0 | 1 | 0 | 1 | 0 |
| 1 | 0 | 1 | 1 | 1 | 0 | 0 |
| 1 | 1 | 0 | 1 | 1 | 1 | 0 |
| 1 | 1 | 1 | 0 | 0 | 0 | 1 |

④ 逻辑功能分析说明：根据状态图可以看出，这是一个模 $M = 8$ 的同步二进制加法计数器，计数循环从 **000 ~ 111**，共 8 个状态。当计数满 8 个时钟时，输出 $Z = 1$，相当于逢 8 进 1 的进位输出。

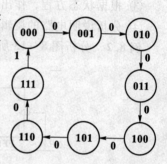

图 8 - 14　例 8.2 状态图

从本例还可以看出，用 $JK$ 触发器构成同步二进制加法计数器的电路是有规律的。若触发器的数目为 $k$ 个，则计数器模数为 $M = 2^k$，各级之间的连接关系为

$$J_1 = K_1 = 1$$

$$J_i = K_i = Q_1^n Q_2^n \cdots Q_{i-1}^n \tag{8.9}$$

上式中 $i = 1, 2, \cdots, k$。

请读者思考用 $JK$ 触发器构成同步二进制减法计数器电路的连接规律。

2. 异步计数器

异步计数器是指：各触发器的触发信号不是来自同一个时钟脉冲源，或者说各触发器不是同时触发的计数器。异步计数器电路的分析方法与同步计数器既有区别，又有类似之处。

区别在于要把时钟信号当做触发器的输入信号来处理。因为，只有触发器具备时钟触发信号，其次态才满足特征方程，而没有时钟触发信号的触发器将保持原来状态不变。为此要注意三个问题：第一，先确定各触发器的时钟信号表达式。第二，把时钟信号引入触发器的特征方程。第三，必须从第一级触发器开始，逐级列写电路方程。类似之处是，最终都是通过状态转移表和状态图来分析说明电路的逻辑功能。

异步计数器电路分析的一般步骤如下：

① 对所给的逻辑电路，从第一级触发器开始，逐级列写时钟表达式、输入激励方程和触发器状态方程。

② 根据各级触发器的状态方程，作出状态转移表。

③ 由状态转移表作出状态图。

④ 分析说明电路的逻辑功能。

**例 8.3**　分析图 8 - 15 所示时序电路的逻辑功能。（设外部时钟有效时，标记 $CP = 1$。这里 $CP$ 不是逻辑变量，$CP = 1$ 仅表示对图中下降沿动作的 $JK$ 触发器而言，其时钟触发端有下降沿信号。）

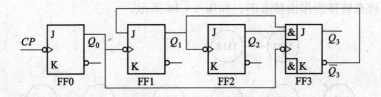

图 8 - 15 例 8.3 电路

**解:** 电路由 4 级 $JK$ 触发器组成,每个触发器的触发脉冲是不统一的,显然这是一个摩尔型异步时序电路。

① 依此写出各级触发器的时钟表达式、输入激励方程和次态方程。

触发器 $Q_0$：

$$CP_0 = CP$$
$$J_0 = K_0 = 1$$
$$Q_0^{n+1} = (J_0 \overline{Q}_0^n + \overline{K}_0 Q_0^n) \cdot CP_0 = \overline{Q}_0^n \cdot CP$$

触发器 $Q_1$：

$$CP_1 = Q_0^n$$
$$J_1 = \overline{Q}_3^n \qquad K_1 = 1$$
$$Q_1^{n+1} = (J_1 \overline{Q}_1^n + \overline{K}_1 Q_1^n) \cdot CP_1 = \overline{Q}_3^n \overline{Q}_1^n Q_0^n$$

触发器 $Q_2$：

$$CP_2 = Q_1^n$$
$$J_2 = K_2 = 1$$
$$Q_2^{n+1} = (J_2 \overline{Q}_2^n + \overline{K}_2 Q_2^n) \cdot CP_2 = \overline{Q}_2^n Q_1^n$$

触发器 $Q_3$：

$$CP_3 = CP_1 = Q_0^n$$
$$J_3 = Q_2^n Q_1^n \qquad K_3 = 1$$
$$Q_3^{n+1} = (J_3 \overline{Q}_3^n + \overline{K}_3 Q_3^n) \cdot CP_3 = \overline{Q}_3^n Q_2^n Q_1^n Q_0^n$$

② 根据各级触发器的次态方程,做出状态转移表,如表 8 - 2 所示。

**表 8 - 2 例 8.3 时序电路的状态转移表**

| $CP$ 序号 | $Q_3^n$ | $Q_2^n$ | $Q_1^n$ | $Q_0^n$ | $Q_3^{n+1}$ | $Q_2^{n+1}$ | $Q_1^{n+1}$ | $Q_0^{n+1}$ |
|---|---|---|---|---|---|---|---|---|
| 1 | 0 | 0 | 0 | 0 | 0 | 0 | 0 | 1 |
| 2 | 0 | 0 | 0 | 1 | 0 | 0 | 1 | 0 |
| 3 | 0 | 0 | 1 | 0 | 0 | 0 | 1 | 1 |
| 4 | 0 | 0 | 1 | 1 | 0 | 1 | 0 | 0 |
| 5 | 0 | 1 | 0 | 0 | 0 | 1 | 0 | 1 |
| 6 | 0 | 1 | 0 | 1 | 0 | 1 | 1 | 0 |
| 7 | 0 | 1 | 1 | 0 | 0 | 1 | 1 | 1 |
| 8 | 0 | 1 | 1 | 1 | 1 | 0 | 0 | 0 |
| 9 | 1 | 0 | 0 | 0 | 0 | 0 | 0 | 1 |
| 10 | 1 | 0 | 0 | 1 | 0 | 0 | 0 | 0 |
| | 1 | 0 | 1 | 0 | 1 | 0 | 1 | 1 |
| | 1 | 0 | 1 | 1 | 0 | 1 | 0 | 0 |
| | 1 | 1 | 0 | 0 | 1 | 1 | 0 | 1 |
| | 1 | 1 | 0 | 1 | 0 | 1 | 0 | 0 |
| | 1 | 1 | 1 | 0 | 1 | 1 | 1 | 1 |
| | 1 | 1 | 1 | 1 | 0 | 0 | 0 | 0 |

③ 由状态转移表作出状态图，如图 8 – 16 所示。

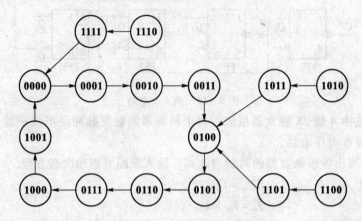

图 8 – 16 例 8.3 状态图

④ 假设电路初始状态为零，即 $Q_3Q_2Q_1Q_0 = 0000$。从状态图可以看出，如果 $CP$ 有效（下降沿），则电路经过 10 个有效 $CP$ 周期，所有触发器的状态都回复到初态 **0000**，所以这是一个 8 421 码十进制异步计数器。另外还可看出，电路有 4 个触发器，最多有 16 种状态，而多余的 6 种状态在时钟信号作用下，最终都会进入到有效计数循环中，因此这是一个有自启动能力的异步计数器。

思考：如果要求满 10 个 $CP$ 计数脉冲，输出一个高电平信号，如何对图 8 – 15 稍作修改加以实现。

一般来说，构成相同模数的计数器，采用异步方式的电路比采用同步方式的电路结构简单。但异步计数器相对工作速度较低，因为异步计数器的各级触发器是以串行方式连接的，最终输出状态取决于各级触发器传输延迟时间之和，所以在高速数字系统，大都采用同步时序方式；另外，因为是异步触发或控制信号的时序不同，使得异步时序电路在电路状态译码期间，会出现竞争 – 冒险现象，这在具体应用中应该引起注意。

计数器除了原本的计数功能外，还常用于构成脉冲分配器和脉冲序列信号发生器。所谓脉冲分配器是指将输入脉冲经过计数、译码，把输入脉冲的分频信号分别送到各路输出的逻辑电路，它是一种多信号输出电路。所谓序列信号发生器通常由移位寄存计数器构成，是用来产生规定的串行脉冲序列信号的逻辑电路，它是一种单信号输出电路。脉冲分配器和序列信号发生器在计算机系统和通信系统中有广泛的应用。

## 8.2.3 中规模集成计数器的应用

微电子技术发展到今天，电子集成化生产工艺越来越成熟，中规模集成（MSI）计数器已得到大量应用，品种也很多，价格越来越便宜，其运行速度快、可靠性高、通用性强、使用更加方便。

1. 集成同步计数器

集成同步计数器芯片主要分成二进制（$N = 2^N$ 进制）和十进制两大类。下面以

CT1161 芯片为例，介绍其功能特点和使用方法。

CT1161 是由 4 个 $D$ 触发器构成的 4 位通用二进制同步计数器，由它可以方便地组成十六进制以下的任意进制同步计数器。

图 8–17 是 CT1161 的外引脚图。它的逻辑功能表列于表8–3中。CT1161 的主要特点有：

① 单时钟脉冲同步触发，可进行二进制加法计数。

② 有同步置数功能。

③ 有异步清零功能。

④ 能够控制计数器的工作状态。

⑤ 有计数满归零、进位输出功能。

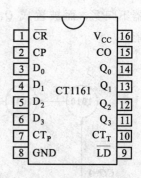

图 8–17　CT1161 管脚引线图

表 8–3　CT1161 逻辑功能表

| $\overline{CR}$ | $\overline{LD}$ | $CT_P$ | $CT_T$ | $CP$ | $D_3$ | $D_2$ | $D_1$ | $D_0$ | 功　能 |
|---|---|---|---|---|---|---|---|---|---|
| **0** | × | × | × | × | × | × | × | × | 清零（$Q_3Q_2Q_1Q_0 = 0000$） |
| **1** | **0** | × | × | ↑ | $d_3$ | $d_2$ | $d_1$ | $d_0$ | 置数（$Q_3Q_2Q_1Q_0 = d_3d_2d_1d_0$） |
| **1** | **1** | **0** | × | × | × | × | × | × | 保持（$Q_i^{n+1} = Q_i^n$，进位 $CO$ 也保持） |
| **1** | **1** | **1** | **0** | × | × | × | × | × | 输出保持（$Q_i^{n+1} = Q_i^n$，进位 $CO = 0$） |
| **1** | **1** | **1** | **1** | ↑ | × | × | × | × | 计数（增 1 计数，计满时，$CO = 1$；再增 1 归零） |

由逻辑功能表可以看出，若令 $\overline{CR}$、$\overline{LD}$、$CT_P$、$CT_T$ 均为高电平 1，则在计数脉冲 $CP$ 的作用下，计数器作增 1 计数。计数器输出的状态循环变化依此为

$$Q_3Q_2Q_1Q_0 = 0000 \rightarrow 0001 \rightarrow \cdots \rightarrow 1110 \rightarrow 1111 \rightarrow 0000$$

当计数器计满数，即 $Q_3Q_2Q_1Q_0$ 为 1111 时，进位输出 $CO = 1$；当 $Q_3Q_2Q_1Q_0$ 回到 0000 时，进位输出回零 $CO = 0$。即计数器计满 16 个计数脉冲时，计数器状态归零，并产生进位脉冲，向高位进位，可见这是一个模 16 的计数器。进位脉冲是一个正脉冲，其宽度等于计数脉冲 $CP$ 的周期宽度。

注意，从时序的角度看，是先有进位脉冲 $CO = 1$（依据 $Q_3Q_2Q_1Q_0 = 1111$），后有状态复位（依据下一个 $CP$ 信号），若不计门电路延时，两者相差一个时钟周期。

显然，利用 CT1161 的置数功能可以灵活地构成 16 以内的各种不同进制的计数器，下面举例说明。

**例 8.4**　用 CT1161 设计模 6 计数器。

**解：**由于 CT1161 最大可以计数 16 个脉冲信号，显然用它来设计模为 6 的计数器，方案不是唯一的。假定 6 个计数状态如图 8–18(a)所示，则可用图 8–18(b)所示电路实现模 6 计数器。电路的工作过程如下：

由于 $\overline{CR}$、$CT_P$、$CT_T$ 均接高电平，且 $\overline{LD} = \overline{CO}$，无进位时 $\overline{LD}$ 也为高电平，所以电路处于"计数"状态。在计数脉冲 $CP$ 的作用下，计数器从状态 $Q_3Q_2Q_1Q_0 = 1010$ 开始增 1 计数。当计数器计满，状态变为 $Q_3Q_2Q_1Q_0 = 1111$ 时，进位输出 $CO = 1$，经反相器使 $\overline{LD} = 0$，这样计数器变为"置数"工作状态。下一个计数脉冲 $CP$ 到达后，计

数器不归零，而被置成 $Q_3Q_2Q_1Q_0 = \textbf{1 010}$ 状态，开始新的计数，实现模 6 计数器功能。

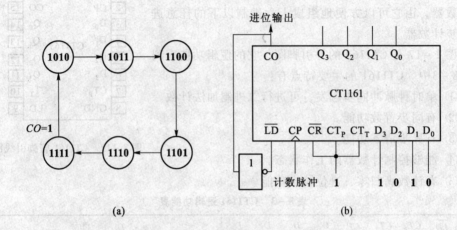

(a)                              (b)

图 8 – 18   "置数法"模 6 计数器

(a) 状态图   (b) 电路

  用这种预置数的方法构成计数器，称为"置位法"或"置数法"。它可以利用计数满时的进位信号 $CO$ 作为计数状态控制信号，但计数状态可能不是从零开始，而是从某个值开始，如上例从 **1010** 开始计数，不够直观。

  如希望从零状态开始计数，则可用"复位法"（也称"置零法"）。复位法实现模 6 计数器的状态图和电路如图 8 – 19 所示。

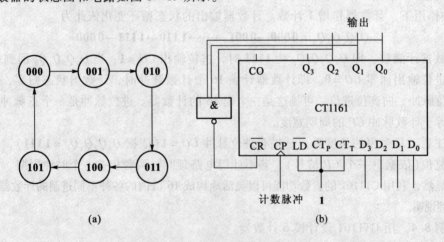

(a)                              (b)

图 8 – 19   "复位法"模 6 计数器

(a) 状态图   (b) 电路

  计数器计到 6 个计数脉冲后的状态应该为 $Q_2Q_1Q_0 = \textbf{110}$，此时外接与非门输出为低电平给复位端（异步置零端）$\overline{CR}$，将 $Q_2Q_1Q_0$ 置为 **000** 完成一个循环，可见状态 **110** 是一个瞬时即逝的过渡状态。

  图 8 – 19 电路的一个缺点是可靠性不高。因为置零信号 $\overline{CR} = \textbf{0}$ 是靠状态 **110** 维持的，而 $\overline{CR} = \textbf{0}$ 一出现又立即使计数器复位，脱离 **110** 状态，因此置零信号 $\overline{CR}$ 的作用

时间极短。如果计数器中各触发器的性能存在差异，它们复位的速度就可能不一致，只要有一个触发器的状态首先复位到 **0**，$\overline{CR}$ 信号就消失，这就可能使某些翻转动作慢的触发器来不及复位，导致电路误动作。这个电路的另一个缺点是没有进位信号 $CO$。

为了克服上述缺点，可对图 8 – 19(b) 电路中获取复位信号 $\overline{CR}$ 部分的电路加以改进，利用触发器增加延时环节来延长复位信号作用时间，并且提供进位信号。电路见图 8 – 20 所示。

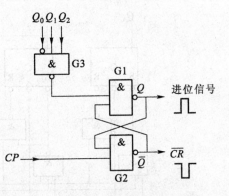

图 8 – 20　图 8 – 19(b) 电路的改进

改进的电路中，与非门 G3 起译码器的作用，当"复位法"模 6 计数器电路进入状态 **110** 时，G3 门输出低电平信号。与非门 G1、G2 构成基本 $RS$ 触发器，以它的 $\overline{Q}$ 输出的低电平作为计数器电路的复位信号。这个电路可以使复位信号 $\overline{CR}$ 延长到一个时钟周期。另外通过触发器的 $Q$ 输出端提供进位信号。

上述改进虽然克服了 CT1161 在复位法时的缺陷，但也增加了电路复杂程度。它的系列产品集成同步计数器 CT1163(或 CT4163)采用时钟下降边沿触发，且当复位端 $\overline{CR}$ 输入低电平信号时，还必须等时钟脉冲 $CP$ 到达时才能将计数器置 0，是"同步置 0"。CT1163 克服了 CT1161 复位信号作用时间过短的不足，可以方便地用复位法实现十六进制以内的各种进制计数器。CT1163 与 CT1161 的管脚排列完全相同，逻辑功能也基本相同。其应用电路就不做介绍了。

集成同步计数器还有一类常用的就是同步十进制计数器，如 CT4192 同步十进制可预置数可逆计数器，它的内部电路结构、管脚排列和计数功能特点虽然与同步二进制计数器不同，但使用方法基本相同。也是根据其功能表，按照芯片的信号引脚和作用特点，可方便地用"置数法"或"复位法"实现十进制以内的任意进制同步计数器。由于有可逆计数功能，所以还可构成加法计数器和减法计数器。这里不再赘述。表 8 – 4 列出了 CT4192 的主要逻辑功能。

表 8 – 4　CT4192 逻辑功能表

| $CR$ | $\overline{LD}$ | $CP_+$ | $CP_-$ | $D$ | $C$ | $B$ | $A$ | 功　能 |
|------|------|------|------|------|------|------|------|------|
| **1** | × | × | × | × | × | × | × | 清零($Q_DQ_CQ_BQ_A = \mathbf{0000}$) |
| **0** | **0** | × | × | $d$ | $c$ | $b$ | $a$ | 置数($Q_DQ_CQ_BQ_A = dcba$) |
| **0** | **1** | ↑ | **1** | × | × | × | × | 加法计数 |
| **0** | **1** | ↓ | **1** | × | × | × | × | 保持 |
| **0** | **1** | **1** | ↑ | × | × | × | × | 减法计数 |
| **0** | **1** | **1** | ↓ | × | × | × | × | 保持 |
| **0** | **1** | **1** | **1** | × | × | × | × | 保持 |

## 2. 集成异步计数器

集成异步计数器的电路结构比同步计数器简单，使用更加灵活方便，但由于计数脉冲是串行进位的，所以相对工作速度较慢。下面通过具体集成芯片，介绍集成异步计数器的功能与使用。

图 8-21 是集成可预置数异步计数器 CT1197 的逻辑电路图，它有如下主要特点：

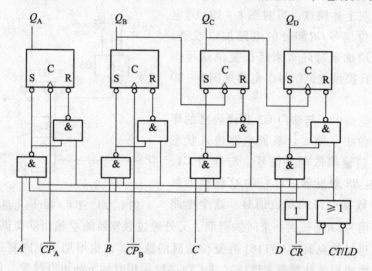

图 8-21　集成异步计数器 CT1197 的逻辑电路图

① 有异步清零功能：异步置零端 $\overline{CR}=0$ 时，计数器输出状态复位，即 $Q_A Q_B Q_C Q_D = 0000$。

② 有直接置数功能：异步置零端 $\overline{CR}=1$，且 $CT/LD$ 端为 **0** 时，$A$、$B$、$C$、$D$ 输入端的数据 $a$、$b$、$c$、$d$ 可直接置给各触发器，即 $Q_A Q_B Q_C Q_D = abcd$。

③ 可分别构成二、八、十六进制计数器：利用双时钟脉冲 $\overline{CP_A}$ 和 $\overline{CP_B}$，可分别进行 1 位(二进制)和 3 位(八进制)计数；若把 $Q_A$ 与 $\overline{CP_B}$ 连接，可进行 4 位(十六进制)计数。

CT1197 的逻辑功能表如表 8-5 所示。

表 8-5　CT1197 逻辑功能表

| $\overline{CR}$ | $CT/LD$ | $\overline{CP_A}$ 或 $\overline{CP_B}$ | $A$ | $B$ | $C$ | $D$ | 功　能 |
|---|---|---|---|---|---|---|---|
| **0** | × | × | × | × | × | × | 清零（$Q_A Q_B Q_C Q_D = 0000$） |
| **1** | **0** | × | $d$ | $c$ | $b$ | $a$ | 置数（$Q_A Q_B Q_C Q_D = abcd$） |
| **1** | **1** | ↓ | × | × | × | × | 增 **1** 计数 |

通常，有可预置数功能的计数器通过"置数法"或"复位法"可以改变计数器的"模"。但是这些方法有时工作并不很可靠。为了提高电路的可靠性，外接电路往往要变得比较复杂。现在有些集成计数器已将较为复杂的反馈电路做在集成块中，使用的时候实现计数器的变模更加方便。

在本章的实验实训中还将介绍使用 74 系列中规模集成计数器的使用。

用中规模集成计数器设计具体的计数器电路比直接用触发器设计方便灵活得多，而且电路也简单，通用性、可扩展性强。例如，用一片 CT1163 集成同步计数器可以方便地设计出十六进制以内任意进制的计数器。另外，如果用多片集成计数器级联，可实现计数进制的扩展，例如用两片 CT1163 级联，最大可实现 256 进制的计数器。集成计数器级联方式示意图如图 8－22 所示。

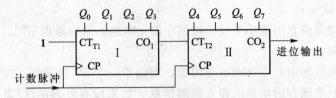

图 8－22　集成同步计数器的级联

## *8.2.4　半导体存储器简介

存储器是一种通用型大规模集成(LSI)器件，在数字系统中用来大容量存放以二进制形式表示的各类信息或资源，是计算机等数字系统的重要组成部分。存储器技术发展初期，主要使用磁芯存储器、磁带存储器。随着微电子技术的飞速发展，半导体集成工艺的越来越成熟，超大规模半导体存储器已成为主流存储器。当然，存储器技术还在不断发展，新的更高存储密度、更大存储容量的存储介质不断被人们开发和利用，如光盘存储器、光纤存储器等也已得到大量应用。

本小节简要介绍作为电子技术的发展成果——半导体存储器。这是数控专业、机电类专业的学生应该了解的基本知识。

1. 半导体随机存取存储器

随机存储器(Random Access Memory)RAM 是能够随时存入(写入)或取出(读出)信息的存储器，所以也称读写存储器(Read Write Memory)RWM。

RAM 按制造工艺分为双极型(TTL 型)和场效晶体管型(MOS 型)两种。TTL 型 RAM 存取速度高，一次存取操作的时间可达 10 ns，但功耗较大、制造工艺复杂、集成度相对低，主要用于高速工作场合。MOS 型 RAM 按存储体的工作原理又分为静态 RAM(SRAM)和动态 RAM(DRAM)，功耗小、制造工艺简单、成本低、集成度高，特别是 DRAM 集成度更高，单片存储器容量可达几百兆位甚至更大(如 $10^9$ 位/片)，目前大容量的 RAM 都采用 MOS 型存储器。计算机系统所说的内存容量主要指的就是 RAM 的存储容量。

RAM 的基本结构如图 8－23 所示。它的主体是存储矩阵，另有地址译码电路和读写控制电路等部分。

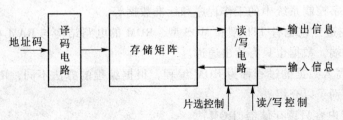

图 8－23　RAM 的基本结构

存储矩阵是由许多排成阵列形式的存储元组成，每个存储元能够存储 1 位二进制数据(一位 **0** 或 **1** 信息)，总的存储元数目就是存储器的容量。存储矩阵通常排列成若干行和若干列，如一个存储矩阵有 64 行、64 列，那么存储矩阵的存储容量为 $64 \times 64 = 4\,096$ 个存储元。

存储元是储存信息的最小单元，根据存储元电路的结构原理不同，有静态存储元和动态存储元两种。

静态存储元一般由 6 个 NMOS 管组成，类似于一个 RS 触发器，在读写信号的控制下能够取出原来储存的信息或存入新的信息。如果没有外部的读/写控制信号，静态存储元中的信息是不变的。静态存储元所用管子较多，不利于提高集成度。由静态存储元构成的存储器就是静态存储器 SRAM。

动态存储元有单管电路、三管电路和四管电路几种，储存信息的原理是基于MOS 管栅极电容的电荷存储效应。但由于漏电流的存在，电容上储存的信息不能长久保持，因而必须定时给电容充电，以避免储存的信息丢失，这种操作称为动态刷新或简称刷新。由动态存储元构成的存储器就是动态存储器 DRAM。显然 DRAM 要有刷新环节，增加了外围刷新电路和读/写周期的时间，但 DRAM 的集成度可以做得很高。

地址译码电路的作用是对外部输入的地址码进行译码，以便唯一地选择存储矩阵中的一个存储单元。存储单元是一组有序排列的存储元，一般把 8 个存储元(8 位)有序排列成一组的存储单元称为一个字节(Byte)，把 16 个、32 个、64 个存储元等有序排列成一组的存储单元分别称为一个 16 位字、32 位字和 64 位字(Word)。

读/写控制电路是对被选中的存储单元进行读出或写入操作。在一个数字系统中，还必须有片选控制电路提供片选信号，以保证只有该存储器芯片被选中，才可对它进行读出或写入操作。RAM 数据的输入输出，采用双向三态缓冲器电路，一方面便于数据的双向传输，另一方面可以将多片存储器并联使用，扩大存储器容量。

RAM 中的信息是靠电路工作时的电信号维持的，因此，一旦断电，RAM 中的信息将不复存在。

2. 半导体只读存储器

只读存储器(Read Only Memory)ROM 是存放固定信息的存储器，它的信息是在芯片制造时由厂家写入，或使用中用专门装置写入的。正常工作时 ROM 只能读出原有的信息，而不能写入新的信息。即使切断电源，ROM 中的信息也不会消失。因此，ROM 常被用来存放重要而且不经常改变的信息或数据，如计算机系统中的 I/O 引导程序、工业数字控制系统中的工作程序和标准数据等。

ROM 的制造工艺也有 TTL 型和 MOS 型，ROM 的电路结构与 RAM 相仿，只是没有读信号控制端，数据也只有读出通道。

对 ROM 写入数据的过程称为 ROM 编程，根据编程的方法不同，ROM 的类型也不同，下面分别予以介绍。

(1) 固定内容只读存储器(ROM)

　　这种 ROM 的内部电路固定，ROM 中的数据是芯片制造商在芯片制造过程中就确定了，用户使用时只能读出数据，无法对数据作任何改动。它的优点是可靠性高、集成度高、价格便宜；缺点是不能对它进行改写或重写，通用性差。固定内容 ROM 一般由用户根据专门的功能要求，向芯片制造商定做。

　　(2) 可编程只读存储器(PROM)

　　PROM 在出厂时，所有存储元均制成 0(或均 1)，用户可根据需要自行将其中的某些存储元改为 1(或改为 0)。但这种更改是一次性的，一旦编程结束，其内容就永久不能变了。

　　PROM 的每个存储元都接有可改接的存储管电路结构，图 8-24 为熔丝烧断型存储管电路。

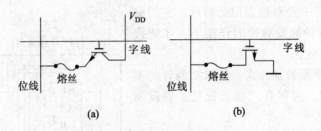

图 8-24　熔丝烧断型存储元
(a) 双极型　(b) MOS 型

　　用户对 PROM 编程(写入)是逐字逐位进行的。对于图 8-24 熔丝烧断型存储元，根据需要写入的信息，通过字线和位线选择某存储元管子，通过规定的速度和幅度的脉冲电流，把该存储管熔丝熔断，被熔断的存储元代表一种逻辑状态，而未被熔断的存储元代表另一种逻辑状态。熔丝一旦熔断，不可恢复，因此编程只允许进行一次。

　　(3) 可擦除可编程只读存储器(EPROM)

　　EPROM 存储器是一种可擦除、可重新编程的只读存储器。出厂时存储器内容为全 1 状态，根据需要可对相应的存储元加脉冲电流使其改变为 0。对已写入信息的 EPROM，如想改写，可用专用的 40 W 紫外线灯，相距 2 cm 照芯片上的擦除受光窗口，经 10~20 min 则芯片中的内容全部消失，又可以重新写入需要的信息。写好的 EPROM 要用不透光的胶纸将擦除窗口封住，以免存储信息的丢失。

　　EPROM 允许改写数百次，但擦除只能整体信息擦除，而且擦除操作也较麻烦。

　　(4) 电可擦除可编程只读存储器(EEPROM 或 $E^2$PROM)

　　$E^2$PROM 的结构与 EPROM 相似，出厂时存储器内容也为全 1 状态。但 $E^2$PROM 在擦除信息时，不需要用紫外线激发放电，其擦除和编程都用电完成，所需电流很小，而且都可以在线(无须卸下芯片)根据需要选择存储元进行。这种器件擦除操作可在 10 ms 以内完成，而且可改写的次数大大高于 EPROM，是目前使用最广的一种可编程只读存储器。

## 8.3　时序逻辑电路实验实训

### 8.3.1　触发器特性测试与计数器电路

1. 实验实训目的

① 掌握触发器的特性与工作原理。

② 熟悉触发器的触发方式、逻辑功能及测试方法。

③ 掌握简单计数器电路的设计和调试方法。

2. 实验实训知识要点

① 触发器是一个双稳态记忆器件，它的输出状态只有在时钟触发脉冲的作用下，才能按逻辑功能发生改变。

② 触发器根据触发方式、逻辑功能等的不同，有多种类型，但都有"稳态记忆，触发驱动"的特点。

③ 计数器是常见的时序逻辑电路，利用触发器可以构成不同形式的计数器。

3. 实验实训内容及要求

（1）测试可置数集成双 $D$ 触发器 74LS74 芯片的逻辑功能

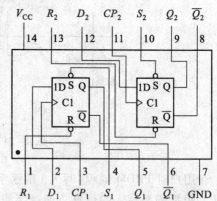

图 8 – 25　74LS74 内部电路和管脚引线图

74LS74 的内部电路和芯片管脚引线如图 8 – 25 所示。在其中之一触发器上验证其置 **0**、置 **1** 功能以及在 $CP$ 上跳沿触发下的 $D$ 触发器功能，作好测试数据记录，完成逻辑功能表（见表 8 – 6）。

（2）计数器电路测试分析

表 8 – 6　$D$ 触发器逻辑功能表

| 输　　入 | | | | $Q^{n+1}$ | $\overline{Q}^{n+1}$ |
|---|---|---|---|---|---|
| $R$ | $S$ | $D$ | $CP$ | | |
| ⎍ | **1** | × | × | | |
| **1** | ⎍ | × | × | | |
| **1** | **1** | **0** | ↑ | | |
| **1** | **1** | **1** | ↑ | | |

用 74LS74 构成一个同步四进制加法计数器，电路图如图 8 – 26 所示。在数字电路实验实训系统中插上集成芯片，连接好实验线路，检查无误后，接通电源。

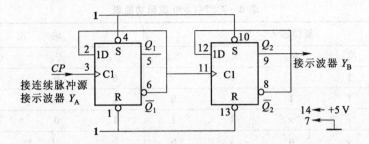

图 8 − 26 同步四进制计数电路

然后加入由信号发生器产生的连续脉冲信号作为计数器电路的触发脉冲 $CP$，通过示波器观察这个同步四进制计数器的输入、输出波形关系。要求记录 $CP$、$Q_2$ 相对波形及各自的幅值、脉宽、周期，并计算出各信号的频率。

4. 实验实训器材设备

① 数字电路实验实训系统一台。

② 直流稳压电源一台。

③ 数字万用表一只。

④ 双踪示波器一台。

⑤ 信号发生器一台。

⑥ 74LS74 集成电路一片。

5. 实验实训报告要求

① 记录实验实训主要内容和步骤。

② 整理实验实训数据，完成相关表格和参数计算。

③ 分析实验实训中的现象，操作中遇到的问题及解决方法。

## 8.3.2 中规模集成计数器与译码、显示电路

1. 实验实训目的

① 熟悉常用中规模集成计数器的逻辑功能和构成具体计数器的方法。

② 掌握计数、译码、显示电路整体应用时的工作原理和连接方式。

③ 掌握利用中规模集成电路进行简单时序电路的设计和调试方法。

2. 实验实训知识要点

① 中规模集成计数器是一种连接灵活方便、可靠性高的通用集成计数器芯片，可以用"置数法"或"复位法"构成各种进制的计数器。

② 8421BCD 码十进制计数器与译码电路、显示器配合使用，可以获得人们熟悉的十进制字符显示。

3. 实验实训内容及要求

（1）中规模集成计数器的使用与测试

中规模集成计数器 74LS90 是二 − 五 − 十进制通用集成计数器，它的内部电路与管脚引线排列如图 8 − 27 所示。逻辑功能表列于表8 − 7 中。

表 8 – 7　74LS90 逻辑功能表

| 复位输入 | | | | 输　　出 | | | |
|---|---|---|---|---|---|---|---|
| $CP$ | $R_{0A}$ | $R_{0B}$ | $S_{9A}$ | $Q_A$ | $Q_B$ | $Q_C$ | $Q_D$ |
| × | 1 | 1 | 0 | 0 | 0 | 0 | 0 |
| × | 1 | 1 | × | 0 | 0 | 0 | 0 |
| × | × | × | 1 | 1 | 0 | 0 | 1 |
| ↓ | × | 0 | × | 计　　数 | | | |
| ↓ | 0 | × | 0 | 计　　数 | | | |
| ↓ | 0 | × | × | 计　　数 | | | |
| ↓ | × | 0 | 0 | 计　　数 | | | |

实验实训电路如图 8 – 28 所示，在数字电路实验实训系统中插上集成芯片，连接好电路。检查无误后，接通电源。

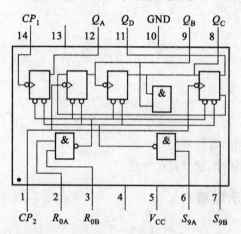

图 8 – 27　74LS90 内部电路和管脚引线图

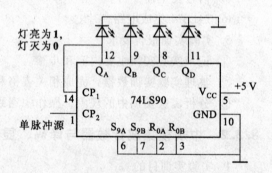

图 8 – 28　74LS90 应用电路

用信号发生器产生的单步脉冲信号作为计数器电路的触发脉冲 $CP$（接引脚 14 $CP_1$ 端），通过观察指示灯亮暗情况，记录 $Q_D$、$Q_C$、$Q_B$、$Q_A$ 按 8421BCD 码变化的规律，填入表 8 – 8，并分析说明该电路是采用什么接线法实现的是几进制计数器。

表 8 – 8　状　态　表

| 脉冲序列 | $Q_D$ | $Q_C$ | $Q_B$ | $Q_A$ |
|---|---|---|---|---|
| 0 | | | | |
| 1 | | | | |
| 2 | | | | |
| 3 | | | | |
| 4 | | | | |
| 5 | | | | |

续表

| 脉冲序列 | $Q_D$ | $Q_C$ | $Q_B$ | $Q_A$ |
|:---:|:---:|:---:|:---:|:---:|
| 6 | | | | |
| 7 | | | | |
| 8 | | | | |
| 9 | | | | |

（2）计数、译码、显示电路的实现

本实验实训中使用 74LS90 二－五－十进制通用集成计数器、74LS48 BCD 码七段译码驱动器和 TS547 共阴极七段数码显示器。后两种器件的管脚引线图如图 8－29 和图 8－30 所示。

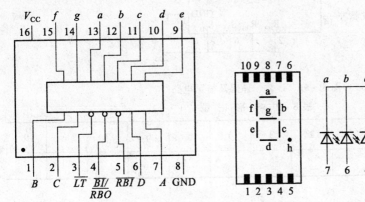

图 8－29　74LS48 管脚引线图　　　　图 8－30　TS547 管脚引线图

按图 8－31 所示在数字电路实验实训系统中插上所用器件，连接好电路。检查无误后，接通电源。

先用信号发生器产生的单步脉冲信号作为计数器电路的触发脉冲 $CP$，逐次观察七段数码显示器的显示情况，把显示结果依次填入表 8－9 中。

再用信号发生器产生的连续脉冲信号作为计数器电路的触发脉冲 $CP$，观察七段数码显示器的显示情况，并用双踪示波器同时观测触发脉冲 $CP$ 和 $Q_D$ 的波形，将波形画入表 8－10 中，对结果作出正确的分析。

4. 实验实训器材设备

① 数字电路实验实训系统一台。

② 直流稳压电源一台。

③ 数字万用表一只。

④ 双踪示波器一台。

⑤ 信号发生器一台。

⑥ 74LS90、74LS48、TS547 集成电路各一片。

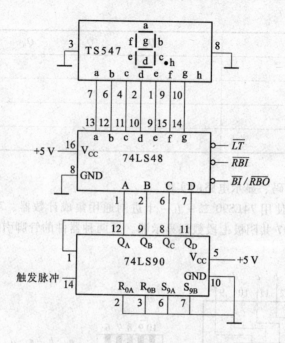

图 8-31 计数、译码及显示电路

**表 8-9 字 形 记 录**

| 时间(s) | 0 | 1 | 2 | 3 | 4 | 5 | 6 | 7 | 8 | 9 |
|---|---|---|---|---|---|---|---|---|---|---|
| 显示字形 | | | | | | | | | | |

**表 8-10 波 形 记 录**

| $CP_1$ | |
|---|---|
| $Q_D$ | |

5. 实验实训报告要求

① 记录实验实训主要内容和步骤。

② 整理实验实训数据、波形，完成相关表格。

③ 总结所用集成电路器件的特点。

④ 分析实验实训中的现象，操作中遇到的问题及解决方法。

# 本 章 小 结

1. 触发器是一种有两个稳定的 **0**、**1** 互补输出端 $Q$ 和 $\overline{Q}$ 的时序逻辑器件，触发器状态的改变要靠外部触发信号的作用。触发器的特性可用触发器的状态方程(次态方程)或逻辑功能表描述。常用触发器有基本 $RS$ 型、$RS$ 型、$D$ 型、$JK$ 型和 $T$ 型和 $T'$ 型等。

触发器是构成寄存器、计数器、脉冲信号发生器、存储器等时序逻辑电路的基本单元电路，在有时序要求的控制系统中有大量的应用。

2. 时序逻辑电路的输出不仅与当时的输入有关，还与电路以前的状态有关，这是时序电路与组合电路的本质区别。

根据触发方式的不同，时序逻辑电路分为同步时序逻辑电路与异步时序逻辑电路。同步时序逻辑电路是在同一个时钟脉冲信号控制下改变电路状态的，而异步时序逻辑电路则是各存储部件(如触发器)在不同的触发脉冲或电位控制下改变状态的。

时序逻辑电路的分析与设计主要应该抓住电路的状态方程以及状态之间的转换关系。

3. 寄存器、锁存器是由多个触发器以并行方式组成的数字逻辑部件，主要用来临时存放需要传送或保存的数据，在数字系统中一般设计成由三态门控制。

4. 计数器的基本功能是记忆数字脉冲信号的个数，是数字系统中应用最为广泛的时序电路。计数器的种类很多，按触发信号的时序或进位的方式可分为同步计数器(又称并行计数器)和异步计数器(又称串行计数器)；按进位的基数可分为二进制计数器(包括模为 $M = 2^n$ 的计数器)、十进制计数器和任意进制计数器等。

计数器除了原本的计数功能外，还常用于构成脉冲分配器和脉冲序列信号发生器。

5. 中规模集成计数器是得到越来越普遍使用的通用计数器，它的价格越来越便宜，且运行速度快、可靠性高、通用性强、连线灵活方便。

中规模集成计数器常用"置位法"(也称"置数法")或"复位法"(也称"置零法")设计成不同进制的计数器。

6. 半导体存储器是一种通用型 LSI 器件，在数字系统中用来大容量存放以二进制形式表示的各类信息或资源，是计算机等数字系统的重要组成部分。常用的有DRAM、SRAM、ROM 及各种可编程存储器。

# 习 题 八

8.1 在题图 8-1 所示电路中，设触发器原状态为 $Q_2 Q_1 = 00$，求经过三个 $CP$ 脉冲后 $Q_2 Q_1$ 的状态。

8.2 如题图 8-2 所示电路，求输出 $Z$ 的表达式，若 $CP$ 的频率为 20 kHz，则 $Z$ 的频率为多少？

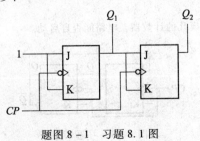

题图 8-1　习题 8.1 图

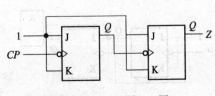

题图 8-2　习题 8.2 图

8.3　在题图 8-3 所示电路中，哪些电路能完成逻辑功能 $Q^{n+1}=\overline{Q}^n$?

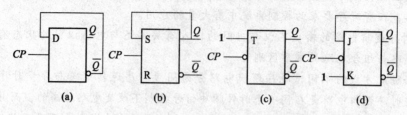

(a)　　　　　(b)　　　　　(c)　　　　　(d)

题图 8-3　习题 8.3 图

8.4　试用 $JK$ 触发器构成一个可控 $D/T$ 触发器。当控制信号 $C=1$ 时，为 $D$ 触发器；当 $C=0$ 时为 $T$ 触发器。

8.5　题图 8-5(a) 所示电路，若在 $A$、$B$ 端加上图 8-5(b) 所示的波形，设电路的初始状态为 0，试写出 $Q$ 的表达式，并画出 $Q$ 端波形。

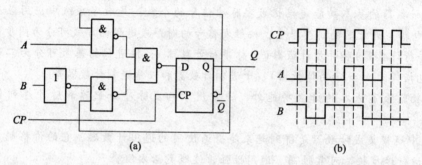

(a)　　　　　(b)

题图 8-5　习题 8.5 图

8.6　题图 8-6(a) 所示电路，若 $CP$ 和 $X$ 的波形如题图 8-6(b) 所示，设触发器的初始状态为 0，试写出 $Q$ 的表达式，并画出 $Q$ 端波形。

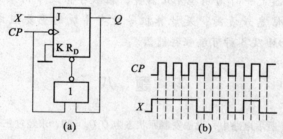

(a)　　　　　(b)

题图 8-6　习题 8.6 图

8.7　如题图 8-7 所示电路，求输出 $Z$ 的表达式，若希望在 $Z$ 端得到频率为 10 kHz 的矩形波，则该电路的时钟脉冲 $CP$ 的频率为多少?

8.8　如题图 8-8 所示电路，画出状态图，说明是模几的计数器，电路能否自启动。

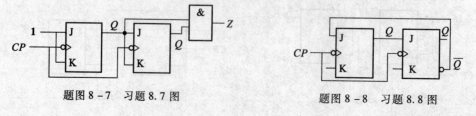

题图 8-7　习题 8.7 图　　　　　　　　题图 8-8　习题 8.8 图

8.9 某电视机的水平 – 垂直扫描发生器需要一分频器，将 31 500 Hz 的脉冲转换为 60 Hz 的脉冲，这分频器至少需要多少个触发器？

8.10 分析题图 8 – 10 所示时序电路，作出状态表，画出状态图，并说明电路的逻辑功能。

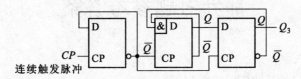

题图 8 – 10　习题 8.10 图

*8.11 用 JK 触发器按"反馈置 1 法"设计一个异步 24 进制计数器。

（提示：用"反馈置 1 法"，因为 $(23)_D = (10111)_B$，所以 $S_4 = \overline{Q_5 Q_3 Q_2 Q_1 \cdot CP}$。）

*8.12 用 JK 触发器按"反馈置 0 法"设计一个异步 11 进制计数器。

（提示：用"反馈置 0 法"，因为 $(11)_D = (1011)_B$，所以 $R_{124} = \overline{Q_4 Q_2 Q_1}$。）

8.13 用 CT1163"复位法"连接一个模 8 计数器。

8.14 用两片 CT1161 级联方式，采取"置数法"连接一个模 24 计数器。

8.15 说明存储器、寄存器、存储器之间的联系与区别。

8.16 简述 SRAM 和 DRAM 的主要特点。

8.17 ROM 有哪些种类？它们各有什么特点？

# 部分习题参考答案

1.1 (a) $u = iR + U_S$；(b) $u = -iR + U_S$。

1.2 $I = 2$ A。

1.3 $I_3 = -2$ mA, $U_3 = 60$ V, 是电源。

1.4 $V_A = 1$ V。

1.5 $U = 54/13$ V。

1.6 $R_1 = 1$ kΩ, $R_2 = 2$ kΩ。

1.7 $U = 2$ V。

1.8 $P_2 = 24$ W, $U = 12$ V。

1.9 (a) $R_{ab} = 5$ Ω；(b) $R_{ab} = 2$ Ω；(c) $R_{ab} = 10$ Ω。

1.10 (a) $R_{12} = R_{23} = R_{31} = 9$ Ω；

   (b) $R_{12} = 19$ Ω, $R_{23} = 19/4$ Ω, $R_{31} = 19/3$ Ω；

   (c) $R_1 = 2/11$ Ω, $R_2 = 1/11$ Ω, $R_3 = 3/11$ Ω；

   (d) $R_1 = R_2 = R_3 = 5/3$ Ω。

1.11 2.23 A, 1.45 A, 2.32 A, 6 A, 3.68 A。

1.12 $I_2 = 3$ A。

1.13 $U_{ab} = -10/7$ V。

1.14 (a) $U_S = 6$ V, $R_0 = 3$ Ω；(b) $U_S = 2.5$ V, $R_0 = 5/6$ Ω。

1.15 (a) $R_L = 10$ Ω, $P_{Lmax} = 5/8$ W；

   (b) $R_L = 1.6$ Ω, $P_{Lmax} = 78.4$ W；

   (c) $R_L = 11$ Ω, $P_{Lmax} = 169/44$ W。

1.16 $I_g = 0.48$ A, $R_1 R_4 = R_2 R_3$。

1.17 (a) $R_{ab} = 1.6$ Ω；(b) $R_{ab} = 1.2$ Ω。

1.18 $I_a = -0.5$ A, $I_b = 0.2$ A, $I_c = -0.5$ A。

1.19 $U_0/U_1 = 155/156$。

2.1 $\psi_u = \pi/6$, $\psi_i = -\pi/6$, $\varphi = \psi_u - \psi_i = \pi/3$, $u$ 超前 $i\pi/3$ rad,

   $u = 10 \sin(\omega t + \pi/6)$ V, $i = 4 \sin(\omega t - \pi/6)$ A；

   $\psi'_u = \pi/3$, $\psi'_i = 0$, $\varphi = \psi'_u - \psi'_i = \pi/3$, $u = 10 \sin(\omega t + \pi/3)$ V, $i = 4 \sin \omega t$ A。

2.2 ① $46.1 \angle -12.5°$；② $1.67 \angle 65°$；③ $1\,746 \angle 166.8°$。

2.3 ① $I_1 = 10 \angle 30°$ A；② $U_1 = 70.7 \angle 0°$ V；

   ③ $I_2 = 0.707 \angle 120°$ A；④ $U_2 = 10 \angle 0°$ V；不能。

2.4 ①、④、⑤、⑥、⑧错。

2.5 $Z = 30$ Ω, $I = 2 \angle -23.2°$ A, $\dot{U} = \dot{U}_R = 60 \angle -23.2°$ V,

   $\dot{U}_L = 160 \angle 66.8°$ V, $\dot{U}_C = 160 \angle -113.2°$ V。

2.6 $\cos \varphi = \sqrt{2}/2$, $P = 1711$ W, $Q = 1711$ var, $S = 2420$ V·A。

2.7　① $Z = 30 + j40 = 50 \underline{/53°}\ \Omega$；　② $\dot{I} = 4.4 \underline{/-53°}$ A；

　　③ $\dot{U}_R = 132 \underline{/-53°}$ V，$\dot{U}_L = 616 \underline{/37°}$ V，$\dot{U}_C = 440 \underline{/-143°}$ A；

　　④ $\varphi = 53°$；　⑤ 电感性电路；　⑥ $\cos\varphi = 0.6$；

　　⑦ $P = 581$ W，$Q = 774$ var，$S = 968$ VA。

2.8　$R_L = 5.2\ \Omega$，$L = 0.103$ H。

2.9　$\dot{I}_1 = \sqrt{2} \underline{/-45°}$ A，$\dot{I}_2 = \sqrt{2} \underline{/45°}$ A，$\dot{U} = \sqrt{2} \underline{/0°}$ V。

2.10　$P = 22.8$ W，$Q = 13.1$ var，$\lambda = 0.5$。

2.11　$X_L = 524\ \Omega$，$L = 1.67$ H，$\cos\varphi = 0.5$，$C = 2.58\ \mu F$。

2.12　$R = 100\ \Omega$，$L = 0.667$ H，$C = 0.167\ \mu F$，$Q = 20$。

2.13　① $I_0 = 2$ A，$U_C = 300$ V；　② $I_0 = 1.99$ A，$U_C = 7.9$ V。

2.14　$f_0 = 2\,820$ Hz，$\Delta f = 1\,320$ Hz。

2.15　① $f_0 = 1092$ kHz；　② $|Z_0| = 163$ kΩ；　③ $I_0 = 92\ \mu A$；

　　④ $Q = 95$；　⑤ $I_L = I_C = 8.8$ mA。

2.16　$\dot{I}_U = 22 \underline{/-83.1°}$ A，$\dot{I}_V = 22 \underline{/156.9°}$ A，$\dot{I}_W = 22 \underline{/36.9°}$ A，$\dot{I}_N = 0$。

2.17　$I_N = 26.9$ A，$I_U = 11$A，$I_V = 11$A，$I_W = 22$ A。

2.18　$I_P = 11.56$ A，$I_L = 20$ A。

2.19　$I_1 = 2.89$ A，$I_2 = 5$ A，$I_3 = 2.89$ A。

2.20　$I = 56.6$ A。

3.1　（a）$u_C(0_+) = 10$ V，$u_1(0_+) = 0$，$i_1(0_+) = 0$，$i_C(0_+) = -i_2(0_+) = -3.3$ mA；

　　（b）$i(0_+) = i_2(0_-) = 0.5$ A，$u_L(0_+) = 5$ V；

　　（c）$u_R(0_+) = -u_C(0_+) = -10$ V，$i(0_+) = -0.1$ A；

　　（d）$i(0_+) = 0.125$ A，$u(0_+) = 3.33$ V，$u_L(0_+) = 6.67$ V。

3.2　① $u_{R2}(0_+) = u_C(0_+) = 0$，$u_{R1}(0_+) = -100$ V，$i_1(0_+) = 0$，$i(0_+) = i_2(0_+) = 100$ A；

　　② $i(\infty) = i_1(\infty) = 1$ A，$i_2(\infty) = 0$，$u_{R2}(\infty) = u_C(\infty) = 99$ V，$u_{R1}(\infty) = 1$ V；

　　③ $t = 0_+$ 时：$i_2(0_+) = 0$，$i(0_+) = i_1(0_+) = 1$ A，$u_{R2}(0_+) = u_L(0_+) = 99$ V，$u_{R1}(0_+) = 1$ V；

　　　　$t \to \infty$ 时：$i(\infty) = i_2(\infty) = 100$ A，$i_1(\infty) = 0$，$u_{R2}(\infty) = u_L(\infty) = 0$，$u_{R1}(\infty) = -100$ V。

3.3　$U_V(0_+) = -5\,000$ V。

3.4　（a）$i(0_+) = 1.5$ A，$i(\infty) = 3$ A，（b）$i(0_+) = 0$ A，$i(\infty) = 1.5$ A；

　　（c）$i(0_+) = 6$ A，$i(\infty) = 0$，（d）$i(0_+) = 0.75$ A，$i(\infty) = 1$ A。

3.5　$t_C = 139$ ms。

3.6　$u_C(t) = 20(1 - e^{-25t})$ V。

3.7　$\tau = 5.01$ ms，$R = 250.5\ \Omega$，$i(t) = -\dfrac{U_0}{250.5} e^{-199.6t}$ A。

3.8　$i(t) = -0.02\,e^{-50t} + 0.05\,e^{-50t} = 0.03\,e^{-50t}$ A

3.9　$i_L(t) = 0.2(1 - e^{-50t})$ A，曲线略。

3.10　$i_L(t) = 0.24\,e^{-500t}$ A，$u_{R1}(t) = -48\,e^{-500t}$ V。

3.11　$i_L(t) = 1.5 - 2.5\,e^{-4t/3}$ A，曲线略。

4.1　$I = 0.35$ A。

4.2　$I = 1.84$ A。

4.3  略。

4.4  一次电流远小于 22 A。

4.5  不行。

4.6  励磁电流增大许多，绕组烧坏。

4.7  $I_{1N} = 9.09$ A，$I_{2N} = 18.18$ A。

4.8  可接电灯 166 个，$I_{1N} = 3.03$ A，$I_{2N} = 45.45$ A。

4.9  $I_{1N} = 0.273$ A，$N'_2 = 90$ 匝，$N''_2 = 30$ 匝。

4.10  $P_S = 0.088$ W。

4.11  ① $N_1 = 1\,125$ 匝，$N_2 = 45$ 匝；② $K = 25$；
　　　③ $I_{1N} = 10.4$ A，$I_{2N} = 259.8$ A；④ $B_m = 1.437$ T。

5.1  $n_0 = 1500$ r/min，$n = 1470$ r/min，$f_2 = 1$ Hz。

5.2  $n_0 = 750$ r/min，$p = 4$。

5.3  当电源 $U_1 = 380$ V 时，Y 形接法；当电源 $U_1 = 220$ V 时，Δ 形接法。两种情况下，除了线
　　　电流，在 Δ 形接法时变为 Y 形接法时的 $\sqrt{3}$ 倍，其他不变。

5.4  略。

5.5  ① $p = 1$；② $T_N = 9.25$ N·m，$\eta_N = 82.5\%$。

5.6  ① $I_N = 20.1$ A，$T_N = 65.8$ N·m，$T_{st} = 92.2$ N·m，$T_m = 131.6$ N·m；
　　　② $I_{stΔ} = 130.6$ A，$I_{stY} = 45.3$ A；③ $n = 1475$ r/min。

5.7～5.11  略。

6.1  在外加电压的条件下，PN 结具有单向导电特性。

6.2  锗管约 0.3 V，硅管约 0.7 V。

6.3  ① $I_D = 0.93$ mA，$U_D = 0.7$ V；　② $I_D = 0.03$ mA，$U_D = 0.7$ V。

6.4  PNP 型和 NPN 型；符号略。

6.5  放大、截止、饱和。

6.6  ① $R_P = 181$ kΩ；② 略。

6.7  ① $I_{CQ} = 0.8$ mA，$U_{CEQ} = 6.8$ V；② 略；
　　　③ $R_i = 2.38$ kΩ，$R_o = 4.3$ kΩ，$A_u = -63.7$，$A_{us} = -50.9$；
　　　④ $U_O = -5.09$ V（负号表示反相）。

6.8  $u_O = (2R_f/R_1)u_I$。

6.9  $u_O = (-R_f/R_1)u_I$。

6.10  (a) $R_3$ 构成电压串联负反馈；(b) $R_3$ 构成电流串联正反馈。

6.11  (a) 电压并联负反馈；(b) 电流串联负反馈。

6.12  $U_O = 67.5$ V，$I_L = 0.675$ A，二极管最高反向电压 106 V，平均电流 0.335 A。

6.13  略。

6.14  ① (b) 不失真，(c) 截止失真，(d) 饱和失真，(e) 削波失真；② 略。

7.1  略。

7.2  $Y_1 = \overline{A \cdot B}$，$Y_3 = A \cdot \overline{B} + \overline{A} \cdot B$，$Y_2 = A \cdot \overline{B} + \overline{A} \cdot B$。

7.3  略。

7.4  ① $(329)_D$；② $(\mathbf{101001001})_B$。

7.5  $Y = A + B = \overline{\overline{A} \cdot \overline{B}}$；图略。

7.6  略。

7.7 $Y = \overline{A} \cdot \overline{B} + A \cdot B$，真值表和逻辑电路略。

7.8 $Y = \overline{\overline{ABC} \cdot \overline{ACD} \cdot \overline{ABD}}$，逻辑电路图略。

7.9 $ABCD = 1001$。

7.10 $Y_1 = C$，$Y_2 = \overline{C}$。

8.1 $Q_2 Q_1 = 11$。

8.2 $Z = \overline{Q}_2^n \overline{Q}_1^n$，$f_Z = 5$ kHz。

8.3 （a），（c），（d）。

8.4 略。

8.5 $Q^{n+1} = D = A\overline{Q}^n + \overline{B}Q^n$，波形略。

8.6 $Q^{n+1} = (X\overline{Q}^n + Q^n) \cdot \overline{CP}$，波形略。

8.7 $f_{CP} = 40$ kHz。

8.8 同步模 3 计数器，能自启动。

8.9 至少需要 10 个触发器。

8.10 异步模 6 加 1 计数器，能自启动；状态表、状态图略。

8.11 ～ 8.17 略。

# 参 考 文 献

[1] 秦曾煌. 电工学[M]. 6版. 北京：高等教育出版社，2004.

[2] 李翰荪. 简明电路分析基础[M]. 北京：高等教育出版社，2004.

[3] James W, Nilsson Susan A, Riedel. Introductory Circuits for electrical and Computer Engineering[M]. 北京：电子工业出版社，2003.

[4] 朱承高. 电工学概论[M]. 北京：高等教育出版社，2004.

[5] 潘兴源. 电工电子技术基础[M]. 3版. 上海：上海交通大学出版社，2009.

[6] 顾永杰. 电工电子技术实训教程[M]. 上海：上海交通大学出版社，1999.

[7] 叶淬. 电工电子技术[M]. 2版. 北京：化学工业出版社，2004.

[8] 周元兴. 电工与电子技术基础[M]. 北京：机械工业出版社，2002.

[9] 陆国和. 电路与电工技术[M]. 3版. 北京：高等教育出版社，2010.

[10] 邓星钟. 机电传动控制[M]. 3版. 武汉：华中科技大学出版社，2001.

[11] 张运波. 工厂电气控制技术[M]. 北京：高等教育出版社，2001.

[12] 秦虹. 电机原理与维修[M]. 北京：中国劳动社会保障出版社，2004.

[13] 电气工程师手册编辑委员会. 电气工程师手册[M]. 3版. 北京：机械工业出版社，2009.

[14] 周治鹏. 电气设备安装、使用与维修问答[M]. 北京：机械工业出版社，2000.

[15] 康华光. 电子技术基础[M]. 5版. 北京：高等教育出版社，2006.

[16] 郭维芹. 实用模拟电子技术[M]. 北京：电子工业出版社，1999.

[17] 周良全，傅恩锡，李世馨. 模拟电子技术基础[M]. 4版. 北京：高等教育出版社，2009.

[18] 孙建设. 模拟电子技术[M]. 北京：化学工业出版社，2002.

[19] 周良全，方向乔. 数字电子技术基础[M]. 3版. 北京：高等教育出版社，2008.

[20] 白中英，岳怡，郑岩. 数字逻辑与数字系统[M]. 北京：科学出版社，1998.

[21] 毛炼成. 实用数字电子技术基础[M]. 3版. 北京：电子工业出版社，2007.

[22] 郁汉琪. 数字电子技术实验及课题设计[M]. 北京：高等教育出版社，1995.

[23] 伊藤恭史. 数字电路[M]. 北京：科学出版社. 日本：OHM社，2001.

[24] 孔凡才，周良全. 电子技术综合应用创新实训教程[M]. 北京：高等教育出版社，2008.